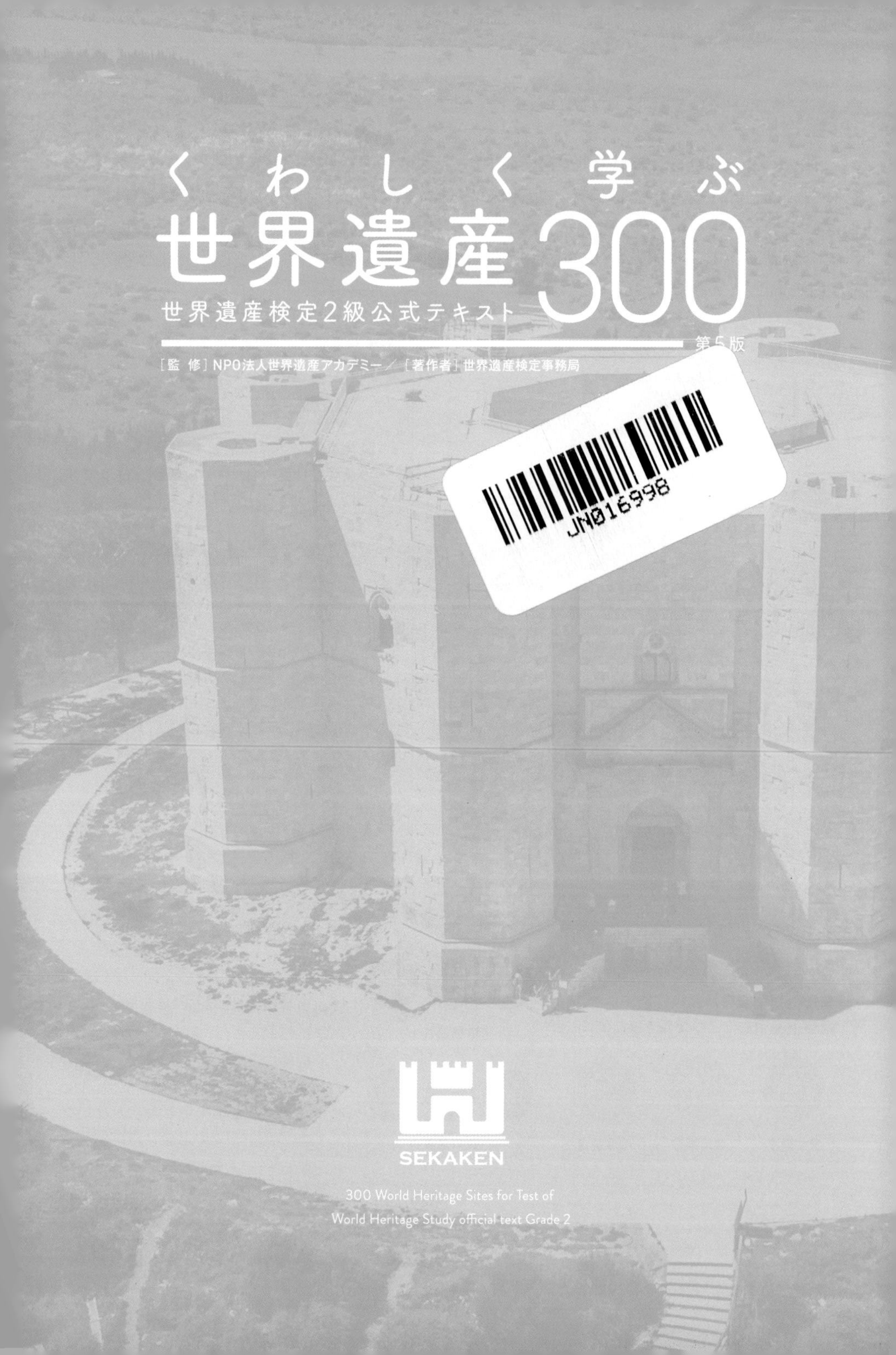

くわしく学ぶ

世界遺産300

世界遺産検定2級公式テキスト

第5版

[監修] NPO法人世界遺産アカデミー ／ [著作者] 世界遺産検定事務局

SEKAKEN

300 World Heritage Sites for Test of World Heritage Study official text Grade 2

本書の使い方

本書は、2023年3月時点の世界遺産の中から、世界の多様性を理解する世界遺産検定2級の学習に適した日本の全遺産25件と世界の代表的な遺産300件を選んで掲載しています。世界遺産という視点を重視した解説と、テーマごとに遺産の特徴をまとめた掲載で、各遺産の特徴や背景をより深く理解することができます。遺産の掲載ページは、地図に記載のページ数か、索引にて検索してください。

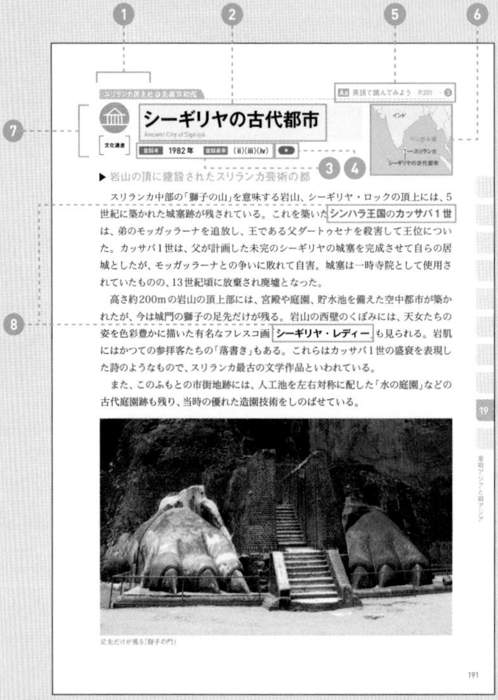

❶ 国名

遺産の登録国をあらわします。

❷ 遺産名

英語の遺産名はユネスコ登録名称、日本語の遺産名は英語名をもとに訳出したものです。

❸ 基本情報

登録基準、登録年、範囲拡大の年など、遺産に関する基本情報です。

❹ 動画

公式YouTubeチャンネルに解説動画がある遺産にはこのマークがついています。右のQRコードから動画ページへアクセスできます。

❺ 英語で読んでみよう

英語のコーナーがある遺産はそのページ数をあらわします。

❻ 地図

遺産のある場所をあらわします。

❼ 遺産の種類

文化、自然、複合遺産の種別、危機遺産登録などの情報を表します。

危機遺産

文化遺産　自然遺産　複合遺産

負の遺産

❽ 重要なワード

最重要ワードを赤字、重要ワードを太字にしています。赤字・太字の数は、原則的に掲載ページが1P以上の遺産は赤字がふたつと太字がひとつ、1/2ページの遺産は赤字と太字がひとつずつ、1/3ページの遺産は赤字がひとつとなっています。赤字、太字を中心とした語句の解説をHPに掲載しています。右のQRコードからアクセスしてください。

「英語で読んでみよう」のコーナーの日本語訳は世界遺産検定公式ホームページ（www.sekaken.jp）内、公式教材「2級テキスト」のページに掲載してあります。

世界遺産を学ぶ意義

2023年3月時点でロシア連邦によるウクライナへの侵攻は続いており、ウクライナの世界遺産をはじめとする文化遺産は破壊の危険にさらされています。一見、世界遺産活動は無力のようにも感じてしまいますが、こうした時代だからこそ世界遺産が存在する意義が高まっていると私たちは考えます。

世界遺産の一番の存在意義は、世界中で長い間、守り伝えられてきた文化財や自然を後世に確実に伝えてゆくことです。戦争や紛争に負けず、人類や地球の歴史を受け継いでゆくための手段のひとつが世界遺産だといえます。NPO法人 世界遺産アカデミー／世界遺産検定事務局はそうした存在意義を理解した上で、世界中の文化や歴史、自然環境に出会い、それらを知るためのシンボルとして世界遺産を学ぶことを重視し、世界遺産検定を行っています。

私たちは世界のさまざまな出来事に出会った時、「アメリカ合衆国」や「イスラム教」など、その出来事を象徴する「言葉」に置き換えるだけで、何かわかったような気がしてしまいます。しかし「言葉」に単純化した瞬間、さまざまな出来事はひとつの「言葉」の中に閉じ込められてしまいます。実際には「アメリカ合衆国」の中にも、「イスラム教」の中にも、実にさまざまな人々や文化、歴史、価値観などが存在しているというのに。世界遺産は、そうした世界の多様性のシンボルです。ひとつひとつの国や文化にアクセスしてその全てに触れることは困難ですが、世界遺産を通せば世界のさまざまな文化や歴史、自然の豊かさの一端を知ることができます。世界遺産を学ぶ意義はここにあります。

ぜひ世界遺産検定を通して世界遺産を学び、その先にある世界の多様性に関心をもってください。世界の複雑さを「複雑だ」と感じられるように。世界の多様性を理解することが、ひとつの力で現状を変えようとする暴力性に立ち向かう私たちの力になると信じています。

キーウの聖ソフィア聖堂

NPO法人 世界遺産アカデミー
世界遺産検定事務局

CONTENTS

ヨーロッパ① [Europe 1]

● 文化遺産　● 自然遺産　● 複合遺産
■■■ 複数の国にまたがる遺産　○□ 遠隔地等に存在する遺産

アイスランド共和国
1 ヴァトナヨークトル国立公園：火山と氷河がつくるダイナミックな自然
2 シングヴェトリル国立公園 …… P122
3 スルツェイ火山島 …… P261

アイルランド
4 スケリッグ・マイケル
5 ブルー・ナ・ボーニャ：ボイン渓谷の考古遺跡群

アンドラ公国
6 マドリウ・パラフィタ・クラロー渓谷

英国（グレートブリテン及び北アイルランド連合王国）
7 アイアンブリッジ峡谷
8 ウェールズ北西部の粘板岩の景観
9 ウェストミンスター宮殿、ウェストミンスター・アビーとセント・マーガレット教会 … P200
10 英国の湖水地方 …… P113
11 エディンバラの旧市街と新市街 … P136
12 オークニー諸島の新石器時代遺跡
13 海事都市グリニッジ
14 カンタベリー大聖堂、セント・オーガスティン修道院跡とセント・マーティン教会
15 キューの王立植物園
16 グウィネズのエドワード1世王の城郭群
17 ゴーハムの洞窟群
18 コーンウォールと西デヴォンの鉱山景観
19 ゴフ島及びインアクセシブル島（地図P15）
20 ジャイアンツ・コーズウェイとその海岸 …… P242
21 ジョドレルバンク天文台 …… P209
22 ストーンヘンジ、エイヴベリーの巨石遺跡と関連遺跡群 …… P179
23 セント・キルダ諸島
24 ソルテア
25 ダーウェント峡谷の工場群 …… P233
26 ダラム城と大聖堂
27 ドーセット及び東デヴォン海岸 … P263
28 ニュー・ラナーク
29 バースの市街
30 バミューダ諸島：歴史的都市セント・ジョージと関連要塞群（地図P21）
31 ファウンテンズ修道院の廃墟のあるスタッドリー・ロイヤル公園
32 フォース鉄道橋 …… P234
33 ブレナヴォン産業景観
34 ブレナム宮殿
35 ヘンダーソン島（地図P19下）
36 ポントカサステ水路橋と運河
37 ロンドン塔

英国（グレートブリテン及び北アイルランド連合王国）及びドイツ連邦共和国
38 ローマ帝国の境界線（地図P7、8）… P174

スペイン
39 アストゥリアス王国とオビエドの宗教建築物群
40 アタプエルカの考古遺跡群
41 アビラの旧市街と城壁外の教会群
42 アラゴンのムデハル様式建築
43 アランフエスの文化的景観
44 アルカラ・デ・エナレスの大学と歴史地区
45 アルタミラ洞窟とスペイン北部の旧石器時代洞窟壁画
46 アンテケラの支石墓遺跡
47 アントニ・ガウディの作品群 …… P202
48 イビサ島の生物多様性と文化
49 イベリア半島の地中海沿岸の岩絵群
50 ウベダとバエーサのルネサンス様式の記念碑的建造物群
51 エルチェの椰子園
52 カセレスの旧市街
53 ガラホナイ国立公園（地図P15）
54 グラナダのアルハンブラ宮殿、ヘネラリーフェ離宮、アルバイシン地区 …… P225
55 コルドバの歴史地区
56 サラマンカの旧市街
57 サン・クリストバル・デ・ラ・ラグナ（地図P15）
58 サンタ・マリア・デ・グアダルーペ王立修道院
59 サンティアゴ・デ・コンポステーラ（旧市街）… P138
60 サンティアゴ・デ・コンポステーラの巡礼路：カミノ・フランセスとスペイン北部の道 … P139
61 サン・ミリャン・ユソとスソの修道院群
62 セゴビアの旧市街とローマ水道橋
63 セビーリャの大聖堂、アルカサル、インディアス古文書館 …… P225
64 タラゴナの考古遺跡群
65 テイデ国立公園（地図P15）
66 ドニャーナ国立公園
67 トラムンタナ山脈の文化的景観
68 バルセロナのカタルーニャ音楽堂とサン・パウ病院
69 バレンシアのラ・ロンハ・デ・ラ・セダ
70 ビスカヤ橋
71 プラド通りとブエン・レティーロ：芸術と科学の景観
72 ブルゴスの大聖堂
73 ヘラクレスの塔
74 ボイ渓谷のカタルーニャ風ロマネスク様式教会群
75 ポブレの修道院
76 マドリードのエル・エスコリアール修道院と王立施設 …… P231
77 メディナ・アサーラのカリフ都市 … P151
78 メリダの考古遺跡群 …… P173
79 要塞都市クエンカ
80 ラス・メドゥラス
81 リスコ・カイドとグラン・カナリア島の聖なる山々の文化的景観（地図P15）
82 ルーゴのローマの城壁群
83 歴史都市トレド

スペイン及びスロベニア共和国
84 アルマデンとイドリア：水銀鉱山の遺跡 … P115

スペイン及びフランス共和国
85 ピレネー山脈のペルデュ山

スペイン及びポルトガル共和国
86 コア渓谷とシエガ・ベルデの先史時代の岩絵群

フランス共和国
87 アヴィニョンの歴史地区：教皇庁宮殿、司教の建造物群、アヴィニョンの橋
88 アミアンの大聖堂
89 アルデシュ県ポン・ダルクの装飾洞窟：ショーヴェ・ポン・ダルク洞窟
90 アルルのローマ遺跡とロマネスク建築 … P196
91 ヴェズレーの教会と丘
92 ヴェゼール渓谷の装飾洞窟と先史遺跡 … P177
93 ヴェルサイユ宮殿と庭園 …… P229
94 ヴォーバンによる要塞建築群
95 オランジュの凱旋門、ローマ劇場とその周辺
96 カルカッソンヌの歴史的城塞都市
97 コースとセヴェンヌ：地中海性農業牧草地の文化的景観
98 コルドゥアン灯台 …… P234
99 サラン・レ・バン大製塩所からアルケ・スナン王立製塩所までの天日塩生産所 …… P235
100 サン・サヴァン・シュール・ガルタンプの修道院教会
101 サン・テミリオン地域
102 司教座都市アルビ
103 シャルトルの大聖堂
104 シャンパーニュの丘陵、醸造所と貯蔵庫
105 ストラスブール：グラン・ディルからヌースタットのヨーロッパの都市景観 …… P224
106 タプタプアテア（地図P19下）… P159
107 中世市場都市プロヴァン
108 ナンシーのスタニスラス広場、カリエール広場、アリアンス広場
109 ニース：リヴィエラの冬のリゾート都市
110 ニューカレドニアの珊瑚礁：環礁の多様性と関連する生態系（地図P19下）
111 ノール＝パ・ドゥ・カレの鉱山地帯
112 パリのセーヌ河岸 …… P132
113 ピュイ山地とリマーニュ断層にある地殻変動地域
114 ブールジュの大聖堂
115 フォンテーヌブロー宮殿と庭園
116 フォントネーのシトー会修道院
117 フランスのサンティアゴ・デ・コンポステーラの巡礼路 …… P139
118 フランス領南方地域の陸と海（地図P15）
119 ブルゴーニュのブドウ栽培の景観
120 ボルドー、月の港
121 ポルト湾：ピアナのカランケ、ジロラッタ湾、スカンドラ保護区
122 ポン・デュ・ガール（ローマの水道橋）… P194
123 ミディ運河
124 モン・サン・ミシェルとその湾 …… P141
125 ランスのノートル・ダム大聖堂、サン・レミ旧修道院、トー宮
126 リヨンの歴史地区
127 ル・アーヴル：オーギュスト・ペレにより再建された街 …… P137
128 レユニオン島：峻峰と圏谷、その外縁（地図P15）
129 ロワール渓谷：シュリー・シュル・ロワールからシャロンヌまで

フランス共和国及びベルギー王国
130 ベルギーとフランスの鐘楼群

ポルトガル共和国
131 アゾレス諸島の港町アングラ・ド・エロイズモ（地図P15）
132 アルコバサの修道院
133 アルト・ドウロのワイン生産地域
134 エヴォラの歴史地区
135 ギマランイスの歴史地区
136 コインブラ大学：アルタとソフィア
137 国境防衛都市エルヴァスとその要塞群
138 シントラの文化的景観
139 トマールのキリスト騎士団の修道院 … P212
140 バターリャ修道院
141 ピーコ島のブドウ栽培の景観（地図P15）
142 ブラガのボン・ジェズス・ド・モンテ聖域
143 ポルトの歴史地区、ルイス1世橋とセラ・ド・ピラール修道院 …… P129
144 マデイラ島の照葉樹林（地図P15）
145 マフラの王家の建物：宮殿、バシリカ、女子修道院、セルコ庭園、狩猟公園（タパダ）
146 リスボンのジェロニモス修道院とベレンの塔 …… P214

ルクセンブルク大公国
147 ルクセンブルク市の旧市街と要塞

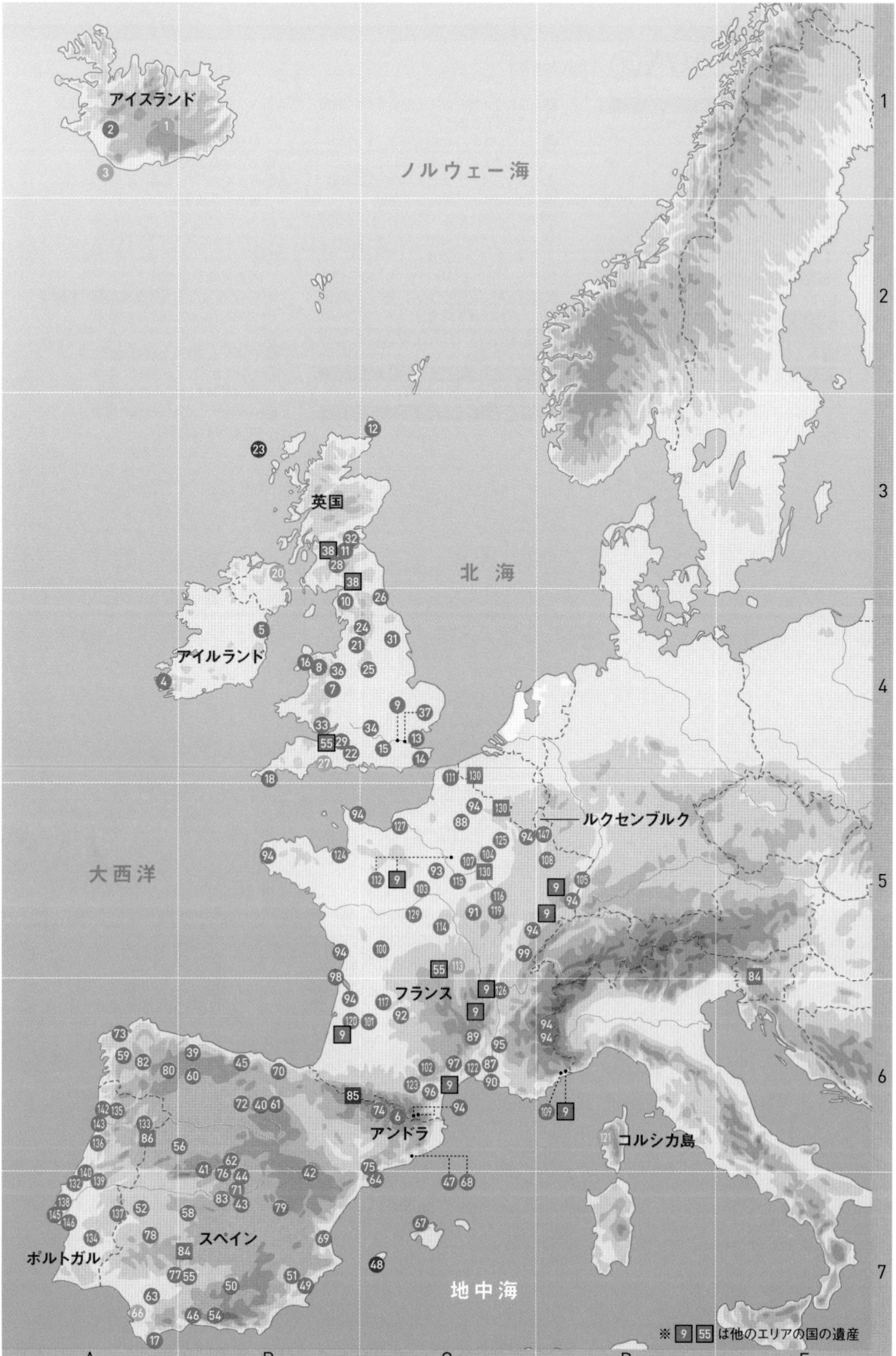
アイスランド
ノルウェー海
英国
北海
アイルランド
ルクセンブルク
大西洋
フランス
アンドラ
コルシカ島
スペイン
ポルトガル
地中海
※ 9 55 は他のエリアの国の遺産
A
B
C
D
E
1
2
3
4
5
6
7

ヨーロッパ② ［Europe 2］

オーストリア共和国

1. ヴァッハウ渓谷の文化的景観
2. ウィーンの歴史地区……………… P130
3. グラーツ：歴史地区とエッゲンベルク城
4. ザルツブルクの歴史地区
5. シェーンブルン宮殿と庭園…….. P230
6. ゼメリング鉄道
7. ハルシュタット＝ダッハシュタイン／ザルツカンマーグートの文化的景観

オーストリア共和国及びハンガリー

8. フェルテー（ノイジードル）湖の文化的景観

オーストリア共和国／スロバキア共和国／ドイツ連邦共和国

9. ローマ帝国の境界線：ドナウのリーメス（西側部分）

オランダ王国

10. アムステルダム中心部：ジンフェルグラハト内部の17世紀の環状運河地区…… P135
11. アムステルダムの防衛線の要塞
12. Ir.D.F.ヴァウダヘマール：D.F.ヴァウダ技師による蒸気水揚げポンプ場
13. ウィレムスタットの歴史地区：キュラソーにある内陸都市と港（地図P21）
14. キンデルダイク-エルスハウトの風車群
15. スホクラントと周辺の干拓地
16. ファン・ネレ工場…………………… P207
17. ベームスター干拓地（ドゥローフマーケライ・デ・ベームスター）
18. リートフェルト設計のシュレーダー邸

オランダ王国及びドイツ連邦共和国

19. ローマ帝国の境界線：低地ゲルマニアのリーメス

オランダ王国／デンマーク王国／ドイツ連邦共和国

20. ワッデン海…………………………… P117

オランダ王国／ベルギー王国

21. 慈善のための居住地群

スイス連邦

22. ザンクト・ガレンの修道院
23. スイスのサルドナ上層地殻変動地帯
24. ベリンツォーナ旧市街にある三つの城、城壁と要塞群
25. ベルンの旧市街
26. ミュスタイアにあるベネディクト会の聖ヨハネ修道院
27. ユングフラウ-アレッチュのスイス・アルプス
28. ラヴォー地域のブドウ畑………… P110
29. ラ・ショー・ド・フォン／ル・ロクル、時計製造都市の都市計画…….. P135

スロバキア共和国

30. ヴルコリニェツの伝統的集落
31. カルパティア山脈のスロバキア側の木造教会群
32. バルジェヨウ街並保存地区
33. バンスカー・シチアウニツァの鉱山都市と近隣の技術遺産
34. レヴォチャ、スピシュ城と関連する文化的建造物群

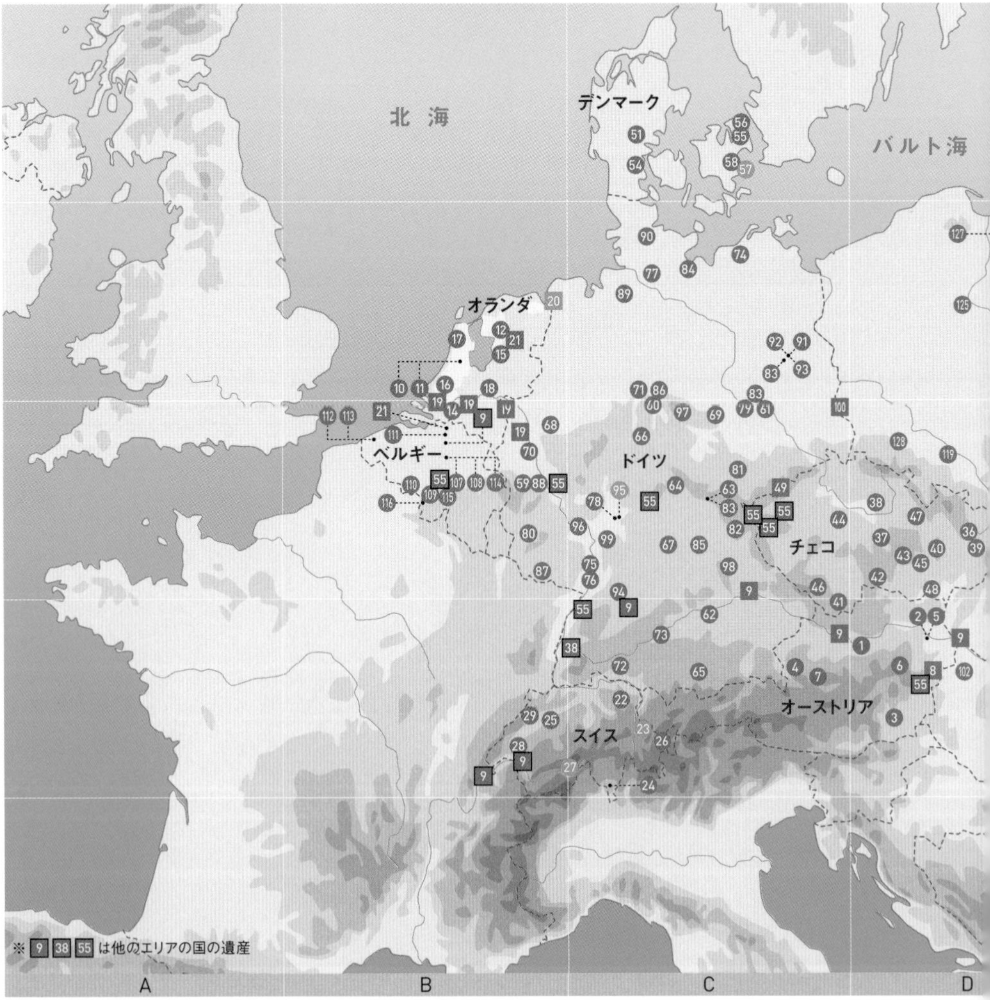

● 文化遺産 ● 自然遺産 ● 複合遺産
■■■ 複数の国にまたがる遺産 ○□ 遠隔地等に存在する遺産

スロバキア共和国及びハンガリー
35 アグテレク・カルストとスロバキア・カルストの洞窟群

チェコ共和国
36 オロモウツの聖三位一体記念柱
37 クトナー・ホラ歴史地区の聖バルボラ教会とセドレツ地区の聖母マリア大聖堂
38 クラドルビ・ナド・ラベムにある式典馬車用の馬の繁殖・訓練地の景観 ………… P110
39 クロムニェジーシュの庭園と宮殿
40 ゼレナー・ホラにあるネポムークの聖ヨハネ巡礼教会
41 チェスキー・クルムロフの歴史地区
42 テルチの歴史地区
43 トジェビーチのユダヤ人街とプロコピウス聖堂
44 プラハの歴史地区 ………… P127
45 ブルノのトゥーゲントハート邸 …… P205
46 ホラショヴィツェの歴史的集落
47 リトミシュル城
48 レドニツェ - ヴァルチツェの文化的景観

チェコ共和国及びドイツ連邦共和国
49 エルツ山地／クルシュネー山地鉱業地域

デンマーク王国
50 アーシヴィスイトからニピサット：氷と海の間に広がるイヌイットの狩猟場（地図P20）
51 イェリング墳墓、ルーン石碑と教会
52 イルリサット・アイスフィヨルド（地図P20） ………… P248
53 クジャター・グリーンランド：氷冠周縁部におけるノース人とイヌイットの農業地域（地図P20）
54 クリスティアンスフェル：モラヴィア教会入植地
55 クロンボー城
56 シェラン島北部の王室狩猟場の景観
57 ステウンスの崖壁 ………… P265
58 ロスキレの大聖堂

ドイツ連邦共和国
59 アーヘンの大聖堂 ………… P105
60 アールフェルトのファーグス靴型工場
61 アイスレーベンとヴィッテンベルクのルター記念建造物群
62 アウクスブルクの水管理システム
63 ヴァイマール古典主義文化
64 ヴァルトブルク城
65 ヴィースの巡礼教会 ………… P199
66 ヴィルヘルムスヘーエ丘陵公園
67 ヴュルツブルクの司教館と庭園群
68 エッセンのツォルフェライン炭鉱業遺産群 ………… P235
69 クヴェートリンブルクの旧市街と聖堂参事会教会、城
70 ケルンの大聖堂 ………… P197
71 コルヴァイの修道院に残るカロリング朝時代の西構えと修道院都市遺構
72 修道院の島ライヒェナウ
73 シュヴァーベン・ジュラにある洞窟群と氷河期の芸術
74 シュトラールズント及びヴィスマールの歴史地区
75 シュパイア、ヴォルムス、マインツのユダヤ人共同体（シュム）関連遺産群
76 シュパイアの大聖堂
77 シュパイヒャーシュタットと、チリハウスのあるコントールハウス地区
78 ダルムシュタットのマチルデンフーエ（マチルダの丘）
79 デッサウ・ヴェルリッツの庭園王国
80 トリーアのローマ遺跡、聖ペトロ大聖堂と聖母聖堂
81 ナウムブルクの大聖堂
82 バイロイトの辺境伯オペラハウス … P199
83 バウハウス関連遺産群：ヴァイマールとデッサウ、ベルナウ ………… P206
84 ハンザ都市リューベック
85 バンベルクの旧市街
86 ヒルデスハイムの聖マリア大聖堂と聖ミヒャエル聖堂
87 フェルクリンゲンの製鉄所
88 ブリュールのアウグストゥスブルク城と別邸ファルケンルスト
89 ブレーメンのマルクト広場にある市庁舎とローラント像
90 ヘーゼビューとダーネヴィルケの国境の考古学的遺跡群
91 ベルリンのムゼウムスインゼル（博物館島）
92 ベルリンのモダニズム公共住宅
93 ポツダムとベルリンの宮殿と庭園 … P229
94 マウルブロンの修道院関連建造物群
95 メッセルの化石採掘地区
96 ライン渓谷中流上部
97 ランメルスベルク鉱山とゴスラーの歴史地区、ハルツ山地上部の水利システム
98 レーゲンスブルク旧市街とシュタットアムホーフ
99 ロルシュの修道院遺跡

ドイツ連邦共和国及びポーランド共和国
100 ムスカウ公園／ムジャクフ公園 … P113

ハンガリー
101 トカイ地方のワイン産地の歴史的文化的景観
102 パンノンハルマの千年の歴史をもつベネディクト会修道院と周辺の自然環境
103 ブダペスト：ドナウ河岸とブダ城地区、アンドラーシ通り ………… P128
104 ペーチ（ソピアナエ）の初期キリスト教墓所
105 ホルトバージ国立公園：プスタ（大平原）
106 ホローケーの伝統的集落 ………… P123

ベルギー王国
107 建築家ヴィクトール・オルタによる主な邸宅（ブリュッセル） ………… P205
108 ストックレ邸 ………… P200
109 スピエンヌにある新石器時代の火打石の鉱山発掘地（モンス）
110 トゥルネーのノートル・ダム大聖堂
111 プランタン＝モレトゥスの家屋・工房・博物館とその関連施設
112 フランドル地方のベギン会の建物
113 ブリュージュの歴史地区
114 ブリュッセルのグラン・プラス …… P219
115 ラ・ルヴィエールとル・ルー（エノー）の中央運河の4つの閘門とその周辺環境
116 ワロン地方の主要な鉱山遺跡

ポーランド共和国
117 アウシュヴィッツ・ビルケナウ：ナチス・ドイツの強制絶滅収容所（1940-1945） ………… P237
118 ヴィエリチカとボフニャの王立岩塩坑 ………… P106
119 ヴロツワフの百周年記念ホール
120 カルヴァリア・ゼブジドフスカ：マニエリスム様式の建築と公園に関連する景観と巡礼公園
121 クシェミオンキにある先史時代の縞状フリント（火打石）採掘地域
122 クラクフの歴史地区 ………… P104
123 ザモシチの旧市街 ………… P134
124 タルノフスキェ・グルィの鉛・銀・亜鉛鉱山とその地下水管理システム
125 トルンの中世都市
126 マウォポルスカ南部の木造教会群
127 マルボルクのドイツ騎士修道会の城 ………… P213
128 ヤヴォルとシフィドニツァの平和教会 ………… P140
129 ワルシャワの歴史地区

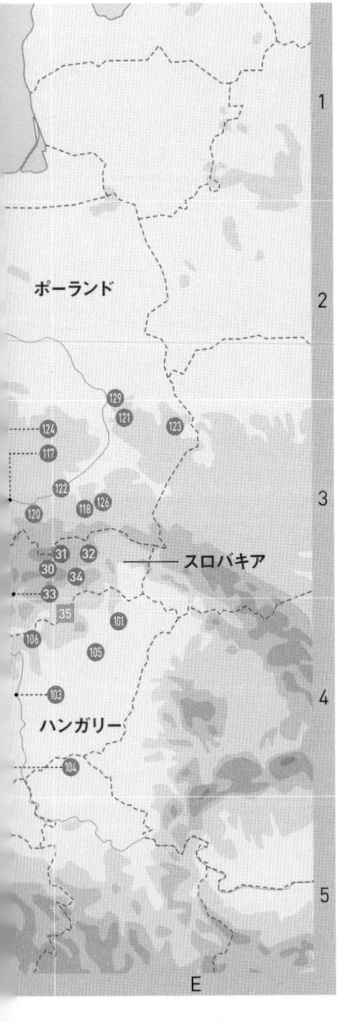

ヨーロッパ③［Europe 3］

アルバニア共和国

1 ブトリントの考古遺跡………… P168
2 ベラトとギロカストラの歴史地区

アルバニア共和国及び北マケドニア共和国

3 オフリド地方の自然及び文化遺産

イタリア共和国

4 アクィレイアの考古地区とバシリカ総主教聖堂
5 アグリジェントの考古地区
6 アッシジのサン・フランチェスコ聖堂と関連建造物群
7 アマルフィ海岸
8 アルベロベッロのトゥルッリ
9 イヴレーア：20世紀の産業都市… P233
10 イタリアのロンゴバルド族：権勢の足跡（568－774年）
11 ヴァルカモニカ（カモニカ渓谷の岩絵群）
12 ヴァル・ディ・ノートの後期バロック様式の都市景観群（シチリア島南東部）
13 ヴィチェンツァの市街とヴェネト地方のパッラーディオ様式の別荘群
14 ヴィッラ・ロマーナ・デル・カサーレ（古代ローマの別荘群）
15 ヴェネツィアとその潟………… P221
16 ヴェローナの市街
17 ウルビーノの歴史地区
18 エオーリエ諸島…………………… P261
19 エトナ山
20 オルチア渓谷
21 カステル・デル・モンテ………… P213
22 カゼルタの18世紀の王宮と庭園、ヴァンヴィテッリの水道橋、サン・レウチョの関連遺産
23 クレスピ・ダッダの企業都市
24 コネリアーノとヴァルドッビアーデネのプロセッコ栽培丘陵群
25 サン・ジミニャーノの歴史地区
26 シエナの歴史地区………………… P126
27 ジェノヴァ：レ・ストラーデ・ヌオーヴェとパラッツィ・デイ・ロッリ制度
28 シラクサとパンタリカの岩壁墓地遺跡
29 チェルヴェテリとタルクィニアのエトルリア古代古墳群

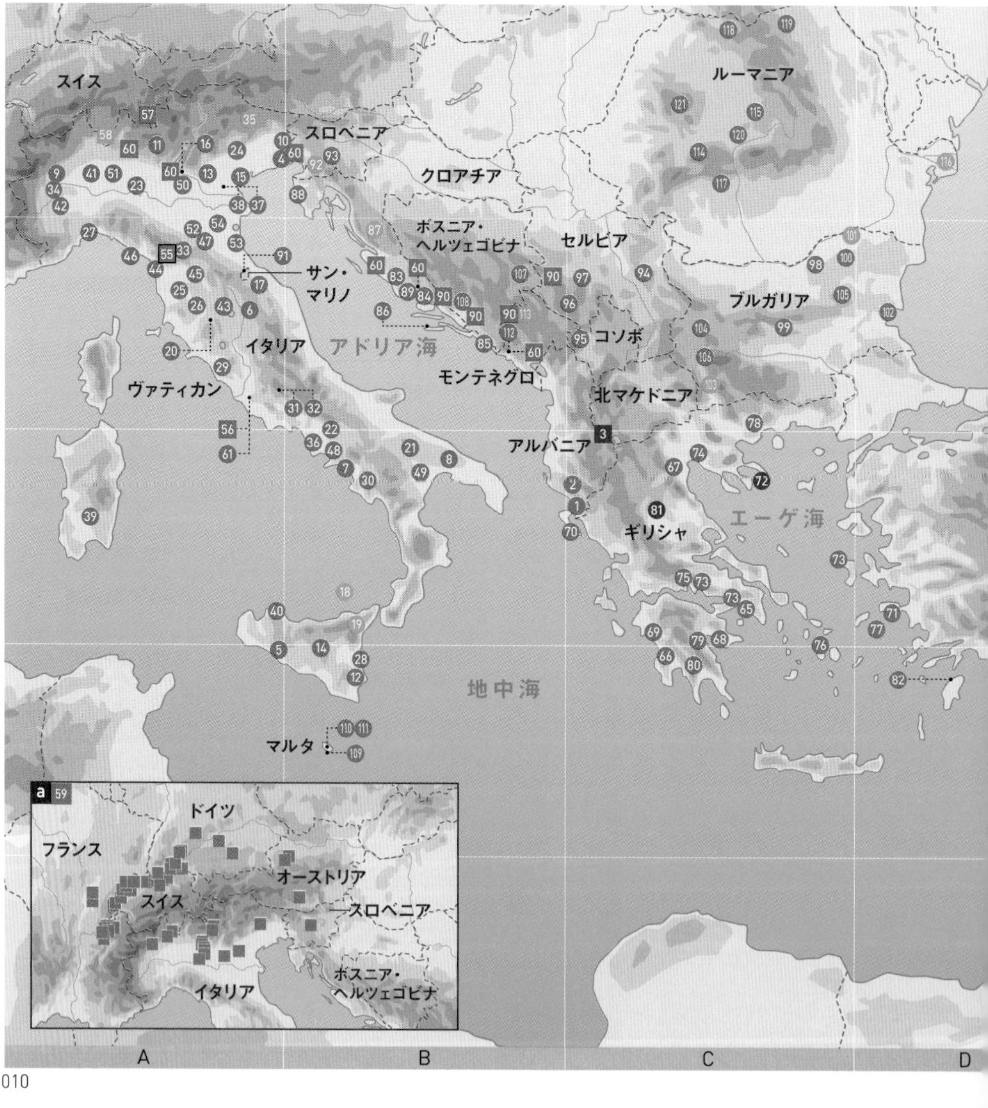

● 文化遺産 ● 自然遺産 ● 複合遺産
■■■ 複数の国にまたがる遺産 ○□ 遠隔地等に存在する遺産

30 チレント・ディアノ渓谷国立公園及び遺跡群と修道院
31 ティヴォリのエステ家別荘
32 ティヴォリのハドリアヌス別荘
33 トスカーナのメディチ家の別荘と庭園
34 トリノのサヴォイア家の王宮と邸宅
35 ドロミテ山塊……………………… P240
36 ナポリの歴史地区
37 パドヴァの14世紀のフレスコ画群
38 パドヴァの植物園(オルト・ボタニコ)
39 バルーミニのスー・ヌラージ
40 パレルモのアラブ・ノルマン様式の建造物群と、チェファルとモンレアーレの大聖堂

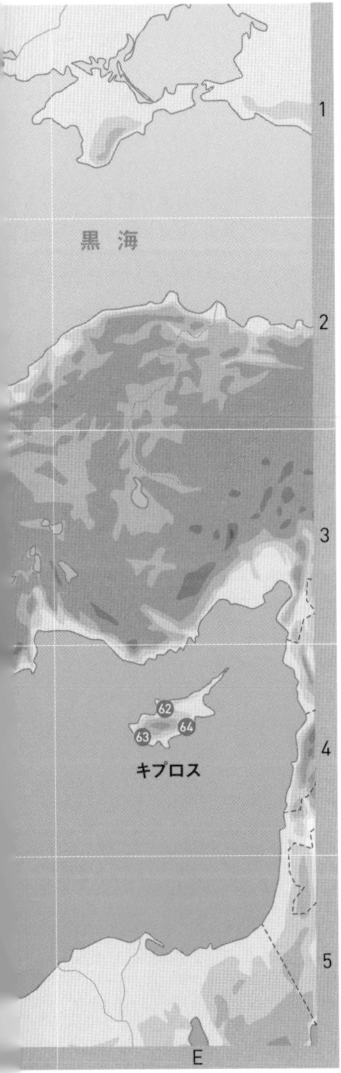

41 ピエモンテとロンバルディアのサクロ・モンテ群
42 ピエモンテのブドウ園の景観：ランゲ・ロエロとモンフェッラート
43 ピエンツァの歴史地区
44 ピサのドゥオーモ広場
45 フィレンツェの歴史地区……… P198
46 ポルトヴェーネレ、チンクエ・テッレと小島群(パルマリア島、ティーノ島、ティネット島)
47 ボローニャのポルティコ群
48 ポンペイ、エルコラーノ、トッレ・アヌンツィアータの考古地区……………………………………… P173
49 マテーラの洞窟住居サッシと岩窟教会公園
50 マントヴァとサッビオネータ
51 ミラノのサンタ・マリア・デッレ・グラーツィエ修道院とレオナルド・ダ・ヴィンチの『最後の晩餐』……………… P141
52 モデナ：大聖堂と市民の塔(トッレ・チヴィカ)、グランデ広場
53 ラヴェンナの初期キリスト教建造物群……………………………………… P195
54 ルネサンス都市フェッラーラとポー川のデルタ地帯

イタリア共和国/英国(グレートブリテン及び北アイルランド連合王国)/オーストリア共和国/チェコ共和国/ドイツ連邦共和国/フランス共和国/ベルギー王国

55 ヨーロッパの大温泉都市群(地図P7、8)……………………… P114

イタリア共和国及びヴァティカン市国

56 ローマの歴史地区と教皇領、サン・パオロ・フォーリ・レ・ムーラ聖堂……………………………………… P170

イタリア共和国及びスイス連邦

57 アルブラとベルニナの景観とレーティッシュ鉄道
58 サン・ジョルジオ山

イタリア共和国/オーストリア共和国/スイス連邦/スロベニア共和国/ドイツ連邦共和国/フランス共和国

59 アルプス山脈周辺の先史時代の掘立柱住居群

イタリア共和国/クロアチア共和国/モンテネグロ

60 ヴェネツィア共和国の防衛施設群(16-17世紀)：スタート・ダ・テッラと西スタート・ダ・マール

ヴァティカン市国

61 ヴァティカン市国……………………… P141

キプロス共和国

62 トロオドス地方の壁画教会群
63 パフォスの考古遺跡
64 ヒロキティアの考古遺跡

ギリシャ共和国

65 アテネのアクロポリス…………… P166
66 ヴァッセのアポロン・エピクリオス神殿
67 エゲ(現代名ヴェルギナ)の考古遺跡
68 エピダウロスにあるアスクレピオスの聖域……………………………………… P167
69 オリンピアの考古遺跡
70 コルフの旧市街
71 サモス島のピタゴリオンとヘラ神殿
72 聖山アトス
73 ダフニ、オシオス・ルカス、ヒオスのネア・モニの修道院群
74 テサロニキの初期キリスト教とビザンツ様式の建造物群
75 デルフィの考古遺跡……………… P167
76 デロス島
77 パトモス島にある歴史地区(ホラ)：神学者聖ヨハネの修道院と黙示録の洞窟
78 ピリッポイの考古遺跡
79 ミケーネとティリンスの考古遺跡
80 ミストラの考古遺跡
81 メテオラの修道院群……………… P142
82 ロドス島の中世都市……………… P211

クロアチア共和国

83 シベニクの聖ヤコブ大聖堂
84 スプリトのディオクレティアヌス帝の宮殿と歴史的建造物群………… P174
85 ドゥブロヴニクの旧市街………… P130
86 フヴァル島のスターリ・グラード平地
87 プリトヴィツェ湖群国立公園…… P245
88 ポレチュ歴史地区にあるエウフラシウス聖堂の司教関連建造物群
89 歴史都市トロギール

クロアチア共和国/セルビア共和国/ボスニア・ヘルツェゴビナ/モンテネグロ

90 ステチュツィ：中世の墓碑の残る墓所

サン・マリノ共和国

91 サン・マリノの歴史地区とティタノ山

スロベニア共和国

92 シュコツィアンの洞窟群………… P246
93 リュブリャナにあるヨジェ・プレチニクの作品群：人間中心の都市デザイン…. P137

セルビア共和国

94 ガレリウス帝の宮殿、ガムジグラード - ロムリアーナ
95 コソボの中世建造物群
96 スタリ・ラスの遺跡とソポチャニの修道院
97 ストゥデニツァ修道院

ブルガリア共和国

98 イワノヴォの岩窟教会群
99 カザンラクのトラキア人の古墳
100 スヴェシュタリのトラキア人の古墳
101 スレバルナ自然保護区
102 ネセビルの古代都市
103 ピリン国立公園
104 ボヤナの教会
105 マダラの騎馬像
106 リラの修道院……………………… P145

ボスニア・ヘルツェゴビナ

107 ヴィシェグラードのメフメド・パシャ・ソコロヴィッチ橋
108 モスタル旧市街の石橋と周辺… P237

マルタ共和国

109 ハル・サフリエニの地下墳墓
110 バレッタの市街……………………… P210
111 マルタの巨石神殿群……………… P179

モンテネグロ

112 コトルの文化歴史地域と自然
113 ドゥルミトル国立公園

ルーマニア

114 オラシュティエ山脈のダキア人要塞
115 シギショアラの歴史地区………… P130
116 ドナウ・デルタ……………………… P252
117 ホレズの修道院
118 マラムレシュの木造教会群
119 モルドヴァ地方の教会群
120 要塞教会のあるトランシルヴァニアの村落
121 ロシア・モンタナの鉱山景観

ヨーロッパ④ ［Europe 4］

アルメニア共和国
- ①アフパットとサナインの修道院
- ②エチミアジンの大聖堂と教会群、およびズヴァルトノツの考古遺跡 …… P144
- ③ゲガルト修道院とアザート渓谷上流域

ウクライナ
- ④オデーサの歴史地区 …………… P128
- ⑤キーウ：聖ソフィア聖堂と関連修道院群、キーウ・ペチェルーシカ大修道院 … P143
- ⑥タウリカ半島の古代都市とチョーラ … P111
- ⑦ブコビナとダルマチアの首都大主教の邸宅
- ⑧リヴィウ歴史地区

ウクライナ/エストニア共和国/スウェーデン王国/ノルウェー王国/フィンランド共和国/ベラルーシ共和国/モルドバ共和国/ラトビア共和国/リトアニア共和国/ロシア連邦
- 9 シュトルーヴェの測地弧 ………… P115

ウクライナ及びポーランド共和国
- 10 カルパティア地方のポーランドとウクライナ領にある木造教会群 …… P116

ウクライナ/スロバキア共和国/ドイツ連邦共和国他9ヵ国
- 11 カルパティア山脈と他のヨーロッパ地域のブナ原生林 ……………… P117

エストニア共和国
- ⑫タリンの歴史地区

ジョージア
- ⑬上スヴァネチア
- ⑭ゲラティ修道院 …………………… P144
- ⑮コルキスの多雨林群と湿地群
- ⑯ムツヘタの歴史的建造物群

スウェーデン王国
- ⑰ヴァールベリのグリメトン無線局 …………………………………… P233
- ⑱エーランド島南部の農業景観
- ⑲エンゲルスベリの製鉄所

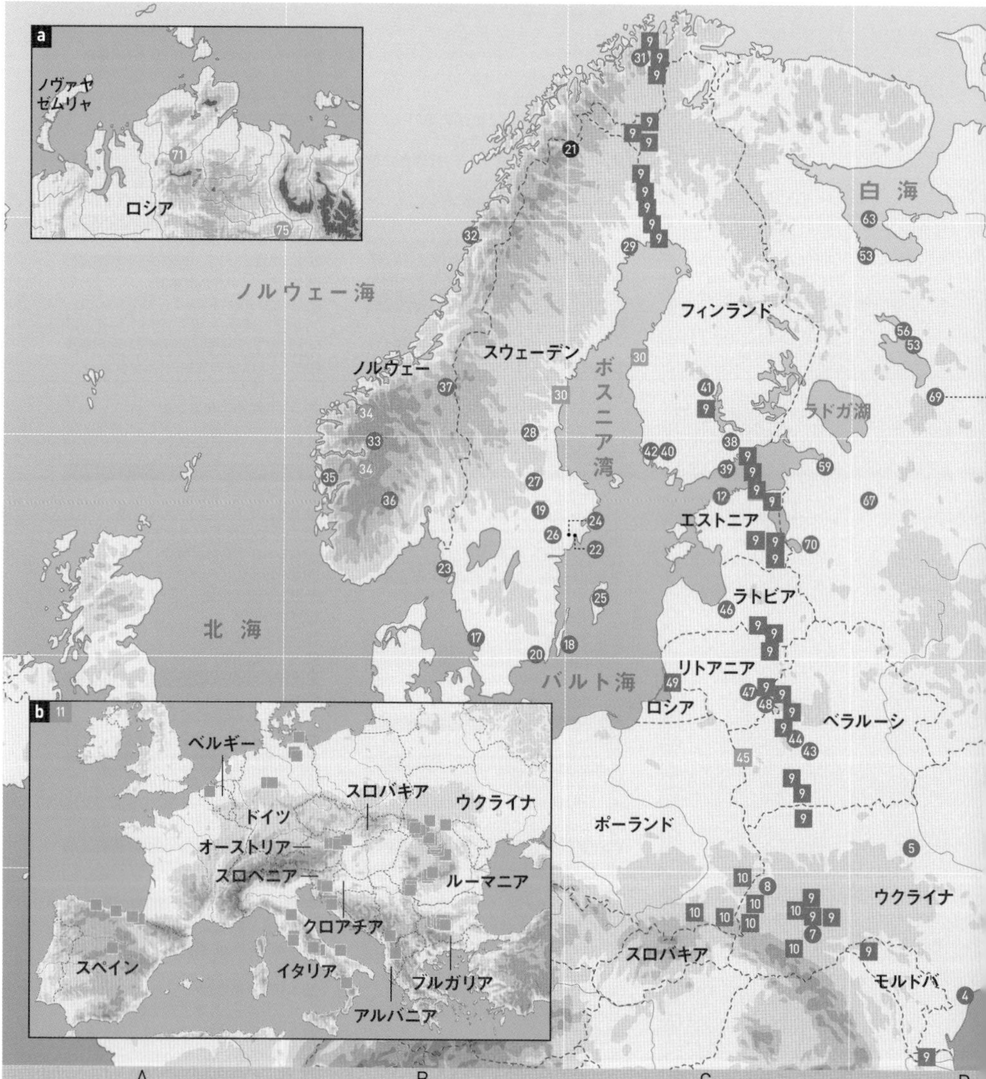

● 文化遺産　● 自然遺産　● 複合遺産
■■■ 複数の国にまたがる遺産　○□ 遠隔地等に存在する遺産

20 カールスクローナの軍港
21 サーメ人地域 ………………………… P249
22 スクーグスシルコゴーデンの森林墓地 ……………………………………… P207
23 タヌムの岩絵群
24 ドロットニングホルムの王領地… P228
25 ハンザ都市ヴィスビー
26 ビルカとホヴゴーデン
27 ファールンの大銅山地域
28 ヘルシングランドの装飾された農夫の家
29 ルーレオにあるガンメルスタードの教会街

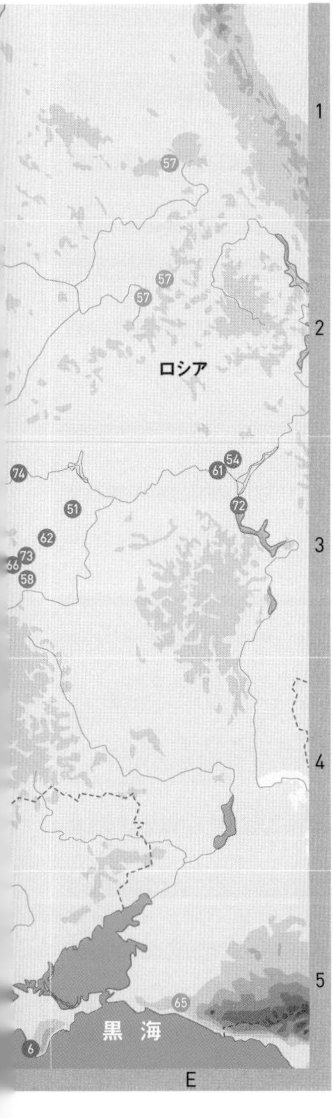

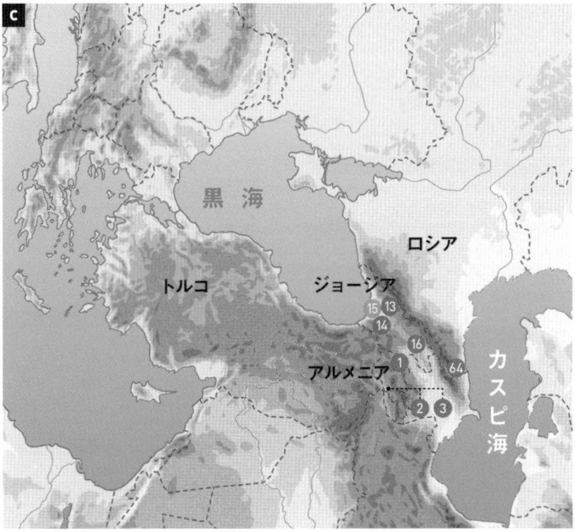

スウェーデン王国及びフィンランド共和国

30 ヘーガ・クステン／クヴァルケン群島 ……………………………………… P242

ノルウェー王国

31 アルタの岩絵群
32 ヴェガエイヤン：ヴェガ群島
33 ウルネスの木造教会
34 ノルウェー西部のフィヨルド、ガイランゲルフィヨルドとネーロイフィヨルド
35 ベルゲンのブリッゲン地区 …… P218
36 リューカン・ノトッデンの産業遺産 ……………………………………… P232
37 レーロースの鉱山都市と周辺

フィンランド共和国

38 ヴェルラの砕木パルプ・板紙工場
39 スオメンリンナ要塞
40 青銅器時代のサンマルラハデンマキ墓群
41 ペタヤヴェシの古教会
42 ラウマの旧市街

ベラルーシ共和国

43 ネスヴィシにあるラジヴィル家の建築と邸宅および文化関連遺産群
44 ミール城と関連遺産群

ベラルーシ共和国及びポーランド共和国

45 ビャウォヴィエジャ森林保護区

ラトビア共和国

46 リガの歴史地区 …………………… P129

リトアニア共和国

47 ケルナヴェ古代遺跡（ケルナヴェ文化保護区）
48 ビリニュスの歴史地区

リトアニア共和国及びロシア連邦

49 クルスキー砂洲

ロシア連邦

50 アルタイ・ゴールデン・マウンテン（地図P19上）
51 ウラジーミルとスーズダリの白い建造物群
52 ウランゲリ島保護区の自然生態系（地図P19上）……… P267
53 オネガ湖と白海の岩絵群
54 カザン・クレムリンの歴史的関連建造物群 …………… P226
55 カムチャツカ火山群（地図P19上） ……………………………………… P262
56 キージ島の木造教会と集落
57 コミの原生林
58 コローメンスコエ：昇天教会（ヴォズネセーニエ教会）
59 サンクト・ペテルブルクの歴史地区と関連建造物群 ……… P231
60 シホテ・アリニ山脈中央部（地図P19上）
61 スヴィヤジツクの集落島にある生神女就寝大聖堂と修道院
62 セルギエフ・ポサドのトロイツェ・セルギエフ大修道院 ……………… P143
63 ソロヴェツキー諸島の文化歴史的建造物群
64 デルベントのシタデル、古代都市、要塞建築物群
65 西カフカス山脈
66 ノヴォデーヴィチー修道院関連遺産群
67 ノヴゴロドと周辺の歴史的建造物群
68 バイカル湖（地図P19上）
69 フェラポントフ修道院関連遺産群
70 プスコフ建築派の教会群
71 プトラナ台地
72 ボルガルの歴史的考古学的遺産群
73 モスクワのクレムリンと赤の広場
74 ヤロスラーヴリの歴史地区
75 レナ石柱自然公園

アフリカ ［Africa］

アルジェリア民主人民共和国
1 アルジェの旧市街カスバ
2 ジェミーラの考古遺跡
3 タッシリ・ナジェール
4 ティパサの考古遺跡
5 ティムガッドの考古遺跡
6 ムザブの谷 ………… P148
7 城塞都市ベニー・ハンマード

アンゴラ共和国
8 ンバンザ・コンゴ：旧コンゴ王国の首都遺跡

ウガンダ共和国
9 カスビのブガンダ王国の王墓 ………… P121
10 ブウィンディ原生国立公園
11 ルウェンゾリ山地国立公園

エジプト・アラブ共和国
12 カイロの歴史地区 ………… P146
13 古代都市テーベと墓地遺跡 ………… P182
14 聖カトリーナ修道院地域
15 聖都アブー・メナー ………… P163
16 ヌビアの遺跡群：アブ・シンベルからフィラエまで
17 メンフィスのピラミッド地帯 ………… P180
18 ワディ・アル・ヒタン（鯨の谷） ………… P265

エチオピア連邦民主共和国
19 アクスムの考古遺跡
20 アワッシュ川下流域
21 オモ川下流域 ………… P178
22 コンソの文化的景観
23 シミエン国立公園 ………… P103
24 城塞歴史都市ハラール・ジュゴル
25 ティヤの石碑群
26 ファジル・ゲビ、ゴンダールの遺跡群 ………… P145
27 ラリベラの岩の聖堂群 ………… P105

エリトリア国
28 アスマラ：アフリカのモダニズム都市 ………… P134

ガーナ共和国
29 アシャンティ族の伝統的建造物群
30 ガーナのベナン湾沿いの城塞群

カーボヴェルデ共和国
31 シダーデ・ヴェーリャ、リベイラ・グランデの歴史地区

ガボン共和国
32 イヴィンド国立公園 ………… P267
33 ロペ‐オカンダの生態系と残存する文化的景観

カメルーン共和国
34 ジャー動物保護区

カメルーン共和国/コンゴ共和国/中央アフリカ共和国
35 サンガ川流域‐三カ国を流れる大河

ガンビア共和国
36 クンタ・キンテ島と関連遺跡群 ………… P239

ガンビア共和国及びセネガル共和国
37 セネガンビアのストーン・サークル遺跡群

ギニア共和国及びコートジボワール共和国
38 ニンバ山厳正自然保護区

ケニア共和国
39 ケニア山国立公園と自然林
40 大地溝帯にあるケニアの湖沼群
41 ティムリカ・オヒンガの考古遺跡 ………… P120
42 トゥルカナ湖国立公園群
43 ミジケンダ諸族のカヤ聖域森林
44 モンバサのフォート・ジーザス
45 ラムの旧市街

コートジボワール共和国
46 グラン・バッサムの歴史都市
47 コートジボワール北部にあるスーダン様式のモスク群
48 コモエ国立公園
49 タイ国立公園

コンゴ民主共和国
50 ヴィルンガ国立公園 ………… P272
51 オカピ野生動物保護区
52 カフジ・ビエガ国立公園
53 ガランバ国立公園 ………… P258
54 サロンガ国立公園

ザンビア共和国及びジンバブエ共和国
55 ヴィクトリアの滝（モシ・オ・トゥニャ）

ジンバブエ共和国
56 カミ遺跡
57 大ジンバブエ遺跡 ………… P120
58 マトボの丘群
59 マナ・プールズ国立公園、サピとチュウォールの自然保護区

スーダン共和国
60 ゲベル・バルカルとナパタ地域の遺跡群
61 サンガネブ海洋国立公園とドゥンゴナブ湾‐ムッカワル島海洋国立公園
62 メロエ島の考古遺跡

セーシェル共和国
63 アルダブラ環礁 ………… P270
64 メ渓谷自然保護区 ………… P267

セネガル共和国
65 ゴレ島 ………… P106
66 サルーム・デルタ
67 サン・ルイ島
68 ジュジ国立鳥類保護区 ………… P251
69 ニョコロ・コバ国立公園
70 バッサーリ地方：バッサーリ族とフラ族、ベディク族の文化的景観

タンザニア連合共和国
71 キリマンジャロ国立公園
72 キルワ・キシワニとソンゴ・ムナラの遺跡
73 コンドアの岩絵遺跡群
74 ザンジバル島のストーン・タウン
75 セルー動物保護区
76 セレンゲティ国立公園
77 ンゴロンゴロ自然保護区 ………… P256

チャド共和国
78 ウニアンガ湖群
79 エネディ山塊

中央アフリカ共和国
80 マノヴォ‐グンダ・サン・フローリス国立公園

チュニジア共和国
81 イシュケル国立公園
82 エル・ジェムの円形闘技場
83 カルタゴの考古遺跡 ………… P172
84 古代カルタゴ都市ケルクアンとそのネクロポリス
85 スースの旧市街
86 聖都カイラワーン ………… P148
87 チュニスの旧市街
88 ドゥッガの考古遺跡

トーゴ共和国
89 クタマク：バタマリバ人の土地

ナイジェリア連邦共和国
90 オスン‐オソボの聖林
91 スクルの文化的景観

ナミビア共和国
92 トゥウェイフルフォンテーン（ツウィツァウス）
93 ナミブ砂漠 ………… P268

ニジェール共和国
94 アイールとテネレの自然保護区群
95 アガデスの歴史地区

ニジェール共和国/ブルキナファソ/ベナン共和国
96 W‐アルリ‐ペンジャーリ国立公園群 ………… P257

ブルキナファソ
97 ブルキナファソの古代製鉄遺跡群
98 ロロペニの遺跡群 ………… P221

ベナン共和国
99 アボメーの王宮群

ボツワナ共和国
100 オカバンゴ・デルタ ………… P252
101 ツォディロの岩絵群

マダガスカル共和国
102 アツィナナナの熱帯雨林 ………… P255
103 アンブヒマンガの丘の王領地
104 ツィンギー・ド・ベマラハ厳正自然保護区

マラウイ共和国
105 チョンゴニの岩絵地区
106 マラウイ湖国立公園

マリ共和国
107 アスキア墳墓
108 ジェンネの旧市街 ………… P131
109 伝説の都市トンブクトゥ
110 バンディアガラの断崖 ………… P119

南アフリカ共和国
111 イシマンガリソ湿地公園
112 ケープ植物区保護地域群 ………… P266
113 コマニの文化的景観
114 南アフリカの人類化石遺跡群
115 バーバートン・マコンジュワ山脈 ………… P242
116 フレーデフォート・ドーム
117 マプングブエの文化的景観
118 リヒタースフェルドの文化的及び植物学的景観
119 ロベン島

南アフリカ共和国及びレソト王国
120 マロティ‐ドラーケンスベルグ公園 ………… P117

モーリシャス共和国
121 アープラヴァシ・ガート
122 ル・モルヌの文化的景観

モーリタニア・イスラム共和国
123 隊商都市ウワダン、シンゲッティ、ティシット、ウワラタ
124 バン・ダルガン国立公園 ………… P268

モザンビーク共和国
125 モザンビーク島

● 文化遺産 ● 自然遺産 ● 複合遺産
■■■ 複数の国にまたがる遺産 ○□ 遠隔地等に存在する遺産

モロッコ王国
126 ヴォルビリスの考古遺跡
127 エッサウィーラ（旧名モガドール）の旧市街
128 テトゥアンの旧市街（旧名ティタウィン）
129 フェズの旧市街
130 マサガン（アル・ジャジーダ）のポルトガル都市
131 マラケシュの旧市街……………… P149
132 ミクナースの旧市街
133 要塞村アイット・ベン・ハドゥ
134 ラバト：近代の首都と歴史都市の側面を併せもつ都市……………… P149

リビア
135 ガダーミスの旧市街
136 キレーネの考古遺跡……………… P168
137 サブラータの考古遺跡
138 タドラールト・アカークスの岩絵遺跡群
139 レプティス・マグナの考古遺跡……………… P174

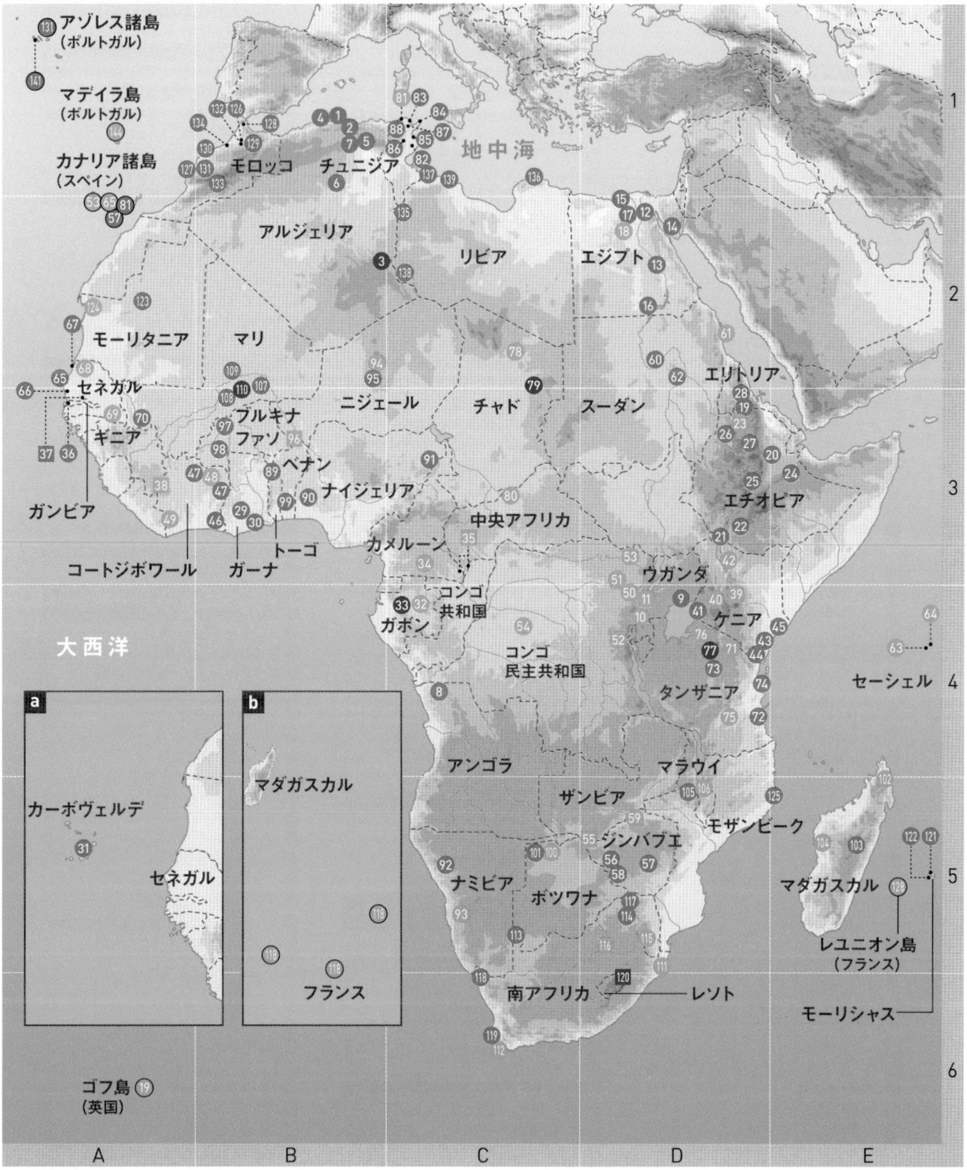

※ 19 53 57 81 65 118 128 131 141 144 は他のエリアの国の遺産

西・南アジア ［West, Southern Asia］

● 文化遺産 ● 自然遺産 ● 複合遺産
■■■ 複数の国にまたがる遺産 ○□ 遠隔地等に存在する遺産

154 サガルマータ国立公園
155 チトワン国立公園
156 仏陀の生誕地ルンビニー……… P153

バーレーン王国

157 カルアトル・バーレーン：古代の港とディルムンの都
158 ディルムンの墳墓群
159 ペルシア湾の真珠産業関連遺産：島嶼経済の証拠…………………… P220

パキスタン・イスラム共和国

160 タキシラの都市遺跡
161 タッタとマクリの歴史的建造物群
162 タフティ・バヒーの仏教遺跡とサリ・バロールの歴史的都市
163 モヘンジョ・ダーロの遺跡群
164 ラホール城とシャーラマール庭園… P192
165 ロータス城塞

パレスチナ国

166 イエス生誕の地：ベツレヘムの聖誕教会と巡礼路… P140
167 オリーヴとワインの土地-バッティールの丘：南エルサレムの文化的景観…… P110
168 ヘブロン：アル・ハリールの旧市街

バングラデシュ人民共和国

169 シュンドルボン
170 バゲルハット：モスクを中心とした歴史都市
171 パハルプールの仏教遺跡

ヨルダン・ハシェミット王国

172 イエス洗礼の地「ヨルダン川対岸のベタニア」（アル・マグタス）…… P160
173 ウンム・アッラサス（カストロム・メファア）
174 砂漠の城クセイル・アムラ
175 サルト：寛容と都市的ホスピタリティの場
176 隊商都市ペトラ…………………… P222
177 ワディ・ラム保護地域

レバノン共和国

178 アンジャル
179 カディーシャ渓谷（聖なる谷）と神の杉の森（ホルシュ・アルツ・エルラブ）
180 トリポリのラシード・カラーミー国際見本市会場
181 バアルベック
182 フェニキア都市ティルス
183 フェニキア都市ビブロス

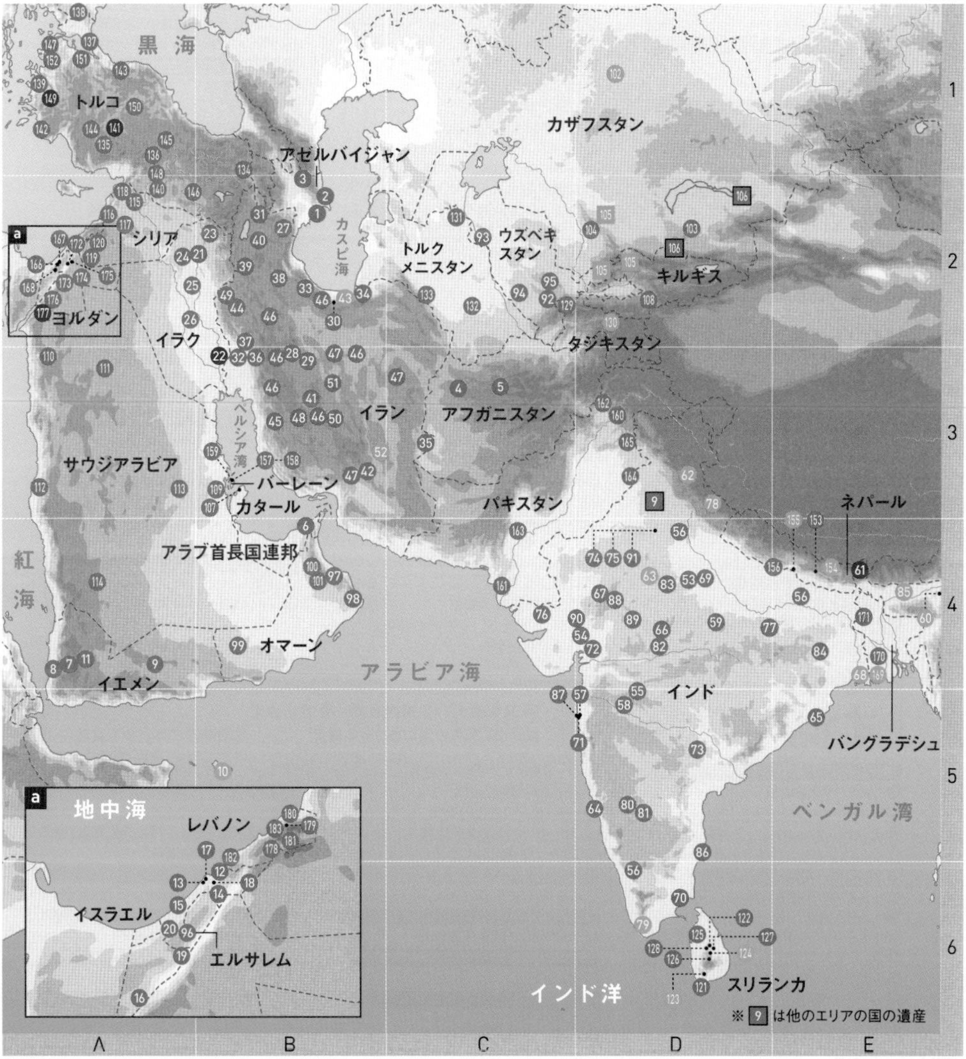

東・東南アジア ［East, Southeast Asia］

● 文化遺産 ● 自然遺産 ● 複合遺産
■■■ 複数の国にまたがる遺産
○□ 遠隔地等に存在する遺産

インドネシア共和国
1 ウジュン・クロン国立公園
2 コモド国立公園 …… P273
3 サワルントのオンビリン炭鉱遺産
4 人類化石出土のサンギラン遺跡 … P178
5 スマトラの熱帯雨林遺産
6 バリの文化的景観：バリ・ヒンドゥー哲学トリ・ヒタ・カラナを表す水利システム「スバック」… P118
7 プランバナンの寺院群
8 ボロブドゥールの仏教寺院群 …… P154
9 ロレンツ国立公園

カンボジア王国
10 アンコールの遺跡群 …… P159
11 サンボー・プレイ・クックの寺院地区：古代イシャナプラの考古遺跡
12 プレア・ビヒア寺院 …… P162

北朝鮮（朝鮮民主主義人民共和国）
13 開城歴史遺跡地区
14 高句麗古墳群

シンガポール共和国
15 シンガポール植物園

タイ王国
16 アユタヤと周辺の歴史地区 …… P155
17 ケーン・クラチャーン森林関連遺産群
18 スコータイと周辺の歴史地区
19 トゥンヤイ-ファイ・カ・ケン野生生物保護区
20 ドン・パヤーイェン-カオ・ヤイの森林群
21 バンチェンの考古遺跡

大韓民国
22 百済の歴史地区
23 慶州の歴史地区
24 ケットボル：韓国の干潟
25 高敞、和順、江華の支石墓跡
26 山寺（サンサ）：韓国の山岳僧院群
27 書院：韓国の性理学教育機関群
28 水原の華城
29 石窟庵と仏国寺 …… P156
30 済州火山島と溶岩洞窟群 …… P262
31 昌徳宮
32 朝鮮王朝の王墓群
33 宗廟
34 南漢山城
35 『八萬大蔵経』版木所蔵の海印寺
36 河回村と良洞村の歴史的集落群

中華人民共和国
37 安徽省南部の古村落-西逓・宏村
38 頤和園：北京の夏の離宮と皇帝庭園
39 殷墟 …… P184
40 雲岡石窟 …… P157
41 雲南保護地域の三江併流群
42 開平の望楼群と村落
43 峨眉山と楽山大仏
44 九寨溝：歴史的・景観的重要地区 … P244
45 曲阜の孔廟、孔林、孔府
46 京杭大運河 …… P235
47 元の上都遺跡
48 紅河ハニ族棚田群の文化的景観 … P108
49 黄山 …… P158
50 杭州にある西湖の文化的景観 … P112
51 黄龍：歴史的・景観的重要地区
52 古代高句麗王国の都城と古墳群
53 五台山
54 湖北の神農架
55 鼓浪嶼（コロンス島）：歴史的共同租界 … P131
56 左江花山の岩絵の文化的景観
57 三清山国立公園
58 始皇帝陵と兵馬俑坑
59 四川省のジャイアントパンダ保護区群 … P273
60 承徳の避暑山荘と外八廟
61 新疆天山
62 青海フフシル（可可西里） …… P258
63 青城山と都江堰水利施設
64 泉州：宋・元時代の中国における世界的な商業の中心地 …… P219
65 蘇州の園林
66 泰山
67 大足石刻
68 中国南部のカルスト地帯
69 中国の黄海・渤海湾沿岸の渡り鳥保護区（第1段階） …… P252
70 中国の丹霞地形
71 澄江の化石出土地域 …… P264
72 天壇：北京の皇帝祭壇
73 登封の歴史的建造物群-天地之中
74 土司の遺跡群
75 敦煌の莫高窟
76 万里の長城
77 武夷山
78 福建土楼群 …… P116
79 武当山の道教寺院群
80 武陵源：歴史的・景観的重要地区
81 平遥の古代都市
82 北京原人化石出土の周口店遺跡
83 北京と瀋陽の故宮
84 梵浄山
85 マカオの歴史地区 …… P215
86 明・清時代の皇帝陵墓
87 ラサのポタラ宮歴史地区 …… P157
88 龍門石窟
89 良渚古城遺跡
90 麗江の旧市街 …… P123
91 廬山国立公園

フィリピン共和国
92 トゥバッタハ岩礁自然公園
93 ハミギタン山岳地域野生動物保護区 …… P268
94 ビガンの歴史地区
95 フィリピンのコルディリェーラの棚田群
96 フィリピンのバロック様式の教会群 … P216
97 プエルト・プリンセサ地下河川国立公園

ベトナム社会主義共和国
98 胡朝の要塞
99 古都ホイアン
100 チャン・アンの景観関連遺産
101 ハノイにあるタン・ロン皇城遺跡の中心地
102 ハ・ロン湾 …… P246
103 フエの歴史的建造物群
104 フォン・ニャ-ケ・バン国立公園
105 ミーソン聖域

マレーシア
106 キナバル自然公園
107 グヌン・ムル国立公園
108 メラカとジョージ・タウン：マラッカ海峡の歴史都市
109 レンゴン渓谷の考古遺跡

ミャンマー連邦共和国
110 バガン …… P156
111 ピュー族の古代都市群

モンゴル国
112 オルホン渓谷の文化的景観 …… P124
113 グレート・ブルカン・カルドゥン山と周辺の聖なる景観
114 モンゴルのアルタイ山脈にある岩面画群

モンゴル国及びロシア連邦
115 ウヴス・ヌール盆地
116 ダウリアの景観群

ラオス人民民主共和国
117 古都ルアン・パバン …… P155
118 ジャール平原：シェンクワーン県の巨大石壺遺跡群
119 チャムパーサックの文化的景観にあるワット・プーと関連古代遺跡群

オセアニア ［Oceania］

● 文化遺産 ● 自然遺産 ● 複合遺産
■■■ 複数の国にまたがる遺産 ○□ 遠隔地等に存在する遺産

オーストラリア連邦
1 ウィランドラ湖地域 …… P178
2 ウルル、カタ・ジュタ国立公園
3 王立展示館とカールトン庭園
4 オーストラリアのゴンドワナ雨林 … P254
5 オーストラリアの囚人収容所遺跡群 … P236
6 オーストラリアの哺乳類の化石保存地区
7 カカドゥ国立公園 …… P176
8 クイーンズランドの湿潤熱帯地域
9 グレート・バリア・リーフ …… P270
10 シドニーのオペラハウス
11 シャーク湾 …… P269
12 タスマニア原生地帯
13 ニンガルー・コースト
14 ハード島とマクドナルド諸島
15 パーヌルル国立公園
16 バジ・ビムの文化的景観
17 ブルー・マウンテンズ地域
18 フレーザー島
19 マックォーリー島
20 ロード・ハウ群島

キリバス共和国
21 フェニックス諸島保護地域

ソロモン諸島
22 東レンネル

ニュージーランド
23 テ・ワヒポウナム …… P248
24 トンガリロ国立公園 …… P112
25 ニュージーランドの亜南極諸島

バヌアツ共和国
26 首長ロイ・マタの旧所領 …… P121

パプアニューギニア独立国
27 ククの古代農耕遺跡

パラオ共和国
28 ロック・アイランドの南部ラグーン（地図P19上）

フィジー共和国
29 レブカ歴史的港湾都市 …… P221

マーシャル諸島共和国
30 ビキニ環礁-核実験場となった海 … P238

ミクロネシア連邦
31 ナン・マトール：ミクロネシア東部の儀礼的中心地 …… P121

東・東南アジア

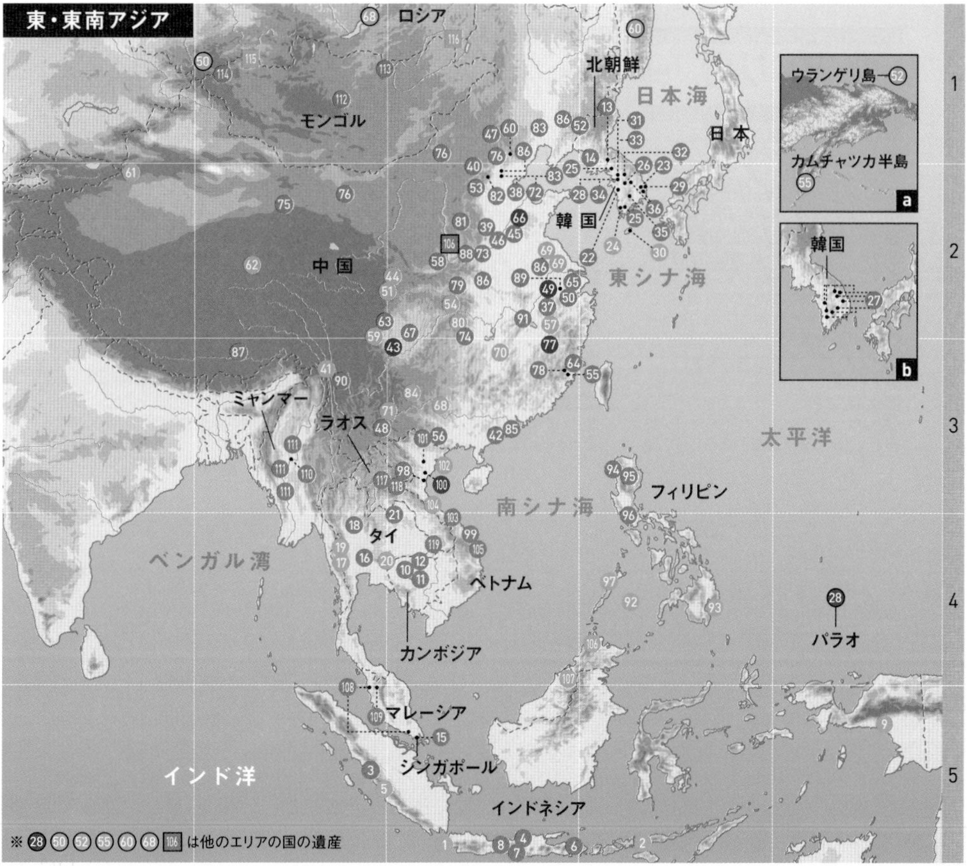
ロシア
モンゴル
中国
北朝鮮
日本海
日本
韓国
東シナ海
ウランゲリ島
カムチャツカ半島
a
韓国
b
太平洋
ミャンマー
ラオス
タイ
ベンガル湾
ベトナム
カンボジア
南シナ海
フィリピン
パラオ
マレーシア
シンガポール
インド洋
インドネシア
※ 28 50 52 55 60 68 106 は他のエリアの国の遺産

オセアニア

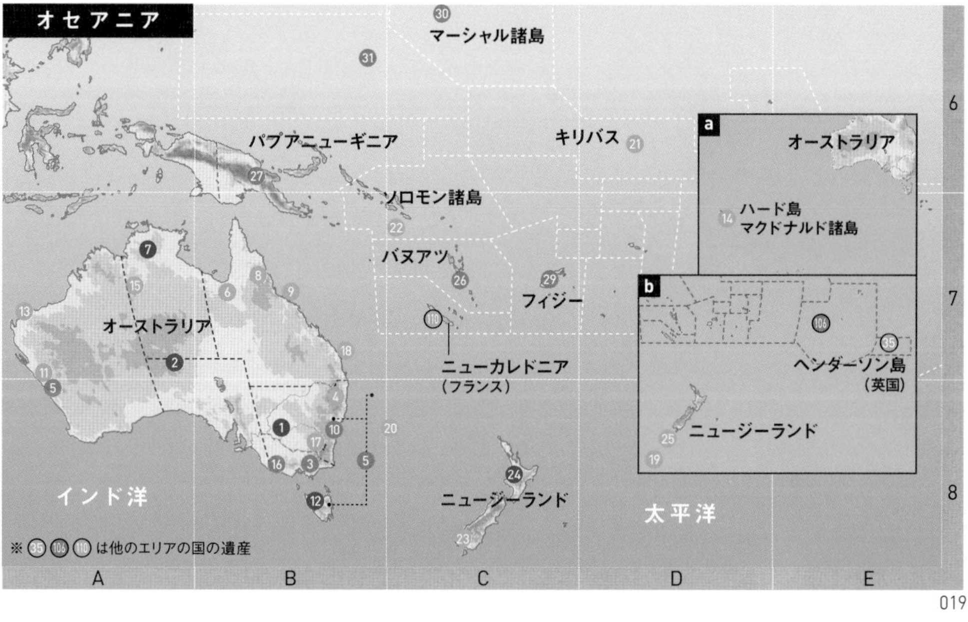
マーシャル諸島
キリバス
パプアニューギニア
ソロモン諸島
バヌアツ
フィジー
ニューカレドニア
（フランス）
オーストラリア
インド洋
ニュージーランド
太平洋
a
オーストラリア
ハード島
マクドナルド諸島
b
ヘンダーソン島
（英国）
ニュージーランド
※ 35 106 110 は他のエリアの国の遺産
A
B
C
D
E

北アメリカ ［North America］

●文化遺産 ●自然遺産 ●複合遺産
■■■複数の国にまたがる遺産 ○□遠隔地等に存在する遺産

アメリカ合衆国

1 イエローストーン国立公園 …… P102
2 エヴァーグレーズ国立公園 …… P251
3 オリンピック国立公園
4 カールズバッド洞窟群国立公園
5 カホキア・マウンド州立史跡
6 グランド・キャニオン国立公園
7 グレート・スモーキー山脈国立公園
8 サン・アントニオ・ミッションズ … P217
9 シャーロットヴィルのモンティチェロとヴァージニア大学
10 自由の女神像
11 タオス・プエブロの伝統的集落
12 チャコ文化
13 独立記念館
14 パパハナウモクアケア …… P120
15 ハワイ火山国立公園 …… P260
16 プエルト・リコの要塞とサン・フアン国立歴史地区
17 フランク・ロイド・ライトの20世紀の建築 … P204
18 ポヴァティ・ポイントの記念碑的土塁群 … P187
19 マンモス・ケーブ国立公園
20 メサ・ヴェルデ国立公園 …… P107
21 ヨセミテ国立公園 …… P247
22 レッドウッド国立・州立公園群 … P255

アメリカ合衆国及びカナダ

23 アラスカ・カナダ国境地帯の山岳国立公園群：クルアニ、ランゲル・セント・エライアス、グレイシャー・ベイ、タッシェンシニ・アルセク
24 ウォータートン・グレーシャー国際平和自然公園

カナダ

25 ウッド・バッファロー国立公園
26 カナディアン・ロッキー山脈国立公園群
27 グラン・プレの景観
28 グロス・モーン国立公園
29 ケベック旧市街の歴史地区 …… P131
30 ジョギンズの化石断崖群
31 スカン・グアイ
32 ダイナソール州立公園 …… P264
33 ナハニ国立公園 …… P103
34 バッファロー狩りの断崖
35 ピマチオウィン・アキ …… P255
36 ミグアシャ国立公園
37 ミステイクン・ポイント
38 ライティング・オン・ストーン／アイシナイピ
39 ランス・オー・メドー国立歴史公園 … P107
40 リドー運河
41 ルーネンバーグの旧市街 …… P136
42 レッド・ベイのバスク人捕鯨基地

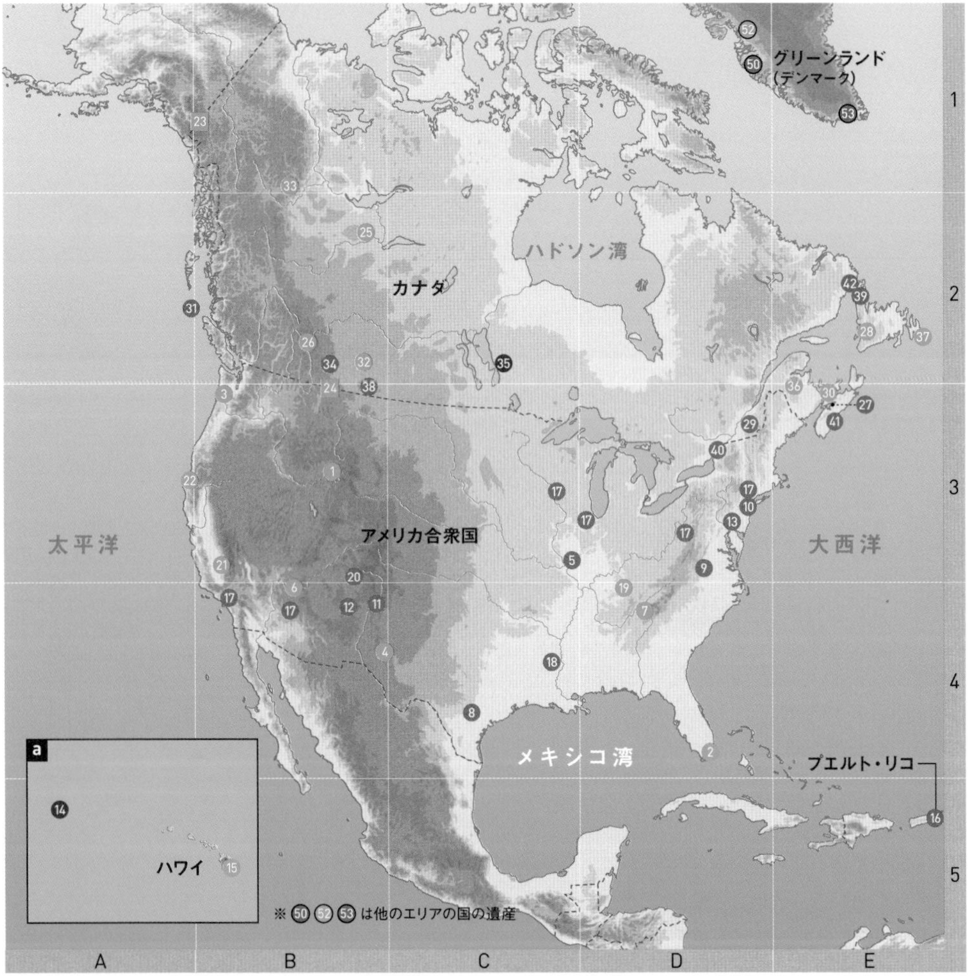

中央アメリカ [Central America]

●文化遺産 ●自然遺産 ●複合遺産
■■■複数の国にまたがる遺産 ○□遠隔地等に存在する遺産

エルサルバドル共和国

1 ホヤ・デ・セレンの考古遺跡

キューバ共和国

2 アレハンドロ・デ・フンボルト国立公園
3 カマグエイの歴史地区
4 キューバ南東部におけるコーヒー農園発祥地の景観…… P109
5 グランマ号上陸記念国立公園… P246
6 サンティアゴ・デ・クーバのサン・ペドロ・デ・ラ・ロカ城
7 シエンフエゴスの歴史地区
8 トリニダとロス・インヘニオス渓谷
9 ハバナの旧市街と要塞群
10 ビニャーレス渓谷…………………… P111

グアテマラ共和国

11 アンティグア・グアテマラ
12 キリグア遺跡公園
13 ティカル国立公園…………………… P188

コスタリカ共和国

14 グアナカステ保護地区
15 ココス島国立公園………………… P271
16 ディキスの石球のある先コロンブス期の首長制集落群

コスタリカ共和国及びパナマ共和国

17 タラマンカ山脈地帯：ラ・アミスタ自然保護区群とラ・アミスタ国立公園

ジャマイカ

18 ブルー・アンド・ジョン・クロウ山脈

セントクリストファー・ネーヴィス

19 ブリムストーン・ヒル要塞国立公園

セントルシア

20 ピトンズ管理地区

ドミニカ共和国

21 植民都市サント・ドミンゴ……… P216

ドミニカ国

22 モルヌ・トロワ・ピトン国立公園

ニカラグア共和国

23 レオン大聖堂
24 レオン・ビエホの遺跡群

ハイチ共和国

25 ハイチの国立歴史公園：シタデル、サン・スーシ宮、ラミエ地区

パナマ共和国

26 コイバ国立公園と特別海洋保護区
27 ダリエン国立公園
28 パナマのカリブ海側の要塞群：ポルトベロとサン・ロレンツォ
29 パナマ・ビエホ考古遺跡とパナマの歴史地区

バルバドス

30 歴史都市ブリッジタウンとその要塞

ベリーズ

31 ベリーズ・バリア・リーフ自然保護区… P270

ホンジュラス共和国

32 コパンのマヤ遺跡………………… P188
33 リオ・プラタノ生物圏保存地域… P274

メキシコ合衆国

34 ウシュマルの古代都市
35 エル・タヒンの古代都市
36 エル・ビスカイノ鯨保護区……… P271
37 エル・ピナカーテとグラン・デシエルト・デ・アルタル生物圏保存地域
38 オアハカの中部渓谷にあるヤグルとミトラの先史洞窟
39 オアハカの歴史地区とモンテ・アルバンの考古遺跡
40 オオカバマダラ蝶生物圏保存地域
41 カミノ・レアル・デ・ティエラ・アデントロ-メキシコ内陸部の王の道
42 カリフォルニア湾の島々と自然保護区群
43 カンペチェ州カラクムルの古代マヤ都市と保護熱帯雨林群
44 グアダラハラの救貧施設
45 グアナフアトの歴史地区と鉱山… P215
46 ケレタロ州シエラ・ゴルダのフランシスコ会ミッション
47 ケレタロの歴史的建造物地区
48 サカテカスの歴史地区
49 サンフランシスコ山地の洞窟壁画
50 サン・ミゲルの要塞都市とアトトニルコにあるナザレのイエスの聖地
51 シアン・カーン自然保護区
52 ソチカルコの古代遺跡地帯
53 チチェン・イツァの古代都市
54 テオティワカンの古代都市……… P186
55 テワカンとクイカトランの渓谷：メソアメリカの起源となる環境
56 トラコタルパンの歴史的建造物地区
57 パキメの遺跡
58 パドレ・テンブレケ水利施設の水道橋
59 パレンケの古代都市と国立公園… P189
60 プエブラの歴史地区
61 ポポカテペトル山麓の16世紀初期の修道院群
62 メキシコ国立自治大学（UNAM）の中央大学都市キャンパス……… P209
63 メキシコ・シティの歴史地区とソチミルコ
64 モレリアの歴史地区
65 リュウゼツランの景観とテキーラ村の古式産業施設群………………… P109
66 ルイス・バラガン邸と仕事場
67 歴史的要塞都市カンペチェ
68 レビジャヒヘド群島

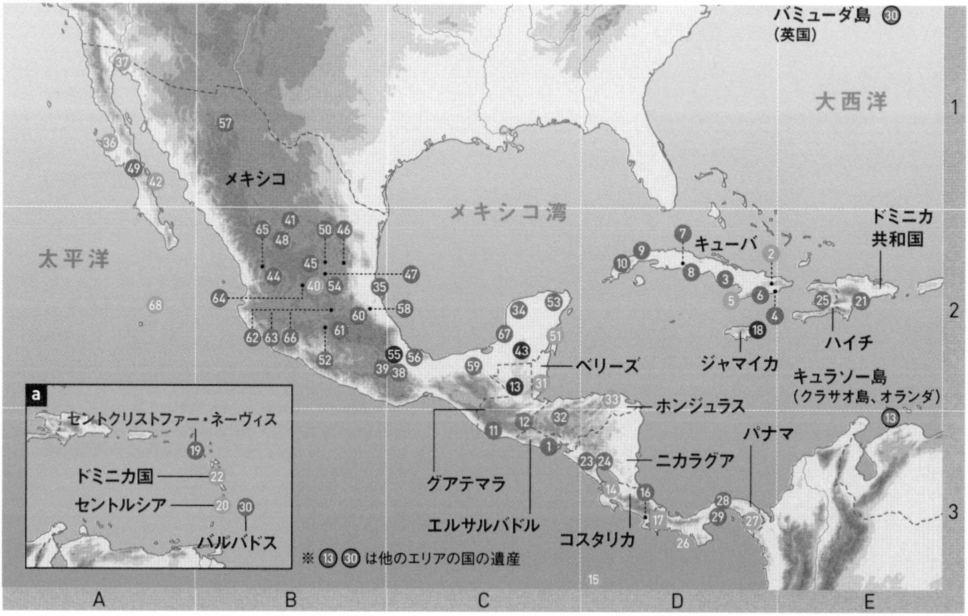

※ 13 30 は他のエリアの国の遺産

南アメリカ ［South America］

●文化遺産 ●自然遺産 ●複合遺産
■■■複数の国にまたがる遺産 ○□遠隔地等に存在する遺産

アルゼンチン共和国

1 イグアス国立公園
2 イスチグアラストとタランパヤ自然公園群
3 ケブラーダ・デ・ウマウアカ
4 コルドバのイエズス会管区教会堂と農園跡
5 バルデス半島
6 ピントゥラス川のクエバ・デ・ラス・マノス… P177
7 ロス・アレルセス国立公園
8 ロス・グラシアレス国立公園…… P249

アルゼンチン共和国/インド/スイス連邦/ドイツ連邦共和国/日本/フランス共和国/ベルギー王国

9 ル・コルビュジエの建築作品：近代建築運動への顕著な貢献（地図P7、8、17、22、23）

アルゼンチン共和国/エクアドル共和国/コロンビア共和国/チリ共和国/ペルー共和国/ボリビア多民族国

10 カパック・ニャン：アンデスの道

アルゼンチン共和国及びブラジル連邦共和国

11 グアラニのイエズス会布教施設群：サン・イグナシオ・ミニ、サンタ・アナ、ヌエストラ・セニョーラ・デ・ロレト、サンタ・マリア・マヨール（アルゼンチン側）、サン・ミゲル・ダス・ミソンイス（ブラジル側）……… P217

アンティグア・バーブーダ

12 アンティグアの海軍造船所と関連考古遺跡群

ウルグアイ東方共和国

13 技術者エラディオ・ディエステの作品：アトランティーダの教会…………… P206
14 コロニア・デル・サクラメントの歴史地区
15 フライ・ベントスの産業景観

エクアドル共和国

16 ガラパゴス諸島…………………… P103
17 キトの市街………………………… P104
18 クエンカのサンタ・アナ・デ・ロス・リオス歴史地区
19 サンガイ国立公園

コロンビア共和国

20 カルタヘナの港、要塞、歴史的建造物群
21 コロンビアのコーヒー農園の文化的景観
22 サン・アグスティン考古公園
23 サンタ・クルス・デ・モンポスの歴史地区
24 チリビケテ国立公園：ジャガー崇拝の地
25 ティエラデントロ国立考古公園
26 マルペロ動植物保護区………… P271
27 ロス・カティオス国立公園

スリナム共和国

28 中央スリナム自然保護区
29 パラマリボの歴史街区

チリ共和国

30 アリカ・イ・パリナコータ州におけるチンチョーロ文化の集落と人工ミイラ製造技術
31 海港都市バルパライソの歴史地区
32 セウェル鉱山都市
33 チロエの教会堂群
34 ハンバーストーンとサンタ・ラウラの硝石工場群
35 ラパ・ニュイ国立公園…………… P124

パラグアイ共和国

36 パラナ川沿いのイエズス会布教施設群：ラ・サンティシマ・トリニダ・デ・パラナとヘスス・デ・タバランゲ

ブラジル連邦共和国

37 イグアス国立公園
38 ヴァロンゴ埠頭の考古遺跡
39 オウロ・プレトの歴史都市
40 オリンダの歴史地区
41 ゴイアスの歴史地区
42 コンゴーニャスのボン・ジェズス聖域
43 サウス・イースト大西洋沿岸森林保護区群
44 サルヴァドル・デ・バイアの歴史地区
45 サン・クリストヴァンのサン・フランシスコ広場
46 サン・ルイスの歴史地区
47 セラード自然保護地域群：ヴェアデイロス平原国立公園とエマス国立公園
48 セラ・ダ・カピバラ国立公園
49 中央アマゾン自然保護区群
50 ディアマンティーナの歴史地区
51 ディスカヴァリー・コースト大西洋沿岸森林保護区群
52 パラチーとグランジ島：文化と生物多様性
53 パンタナル自然保護区………… P250
54 パンプーリャの近代建造物群
55 ブラジリア………………………… P208
56 ブラジル沖の大西洋の島々：フェルナンド・デ・ノローニャとロカス環礁の保護区群
57 ホベルト・ブールリ・マルクスの庭園
58 リオ・デ・ジャネイロ：山と海に囲まれたカリオカの景観…………………… P113

ベネズエラ・ボリバル共和国

59 カナイマ国立公園………………… P241
60 カラカスの大学都市
61 コロとその港

ペルー共和国

62 アレキパの歴史地区
63 ウアスカラン国立公園
64 クスコの市街……………………… P216
65 聖都カラル・スペ………………… P189
66 チャビンの考古遺跡
67 チャンキーヨの天文考古学遺産群
68 チャンチャンの考古地区
69 ナスカとパルパの地上絵
70 マチュ・ピチュ…………………… P187
71 マヌー国立公園
72 リオ・アビセオ国立公園
73 リマの歴史地区

ボリビア多民族国

74 サマイパタの砦
75 スクレの歴史都市
76 チキトスのイエズス会ミッション
77 ティワナク：ティワナク文化の宗教的・政治的中心地………… P187
78 ノエル・ケンプ・メルカード国立公園
79 ポトシの市街……………………… P215

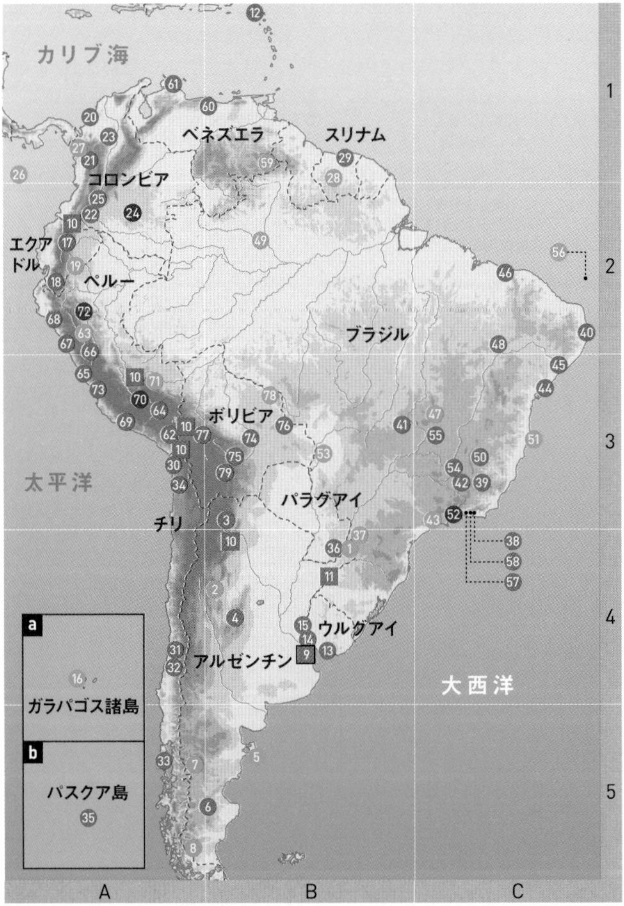

日本 [Japan]

● 文化遺産 ● 自然遺産 ● 複合遺産
■■■ 複数の国にまたがる遺産 ○□ 遠隔地等に存在する遺産

1 奄美大島、徳之島、沖縄島北部及び西表島 …… P090
2 厳島神社 …… P072
3 石見銀山遺跡とその文化的景観 …… P068
4 小笠原諸島 …… P086
5 『神宿る島』宗像・沖ノ島と関連遺産群 …… P074
6 紀伊山地の霊場と参詣道 …… P062
7 古都京都の文化財 …… P056
8 古都奈良の文化財 …… P058
9 白神山地 …… P084
10 国立西洋美術館※ …… P050
11 白川郷・五箇山の合掌造り集落 …… P054
12 知床 …… P082
13 富岡製糸場と絹産業遺産群 …… P048
14 長崎と天草地方の潜伏キリシタン関連遺産 …… P076
15 日光の社寺 …… P046
16 姫路城 …… P066
17 平泉—仏国土(浄土)を表す建築・庭園及び考古学的遺跡群— …… P044
18 広島平和記念碑(原爆ドーム) …… P070
19 富士山—信仰の対象と芸術の源泉 …… P052
20 法隆寺地域の仏教建造物群 …… P060
21 北海道・北東北の縄文遺跡群 …… P042
22 明治日本の産業革命遺産 製鉄・製鋼、造船、石炭産業 …… P078
23 百舌鳥・古市古墳群 …… P064
24 屋久島 …… P088
25 琉球王国のグスク及び関連遺産群 …… P080

※『ル・コルビュジエの建築作品:近代建築運動への顕著な貢献』の構成資産のひとつ。P.022に掲載。

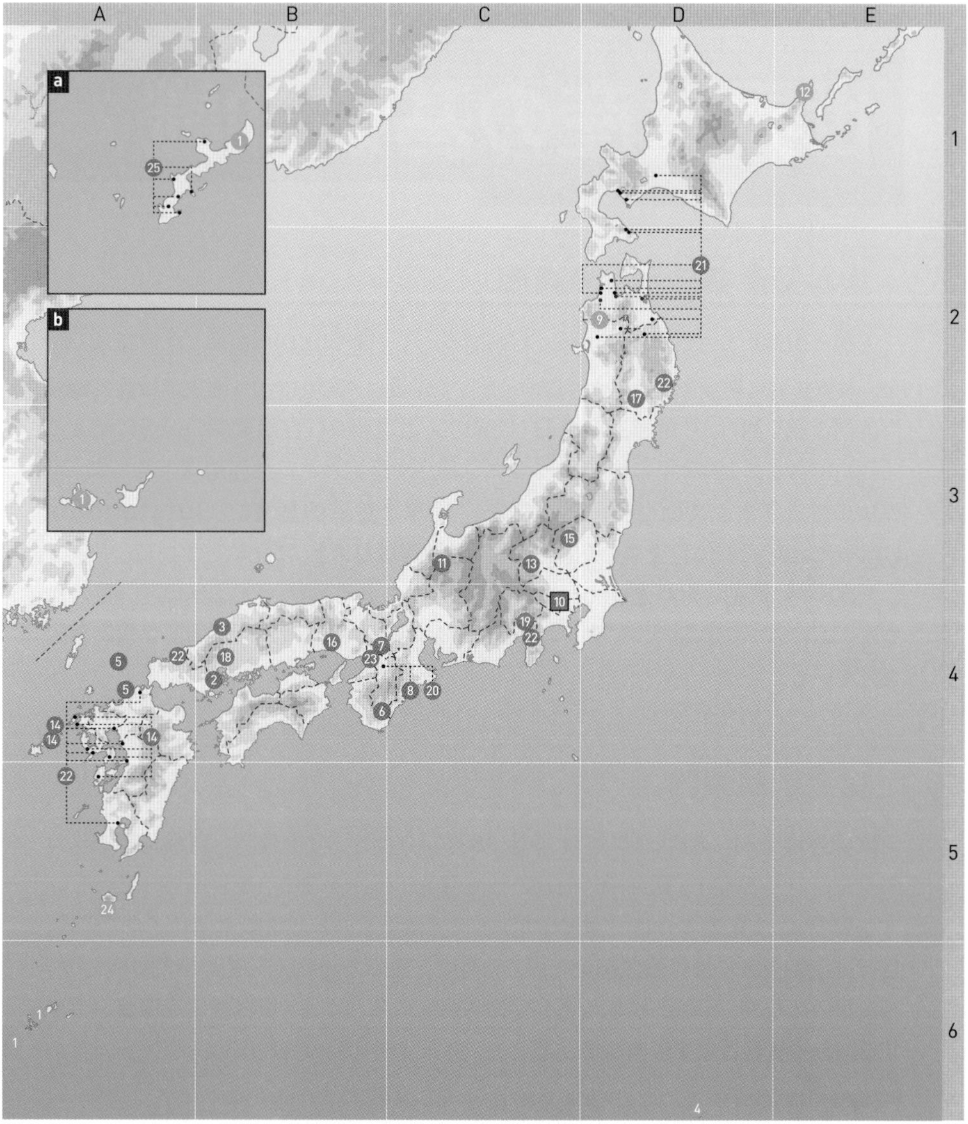

[CHAPTER]

01 世界遺産の基礎知識

地震の被害から修復されたアッシジのサン・フランチェスコ聖堂

[世界遺産条約と世界遺産]

人類や地球にとってかけがえのない価値をもつ記念建造物や遺跡、自然環境などを、人類共通の財産である「世界遺産」として保護し、次の世代へ確実に伝えてゆく世界的な取り組みが「世界遺産条約（世界の文化遺産及び自然遺産の保護に関する条約）」である。1972年の第17回ユネスコ総会で採択された世界遺産条約では、世界中のさまざまな文化財や自然環境を、「**顕著な普遍的価値**★（**Outstanding Universal Value**）」をもつものとして「**世界遺産リスト**」に記載している。

1978年に最初の世界遺産12件が世界遺産リストに記載され、2023年3月時点では1,157件（文化遺産900件、自然遺産218件、複合遺産39件）が世界遺産登録されている。

[世界遺産条約]

世界遺産条約は8章に分けられる全38条からなり、文化遺産と自然遺産を切り離すことのできない人類共通の財産として保護・保全することを目的としている。

条約では、文化遺産や自然遺産の定義、世界遺産リストと危機遺産リストの作成、**世界遺産委員会**や**世界遺産基金**の設立、遺産保護のための国内機関の設置や立法・行政措置の行使、国際的援助などが定められている。また、**世界遺産を保護・保全する義務や責任はまず保有国にある**こと、世界遺産条約の締約国は国際社会全体の

顕著な普遍的価値：人類全体にとって、現在だけでなく将来世代にも共通した重要性をもつとされる価値。

義務として、遺産の保護・保全に協力すべきであることも書かれている。これは世界遺産が特定の文化や文明、自然環境に属することを世界の国々が尊重しつつ、そうした世界遺産を人類全体の財産として守り伝えてゆくことを示している。さらに、締約国による**教育・広報活動の重要性**や、世界遺産に社会生活の中で機能・役割を与える必要性も書かれており、世界遺産を過去のものと考えるのではなく今まさに生きて意味をもつ遺産として残してゆくことを求めている。

ユネスコ (United Nations Educational, Scientific and Cultural Organization)

ユネスコ（国際連合教育科学文化機関）は、パリに本部を置く国連の専門機関で、教育や科学、文化などの活動を通して、国家や民族、人種、性別や宗教などの違いを超えた平和な世界の実現と福祉の促進を目指している。

大きな被害と犠牲者をだした第二次世界大戦を教訓に、戦争の爪あともまだ残る1945年11月に40ヵ国以上の国々がロンドンに集い、二度とこのような戦争を起こさぬ平和な世界を築くための国際機関を築くことで合意した。これは国際連合が発足した翌月のことである。そして、同月16日には「**国際連合教育科学文化機関憲章（ユネスコ憲章）**」が採択され、翌1946年には20ヵ国が同憲章を批准して、11月4日にユネスコ憲章が発効した。

ユネスコ憲章の前文には「戦争は人の心の中に生まれるものだから、人の心の中にこそ、平和のとりでを築かなければならない」との一文がある。ユネスコが世界中に住むさまざまな人々の相互理解を通して平和と安全に貢献することを目指す機関であることを示している。世界遺産条約もそうした「平和のとりで」のひとつである。

ユネスコのマークにも使われているアテネのパルテノン神殿

世界遺産誕生までの流れ

世界遺産条約の大きな特徴は、**文化遺産と自然遺産をひとつの条約の下で保護**している点である。世界遺産条約ができるまでは、文化財保護と自然保護は別々の枠組みで行われていた。

文化財は、そもそも個人(王家や貴族など)に属するものと考えられることが多く、文化や歴史に裏付けられた「集団」に属する公共の財産であるという考え方は19世紀のヨーロッパでようやく誕生した。しかし、そこで集団に属する遺産と考えられたのは、「文化的な記念物や遺跡」などであり、個人の住宅や街並などは含まれていなかった。

1931年	アテネ憲章採択
1945年	第二次世界大戦終結
1945年	ユネスコ憲章採択
1948年	IUCN設立
1954年	ハーグ条約採択
1959年	ICCROM*設立
1960年	ヌビアの遺跡群救済キャンペーン開始
1964年	ヴェネツィア憲章採択
1965年	ICOMOS設立
1968年	公的又は私的の工事によって危険にさらされる文化財の保存に関する勧告採択
1972年	国連人間環境会議開催
1972年	世界遺産条約採択
1978年	最初の世界遺産12件が誕生
1992年	日本が世界遺産条約締結
1992年	ユネスコの世界遺産センター設立
1992年	文化的景観採択
1994年	グローバル・ストラテジー採択

1931年、ギリシャのアテネで第1回「歴史的記念建造物に関する建築家・技術者国際会議」が開催され、記念物や建造物などの保存や修復に関する基本的な考え方を示した「**アテネ憲章**」が採択された。アテネ憲章では、歴史的な建造物の維持や保存の重要性など、後の世界遺産条約の考え方につながる概念がだされた一方、その修復方法で近代的な技術や材料の使用を認めている点が世界遺産条約と大きく異なっている。

第二次世界大戦で各国は、遺産や記念建造物の保存の重要性と、その保護の難しさに直面した。1954年にはユネスコがオランダのハーグにて「**武力紛争の際の文化財の保護に関する条約(ハーグ条約)**」を採択し、国際紛争や内戦、民族紛争などの非常時において文化財を守るための基本的な方針が定められた。

その後、1964年にイタリアのヴェネツィアで第2回「歴史的記念建造物に関する建築家・技術者国際会議」が開催され、アテネ憲章を批判的に継承した「**ヴェネツィア憲章**」が採択された。ヴェネツィア憲章では、アテネ憲章で示された記念物や建造物の保存・修復の重要性を引き継ぐ一方で、アテネ憲章とは異なり修復の際には建設当時の工法や素材を尊重すべきとする「**真正性***」という概念が示された。翌1965年には、ヴェネツィア憲章の考え方に基づき、**ICOMOS***が設立された。

ICCROM:P.032参照。 **真正性**:P.029参照。 **ICOMOS**:P.032参照。

一方で自然遺産の保護の歴史は古く、世界遺産条約誕生の100年前にあたる1872年にはアメリカ合衆国で、自然保護を目的とした世界最初の国立公園である**イエローストーン国立公園***が誕生している。この国立公園の自然保護で重要なのが、手つかずの自然を意味する「ウィルダネス(Wilderness)」という考え方で、これは世界遺産の自然保護の考え方にも受け継がれている。そして、第二次世界大戦後まもない1948年にはユネスコ主導で**IUCN***が設立され、国や民族などを超えて自然を守ってゆく方法が整えられた。

1960年代に入ると、経済開発と遺跡や自然の保護に関する問題が表面化するようになり、文化財と自然の保護を分けて考えることが現実的ではなくなってきた。そのため、文化遺産保護と自然遺産保護の流れが、ヌビアの遺跡群救済キャンペーンを経て1972年にスウェーデンのストックホルムで開催された国連人間環境会議でひとつにまとめられ、同年11月のユネスコ総会で「世界遺産条約」が採択された。

ヌビアの遺跡群救済キャンペーン

エジプトのナイル川沿いにあるアブ・シンベル神殿からフィラエまでの**ヌビア地方にある遺跡群***の救済キャンペーンは、世界遺産条約の理念に大きな影響を与えた。

1952年、エジプト政府は国家の近代化と国民の生活向上のためにアスワン・ハイ・ダムの建設計画を策定。ナセル大統領によりその計画が実行に移されると「アブ・シンベル神殿」や「フィラエのイシス神殿」などのヌビア地方の遺跡群がダム湖に水没してしまうため、ナセル大統領から救済を依頼されたユネスコは、**経済開発と遺産保護の両立**という難題に取り組むべく、遺跡救済キャンペーンを1960年より開始し、1964年には本格的な募金活動が始まった。

このユネスコの遺跡救済キャンペーンでは、アブ・シンベル神殿が救済されただけでなく、一国の遺産の救済に約50ヵ国もの国々や民間団体、個人が協力したことで、「人類共通の遺産」という理念が生まれ、それが後の世界遺産条約の理念にもつながっていった。ユネスコはこの事例を受けて、1968年に文化遺産の保存と経済開発との調和を図ることは各国の義務であると強調する「公的又は私的の工事によって危険にさらされる文化財の保存に関する勧告」を採択している。

この他にもユネスコは、地盤の悪化により水没しつつあるイタリアのヴェネツィアに対する1966年の救済キャンペーンや、風雨にさらされたことにより劣化の進んでいたインドネシアのボロブドゥールの仏教寺院群に対する1968年からの救済キャンペーンなどを行っている。

イエローストーン国立公園:1978年に登録された世界で最初の世界遺産でもある。 **IUCN**:P.032参照。
ヌビア地方にある遺跡群:1979年にアブ・シンベル神殿を含む「ヌビアの遺跡群」として、世界遺産リストに記載された。

分解されダム湖の湖畔に移築された「ヌビアの遺跡群」のアブ・シンベル神殿

世界遺産登録の条件

世界遺産リストに記載されるためには、いくつかの前提条件がある。

①遺産を保有する国が世界遺産条約の締約国であること

自国の遺産を世界遺産登録するためには、世界遺産条約を締結し、締約国となる必要がある。ただし、ユネスコの加盟国である必要はなく、かつてユネスコ脱退中のアメリカ合衆国などから世界遺産が登録されたこともある。

②遺産があらかじめ各国の暫定リストに記載されていること

締約国は、世界遺産登録を目指す国内の遺産を記載した「暫定リスト」を作成し、ユネスコの世界遺産センターに提出しなければならない。

③遺産を保有する締約国自身からの推薦であること

顕著な普遍的価値が明らかな遺産であっても、遺産保有国以外が推薦することはできない。唯一の例外は、国際状況と保全状態を考慮しヨルダンが申請した『エルサレムの旧市街とその城壁群』のみである。

④遺産が不動産であること

世界遺産登録を目指す遺産は、土地や建物などの不動産でなければならない。

⑤遺産が保有国の法律などで保護されていること

遺産を保護・保全する義務と責任は遺産保有国にあるため、世界遺産登録を目指す遺産は各国の法律などで守られていなければならない。

以上の前提条件を備えた遺産で、「顕著な普遍的価値」があり、「真正性」や「**完全性**」が明らかで、「**世界遺産条約履行のための作業指針**」で定められた10項目の登録基準のひとつ以上に当てはまるものが、世界遺産リストに記載される。

「真正性」とは、主に文化遺産に求められる概念で、建造物や景観などが、**それぞれの文化的背景の独自性や伝統を継承している**ことが求められる概念。修復の際には特に、創建時の素材や工法、構造などが可能な限り保たれている必要がある。

修復中の姫路城(2013年1月)

「完全性」とは、保全計画や法体制、充分な広さ、予算、人員など、**世界遺産の顕著な普遍的価値を構成するために必要な要素が全て揃っている**ことが求められる概念。

登録基準

顕著な普遍的価値の評価基準として、10項目の登録基準が「世界遺産条約履行のための作業指針」で定められている。登録基準ははじめ、文化遺産と自然遺産で別々であったが、2005年の第6回世界遺産委員会特別会合にて作業指針が改定され、**文化遺産・自然遺産共通の登録基準(ⅰ)~(ⅹ)**にまと

登録基準(ⅰ)~(ⅵ)の全てが認められている『ヴェネツィアとその潟』

められた。2007年の第31回世界遺産委員会で審議される遺産から、この10項目の登録基準が適用されている。共通の登録基準ではあるが、登録基準（ⅰ）〜（ⅵ）を認められたものが文化遺産、登録基準（ⅶ）〜（ⅹ）を認められたものが自然遺産、両方の登録基準にまたがるものが複合遺産となっている。

●登録基準の要約

登録基準（ⅰ）：人類の創造的資質を示す遺産
登録基準（ⅱ）：文化交流を証明する遺産
登録基準（ⅲ）：文明や時代の証拠を示す遺産
登録基準（ⅳ）：建築技術や科学技術の発展を証明する遺産
登録基準（ⅴ）：独自の伝統的集落や、人類と環境の交流を示す遺産
登録基準（ⅵ）：人類の歴史上の出来事や伝統、宗教、芸術と関係する遺産
登録基準（ⅶ）：自然美や景観美、独特な自然現象を示す遺産
登録基準（ⅷ）：地球の歴史の主要段階を証明する遺産
登録基準（ⅸ）：動植物の進化や発展の過程、独自の生態系を示す遺産
登録基準（ⅹ）：絶滅危惧種の生息域で、生物多様性を示す遺産

●登録基準（「世界遺産条約履行のための作業指針」に記載されている内容）

（ⅰ）	人類の創造的資質を示す傑作。
（ⅱ）	建築や技術、記念碑、都市計画、景観設計の発展において、ある期間または世界の文化圏内での重要な価値観の交流を示すもの。
（ⅲ）	現存する、あるいは消滅した文化的伝統または文明の存在に関する独特な証拠を伝えるもの。
（ⅳ）	人類の歴史上において代表的な段階を示す、建築様式、建築技術または科学技術の総合体、もしくは景観の顕著な見本。
（ⅴ）	ある文化（または複数の文化）を代表する伝統的集落や土地・海上利用の顕著な見本。または、取り返しのつかない変化の影響により危機にさらされている、人類と環境との交流を示す顕著な見本。
（ⅵ）	顕著な普遍的価値をもつ出来事もしくは生きた伝統、または思想、信仰、芸術的・文学的所産と、直接または実質的関連のあるもの。（この基準は、他の基準とあわせて用いられることが望ましい。）
（ⅶ）	ひときわ優れた自然美や美的重要性をもつ、類まれな自然現象や地域。
（ⅷ）	生命の進化の記録や地形形成における重要な地質学的過程、または地形学的・自然地理学的特徴を含む、地球の歴史の主要段階を示す顕著な見本。
（ⅸ）	陸上や淡水域、沿岸、海洋の生態系、また動植物群集の進化、発展において重要な、現在進行中の生態学的・生物学的過程を代表する顕著な見本。
（ⅹ）	絶滅の恐れのある、学術上・保全上顕著な普遍的価値をもつ野生種の生息域を含む、生物多様性の保全のために最も重要かつ代表的な自然生息域。

世界遺産には、戦争や紛争、人種差別や奴隷貿易など、人類が歴史上で犯してきた過ちを記憶にとどめ繰り返さないよう教訓とするための「**負の遺産**」と呼ばれる遺産がある。世界遺産条約で定義されているものではないが、世界遺産条約の理念の中では重要である。『広島平和記念碑（原爆ドーム）』や『ゴレ島』などが「負の遺産」と考えられており、登録基準（ⅵ）のみで登録されることがあるのも、「負の遺産」の特徴である。

ナチス・ドイツがホロコーストを行ったアウシュヴィッツ収容所

［ 世界遺産登録の流れ ］

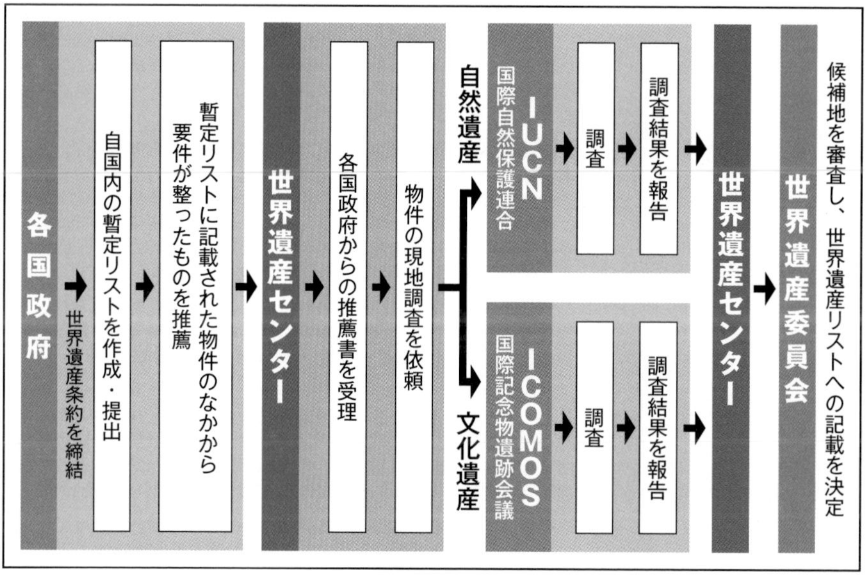
各国政府
世界遺産条約を締結
自国内の暫定リストを作成・提出
暫定リストに記載された物件のなかから要件が整ったものを推薦
世界遺産センター
各国政府からの推薦書を受理
物件の現地調査を依頼
自然遺産
IUCN
国際自然保護連合
調査
調査結果を報告
文化遺産
ICOMOS
国際記念物遺跡会議
調査
調査結果を報告
世界遺産センター
世界遺産委員会
候補地を審査し、世界遺産リストへの記載を決定

自国の文化財や自然の世界遺産登録を目指す国は、まず世界遺産条約を締結し、暫定リストを作成してユネスコの世界遺産センターに提出する。この暫定リストに記載された遺産のなかから、推薦への要件が整ったものを１年に１件★（文化遺産・自然遺産を合わせて１件）まで世界遺産センターに推薦する。推薦の際には、提出

１年に１件：2020年に審議される遺産から、各国の推薦上限が自然遺産と文化遺産合わせて１件となった。

期限の2月1日までに、遺産の顕著な普遍的価値を証明する書類や遺産の保全体制・計画などを記載した推薦書を世界遺産センターに提出しなければならない。

推薦書が受理されると、世界遺産センターは文化遺産であればICOMOS、自然遺産であればIUCNに専門調査を依頼する。ICOMOSとIUCNはその年の夏〜秋頃に現地調査を行い、年内を目処に推薦書の内容を検討し、追加報告書や改善の必要な箇所があれば世界遺産センターを通して遺産保有国に連絡をする。そうして、最終的な審査結果と提言を含む評価報告書が、推薦書提出期限翌年に開催される世界遺産委員会の6週間前までに世界遺産センターに提出される。複合遺産の場合は、ICOMOSとIUCNがそれぞれ調査を行い、それぞれ評価報告書を提出する。その評価報告書をもとに世界遺産委員会で審議が行われ、**「登録」「情報照会」「登録延期」「不登録」**の4段階で決議される。

推薦書の提出から世界遺産リスト記載までの流れは、1年半程度の期間を要する。

世界遺産に関係する機関

世界遺産条約締約国会議	世界遺産条約を採択した全締約国による会議。世界遺産基金への分担金の決定や監査、世界遺産委員会委員国の選定の他に、世界遺産委員会から提出された活動報告書を受理する。
世界遺産委員会	21ヵ国で構成され、通常1年に1度開催される政府間委員会。世界遺産リストの記載に関する審議や危機遺産リストの審議、世界遺産基金の使途の決定、作業指針の改定、登録遺産の保全状況の審査などを行う。委員国の任期は6年であるが、各締約国に均等に機会が与えられるように、自発的に4年で任期を終えることや、任期終了後、次の立候補まで間を6年あけることなどが求められている。
世界遺産センター	パリのユネスコ本部内に常設されている、世界遺産委員会事務局を担う機関。1992年に設立された。推薦書の受理や登録、世界遺産委員会の運営、世界遺産及び世界遺産条約の広報活動などを行う。
ICOMOS（イコモス）	国際記念物遺跡会議。本部をフランスのパリにおくNGOで、ヴェネツィア憲章の原則を基に1965年に設立された。建築物や考古学的遺産の保全のための理論や方法論、保全への科学技術の応用を推進することを目的としている。世界遺産委員会に諮問機関として参加する。また、契約により推薦書作成の際のアドヴァイスを行う。
IUCN（アイユーシーエヌ）	国際自然保護連合。本部をスイスのグランにおく世界的組織で、ユネスコやフランス政府、スイス自然保護連盟などの呼びかけにより、1948年に設立された。自然の多様性を保全し、持続可能な自然資源の利用を行うために、世界中の科学者を支援することを目的としている。世界遺産委員会に諮問機関として参加する。
ICCROM（イクロム）	文化財の保存及び修復の研究のための国際センター。本部をイタリアのローマにおく政府間機関。ユネスコでの採択を経て1959年に設立された。不動産と動産両方の文化遺産の保全強化を目的とした研究や記録の作成・助言、技術支援、技術者や専門家の養成、普及・広報活動などを行う。世界遺産委員会に諮問機関として参加する。

世界遺産登録の概念の変化

1978年の世界遺産登録開始から1990年代初頭までは、記念物や建造物がつくられた当時のまま残されていることが重視されたため、ヨーロッパの教会や中世の城など、風化しにくい石の文化に属する遺産が多く登録されていた。しかし、それでは世界遺産リストに不均衡が生じ、リストの信頼性が損なわれるため、不均衡是正のためにさまざまな方策が採られ、世界遺産登録の概念も変化してきた。

1992年に採択された「**文化的景観**」は、人間が自然と共につくり上げた景観を指す概念で、文化遺産に分類されるものの、文化遺産と自然遺産の境界に位置する遺産といえる。これにより、従来の西欧的な考え方よりも柔軟に文化遺産を捉えることが可能となった。1993年にニュージーランドの『トンガリロ国立公園』ではじめて、文化的景観の概念が適用された。

レマン湖畔の斜面に広がる文化的景観の『ラヴォー地域のブドウ畑』

●文化的景観の３つのカテゴリー

意匠された景観	庭園や公園、宗教的空間など、人間によって意図的に設計され創造された景観。
有機的に進化する景観	社会や経済、政治、宗教などの要求によって生まれ、自然環境に対応して形成された景観。農林水産業などの産業とも関連している。すでに発展過程が終了している「残存する景観」と、現在も伝統的な社会のなかで進化する「継続する景観」に分けられる。
関連する景観	自然の要素がその地の民族に大きな影響を与え、宗教的、芸術的、文学的な要素と強く関連する景観。

1994年に採択された「世界遺産リストにおける不均衡の是正及び代表性、信用性の確保のためのグローバル・ストラテジー」(以下、「**グローバル・ストラテジー**」)は、世界遺産リストの不均衡を是正するための戦略で、選考基準の見直しや世界遺産をもたない国からの登録強化、産業に関係する遺産の登録強化、先史時代や現代の遺

産の登録強化などを挙げている。グローバル・ストラテジーでは、既に世界遺産リストに複数の遺産が記載されている国に対し、推薦の間隔を自発的にあけることや、登録の少ない分野の遺産を推薦すること、世界遺産をもたない国の推薦と連携することなどが求められている。

世界遺産基金

世界遺産条約では、世界遺産の価値を守り伝えてゆくために、ユネスコの財政規則に基づく信託基金である「**世界遺産基金**」を設立し、世界遺産条約締約国の分担金（ユネスコ分担金の1%）や政府間機関、団体、個人などからの寄付金をもとに運営している。世界遺産基金は、世界遺産委員会が決定する目的にのみ使用することができる。大規模な災害や紛争による被害への「**緊急援助**」や、推薦書や暫定リストなどを作成するための「**準備援助**」、専門家や技術者の派遣や保全に関する技術提供のための「**保全・管理援助**」などがそれにあたる。

ユネスコ分担金の最大拠出国であったアメリカ合衆国が、パレスチナのユネスコ加盟に反対して2018年末にユネスコを脱退したこともあり、世界遺産基金も危機遺産の保護に充分な資金を回すことができず、厳しい予算状況にある。

マリの遺産には、2012年の世界遺産委員会で約10億円の緊急援助が決まった

日本と世界遺産

日本が世界遺産条約を締結したのは1992年と遅く、125番目の締約国であった。しかし1951年、日本が第二次世界大戦後最初に加盟した国際機関はユネスコであり、1972年に世界遺産条約がユネスコ総会で採択されたときの議長国は日本であった。日本はアメリカ合衆国に次ぐユネスコ分担金拠出国であったが、アメリカ合衆国がユネスコを脱退したこともあり、2019～2022年の分担金では、中国に次ぐ世界第2のユネスコ分担金拠出国として世界遺産条約を裏から支えている。

世界遺産登録を目指す日本の文化財や記念物は、文化財保護法などの保護下にあるものは文化庁が、稼働中の産業遺産などを含むものは2013年より内閣官房がそれぞれ暫定リストの中から推薦候補を決定する。また日本の自然遺産は、環境省と林野庁が協議して推薦候補を決定する。そして、それぞれの推薦候補の中から毎年9月頃に開催される「**世界遺産条約関係省庁連絡会議**★」でユネスコの世界遺産センターへ推薦する候補が選出される。その後、推薦書提出の直前に、推薦書が最終的に閣議了解され決定する。

『古都奈良の文化財』の薬師寺

人間と生物圏計画（MAB計画）

環境資源の持続可能な利用と環境保全を促進することを目的に、ユネスコが1971年に立ち上げた研究計画で、保護すべき自然を生物圏保存地域として「**核心地域（コア・エリア）**」「**緩衝地帯（バッファー・ゾーン）**」「移行地帯（トランジション・エリア）」の三段階の区域に分け重層的に保護している。世界遺産条約はこの中から、「核心地域」と「バッファー・ゾーン」の概念を援用している。「核心地域」は、世界遺産では「資産（プロパティ）」と呼ばれる。近年では、『小笠原諸島』でバッファー・ゾーンを設定する代わりに、小笠原諸島から東京湾までをトランジション・エリアのようにして保護するなど、遺産保護のあり方も多様化している。

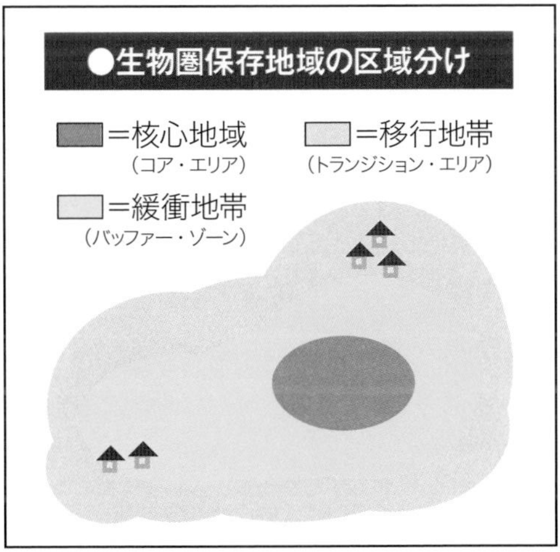

世界遺産条約関係省庁連絡会議：外務省、文化庁、環境省、林野庁、水産庁、国土交通省、宮内庁、内閣官房、経済産業省で構成される（2023年3月時点）。

トランスバウンダリー・サイト/シリアル・ノミネーション・サイト

トランスバウンダリー・サイト(国境を越える遺産)は、国境線を越えて多国間に広がる自然遺産を登録する際に考えだされたもので、多国間の協力の下で遺産を保護・保全することを目指している。文化遺産でも、かつてひとつの文化圏であった地域が国境で分断されてしまうことがあり、そうした遺産を保護するにあたってもトランスバウンダリー・サイトの概念が用いられる。自然遺産ではオランダとドイツ、デンマークにまたがる『ワッデン海』、文化遺産ではベルギーとフランスにまたがる『ベルギーとフランスの鐘楼群』などがこれにあたる。

シリアル・ノミネーション・サイト(連続性のある遺産)は、文化や歴史的背景、自然環境などが共通する資産を、ひとつの遺産として顕著な普遍的価値を有するものとみなし登録するもの。文化遺産では中国の『福建土楼群』、自然遺産ではロシアの『カムチャツカ火山群』などがこれにあたる。また、それぞれの資産が国境を越えて存在する場合、トランスバウンダリー・サイトとなる。

世界遺産と観光

有名な観光名所の多くは世界遺産に登録されており、世界遺産と観光は切り離すことができない。世界遺産登録され世界中から人々が訪れることが、ユネスコ憲章の謳う「相互理解」や「多文化理解」につながっている反面、遺産を保護・保全し次の世代へと引き継いでゆく世界遺産の考え方と、従来の観光のあり方との間には相容れない点もある。

文化遺産の場合、人々の生活と密着した旧市街や伝統的集落、現在も信仰の対象となっている教会や寺院など、観光客が訪れることによって生活文化や信仰形態が乱されることも少なからずあり、「世界遺産観光」のマイナス面が指摘されることも多くなっている。また、自然遺産の場合、手つかずの自然を保ってきた場所に観光客が訪れることによって、外来種の問題や自然自体を傷つける環境破壊、ゴミやトイレ問題など、取り返しのつかない事態になることもあり、より深刻である。

こうした問題は、「観光」自体が悪いのではなく、世界遺産の価値を守りながら観光を行う方法が世界遺産登録前に充分考えられてこなかったという、準備不足の面が大きい。世界遺産の価値を守ることが、観光資源としての世界遺産の価値につながっている点をよく意識し、エコツーリズムなどの持続可能な観光を目指す必要がある。

観光客数が受け入れ許容数を越えるオーバーツーリズムも指摘されるヴェネツィア

危機遺産

危機遺産とは、「**危機にさらされている世界遺産リスト**（危機遺産リスト）」に記載されている遺産のことで、世界で最初の世界遺産が誕生した翌年の1979年には、地震の被害を受けたモンテネグロの『コトルの文化歴史地域と自然』が初めて危機遺産リストに記載された。世界遺産リストに記載されている遺産が、自然災害や紛争・戦争による遺産そのものの破壊、都市開発や観光開発による景観悪化、密猟や違法伐採による環境破壊などの重大かつ明確な危険にさらされている場合、危機遺産リストに記載される。近年では、『ウィーンの歴史地区』のような都市部における経済開発による景観破壊や、シリアやマリの遺産のような紛争による遺産破壊などが問題になることが多い。また自然遺産の場合、一度遺産の価値が損なわれると修復が難しいこともあり、早めの対応が求められる。

危機遺産リストに記載された場合、遺産の保有国は保全計画の作成と実行が求められる。その際には、世界遺産基金の活用や各国の政府、民間機関などからの**財政的・技術的援助**を受けることが可能である。

世界遺産の顕著な普遍的価値が損なわれたと判断された場合は、世界遺産リストから削除されることもある。2007年にオマーンの「アラビアオリックスの保護地区★」が、2009年にドイツの「ドレスデン・エルベ渓谷★」が、2021年には英国の「**リヴァプール海商都市★**」が、それぞれ世界遺産リストから削除されている。

アラビアオリックスの保護地区：保護地区内での資源開発により、危機遺産リストに記載されることなく、世界遺産リストから削除された。
ドレスデン・エルベ渓谷：橋の建設による景観悪化が原因。　**リヴァプール海商都市**：バッファー・ゾーンを含む港湾開発が原因。

危機遺産リスト（2023年3月時点）

最新の危機遺産リストの詳細については世界遺産検定公式ホームページ（www.sekaken.jp）内、
検定の教材のページをご参照下さい。

遺産名	国名	危機遺産登録年	危機の主な原因
エルサレムの旧市街とその城壁群	エルサレム（ヨルダン・ハシェミット王国による申請遺産）	1982	ユダヤ教・キリスト教・イスラム教の聖地。帰属をめぐる紛争、巡礼者による観光被害。
チャンチャンの考古地区	ペルー共和国	1986	潮風や風雨で建材の日干しレンガが浸食。農民の不法占拠など。
ニンバ山厳正自然保護区	ギニア共和国及びコートジボワール共和国	1992	鉄鉱石の採掘計画による環境汚染への危惧。隣国リベリアの内戦の影響。
アイールとテネレの自然保護区群	ニジェール共和国	1992	トゥアレグ族と政府との内戦に乗じて、密猟が増加。
ヴィルンガ国立公園	コンゴ民主共和国	1994	ルワンダの内戦の影響で難民が流入し、樹木の伐採が進んだ。
ガランバ国立公園	コンゴ民主共和国	1984～92、1996	密猟により世界的に貴重なキタシロサイが減少。公園関係者が殺害される事件も。
カフジ・ビエガ国立公園	コンゴ民主共和国	1997	周辺環境の悪化。
オカピ野生動物保護区	コンゴ民主共和国	1997	地域紛争の混乱に乗じた密猟が横行。金採掘による環境破壊。
マノヴォ-グンダ・サン・フローリス国立公園	中央アフリカ共和国	1997	スーダンとチャドの紛争。密猟が横行。公園関係者が殺害される事件。
ザビードの歴史地区	イエメン共和国	2000	都市化により伝統的な家屋が失われつつある。
聖都アブー・メナー	エジプト・アラブ共和国	2001	干拓により地下水位が上昇したために、遺跡の崩壊の危機。
ジャームのミナレットと考古遺跡群	アフガニスタン・イスラム共和国	2002	武力紛争による損傷。河川からの浸水で、遺跡が水没の危機に。
バーミヤン渓谷の文化的景観と古代遺跡群	アフガニスタン・イスラム共和国	2003	内戦による遺跡の損傷。タリバン政権による石仏の破壊。盗掘が絶えない。
アッシュル（カラット・シェルカット）	イラク共和国	2003	遺跡付近でダム建設計画が浮上し、浸水が危惧された。
コロとその港	ベネズエラ・ボリバル共和国	2005	大洪水で歴史的な建造物に被害。周辺地域で景観を損ねる開発が進んだ。

遺産名	国名	危機遺産登録年	危機の主な原因
コソボの中世建造物群	セルビア共和国	2006	国内の政情不安と保護管理体制の欠如が問題にされた。
ニョコロ・コバ国立公園	セネガル共和国	2007	アフリカゾウやキリンの密猟。ダム建設。
古代都市サーマッラー	イラク共和国	2007	イラク国内の政情不安。
エヴァーグレーズ国立公園	アメリカ合衆国	1993～2007、2010	深刻な水質汚濁と水位の低下に伴う生態系の破壊。
アツィナナナの熱帯雨林	マダガスカル共和国	2010	森林の不法伐採。絶滅危惧種であるレムール類（キツネザルなど）の密猟。
カスビのブガンダ王国の王墓	ウガンダ共和国	2010	主要な構造物のひとつである王墓が火災によりほぼ全焼。
リオ・プラタノ生物圏保存地域	ホンジュラス共和国	2011	熱帯雨林の伐採。コンゴウインコの密猟。
スマトラの熱帯雨林遺産	インドネシア共和国	2011	密猟、不法伐採。遺産内の農地開拓。遺産内における道路の建設計画。
パナマのカリブ海側の要塞群：ポルトベロとサン・ロレンツォ	パナマ共和国	2012	保全面での不備。制御されていない都市開発。
伝説の都市トンブクトゥ	マリ共和国	1990～2005、2012	周辺の武力紛争による破壊の危機。
アスキア墳墓	マリ共和国	2012	周辺の武力紛争による破壊の危機。
アレッポの旧市街	シリア・アラブ共和国	2013	内戦による遺跡の損傷。
クラック・デ・シュヴァリエとカラット・サラーフ・アッディーン	シリア・アラブ共和国	2013	内戦による遺跡の損傷。
古代都市パルミラ	シリア・アラブ共和国	2013	内戦による遺跡の損傷。
シリア北部の古代集落群	シリア・アラブ共和国	2013	内戦による遺跡の損傷。
隊商都市ボスラ	シリア・アラブ共和国	2013	内戦による遺跡の損傷。
ダマスカスの旧市街	シリア・アラブ共和国	2013	内戦による遺跡の損傷。
東レンネル	ソロモン諸島	2013	森林伐採における生態系への悪影響。
セルー動物保護区	タンザニア連合共和国	2014	野生生物の密猟。

遺産名	国名	危機遺産登録年	危機の主な原因
ポトシの市街	ボリビア多民族国	2014	不十分な鉱山管理。
オリーヴとワインの土地ーバッティールの丘：南エルサレムの文化的景観	パレスチナ自治政府	2014	構成資産に修復困難な損害が加えられたため。
サナアの旧市街	イエメン共和国	2015	内戦による市街地の損傷。
城壁都市シバーム	イエメン共和国	2015	内戦による市街地の損傷。
円形都市ハトラ	イラク共和国	2015	IS（イスラム国）の占拠・破壊。
ガダーミスの旧市街	リビア	2016	内紛による政情不安定。
キレーネの考古遺跡	リビア	2016	内紛による政情不安定。
サブラータの考古遺跡	リビア	2016	内紛による政情不安定。
タドラールト・アカークスの岩絵遺跡群	リビア	2016	内紛による政情不安定。
レプティス・マグナの考古遺跡	リビア	2016	内紛による政情不安定。
シャフリサブズの歴史地区	ウズベキスタン共和国	2016	観光開発による遺産への影響。
ジェンネの旧市街	マリ共和国	2016	内紛による政情不安定。
ナン・マトール：ミクロネシア東部の儀礼的中心地	ミクロネシア連邦	2016	マングローブの繁茂による遺産への影響。
ウィーンの歴史地区	オーストリア共和国	2017	都市開発による景観悪化の懸念。
ヘブロン：アル・ハリールの旧市街	パレスチナ自治政府	2017	帰属をめぐる問題による保全計画の不備。
トゥルカナ湖国立公園群	ケニア共和国	2018	隣国エチオピアでのダム開発による生態系への影響。
カリフォルニア湾の島々と自然保護区群	メキシコ合衆国	2019	固有種のコガシラネズミイルカが絶滅の危機にあるため。
ロシア・モンタナの鉱山景観	ルーマニア	2021	登録エリアの景観を大きく毀損する採鉱の再開計画のため。
オデーサの歴史地区	ウクライナ	2023	ロシアによる軍事侵攻により破壊の恐れがあるため。
トリポリのラシード・カラーミー国際見本市会場	レバノン共和国	2023	メンテナンス不足と周辺の開発により完全性が損なわれる可能性があるため。
マリブ：古代サバ王国の代表的遺跡群	イエメン共和国	2023	紛争による破壊の恐れがあるため。

無形文化遺産、世界の記憶

ユネスコが主催する事業として、不動産を保護する世界遺産とは別に、口承による伝統や表現、伝統芸能や祭礼、慣習、工芸技術などの無形の遺産を保護する「**無形文化遺産**」と、書物や楽譜、手紙などの記録物を保護する「**世界の記憶**」がある。

「無形文化遺産」は、2003年にユネスコで採択された「無形文化遺産の保護に関する条約」に基づき「人類の無形文化遺産の代表的な一覧表(代表一覧表)」に記載されている遺産で、存続の危機にあるものは別に「緊急に保護する必要がある無形文化遺産の一覧表(危機一覧表)」がつくられている。日本からは「風流踊」や「歌舞伎」「能楽」「山・鉾・屋台行事」などが代表一覧に登録されている。

「世界の記憶」は、1992年にユネスコが立ち上げた「世界の記憶」プログラムにより登録されている遺産で、ユネスコではデジタル化技術を用いて保存し、一般への公開も進められている。日本からは「山本作兵衛の筑豊炭坑画」「朝鮮通信使関連資料」などが登録されている。

2022年に無形文化遺産に登録された「風流踊」(写真は津和野弥栄神社の鷺舞(さぎまい))

Aa 英語で読んでみよう 世界遺産の基礎知識編

That since wars begin in the minds of men, it is in the minds of men that the defences of peace must be constructed;
That ignorance of each other's ways and lives has been a common cause, throughout the history of mankind, of that **suspicion and mistrust between the peoples of the world through which their differences have all too often broken into war**;
That the great and terrible war which has now ended was a war made possible by the denial of the democratic principles★ of the dignity, equality and mutual respect of men, and by the propagation, in their place, through ignorance and prejudice, of the doctrine of the inequality of men and races; [...]
(The abstract from the preamble of "UNESCO Constitution★")

democratic principles:民主主義の原則　**UNESCO Constitution**:ユネスコ憲章

CHAPTER

02 日本の遺産

秋田県の大湯環状列石

北海道・青森県・岩手県・秋田県

Aa 英語で読んでみよう P.092 − 1

北海道・北東北の縄文遺跡群

Jomon Prehistoric Sites in Northern Japan

文化遺産

登録年 2021年　登録基準 (iii)(v)

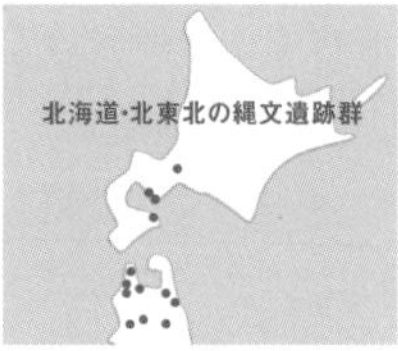

▶ 縄文時代の豊かな精神性と定住の始まりを示す

北海道、青森県、岩手県、秋田県に位置する、人類の農耕社会以前の生活の在り方を示す、17の考古遺跡で構成されている。縄文時代★と呼ばれる紀元前13,000年から紀元前400年の長期にわたり日本において継続した**狩猟・漁労・採集による定住の開始と発展、成熟**を示している。

縄文人は、後の農耕社会のように土地を大規模に改変することなく、気候の変化に適応した生活を維持した。食料を安定確保するため、サケが遡上する川の近くや、貝類を拾いやすい干潟の近く、クリの群生地など多様な地に集落を築いた。立地に応じて、食料を得るための技術や道具類も発達させた。

縄文人は定住生活の初期段階から**精緻（せいち）で複雑な精神文化**を発展させていた。墓を作ったり、祭祀や儀礼のために使われたと推測される環状列石や盛り土、貝塚を築き、世代間や集落間で社会的なつながりを確認した。

『北海道・北東北の縄文遺跡群』では、縄文時代を定住の開始・発展・成熟の過程を示す3つの大きなステージに区分。さらにそれぞれを2つに小区分することで6つのステージに分け、構成資産を位置づけている。

縄文時代：日本独自の時代区分で、旧石器時代と弥生時代の間の時代。

ステージ1「定住の開始」の「居住地の形成」にあたるのが青森県の「大平山元遺跡」である。ここからは旧石器時代の終わりごろの特徴をもつ石器群とともに、土器片が出土している。北海道の「垣ノ島遺跡」は「定住開始」の「集落の成立」にあたる遺跡で、耐久性があり長期間居住できる竪穴建物の出現を示している。

ステージ2「定住の発展」の「拠点集落の出現」にあたるのが青森県の「**三内丸山遺跡**」である。集落には計画的に、竪穴建物や掘立柱建物、列状に並んだ土坑墓、埋設土器、盛土、貯蔵穴、道路、大型建物などが配置されている。また、いくつも形成された大規模な盛土からは、日本で最も多い2,000点を超える土偶などの道具が出土しており、祭祀・儀礼が長期間にわたり行われていたことを示している。

ステージ3「定住の成熟」の「共同の祭祀場と墓地の進出」にあたるのが秋田県の「大湯環状列石」である。最大径52mの万座と最大径44mの野中堂の2つの環状列石からなり、大小の川原石を組み合わせたいくつもの配石遺構を環状に配置して作られている。

北海道、青森県、岩手県、秋田県の関係自治体は、資産全体の顕著な普遍的価値を保全するための基本方針となる包括的保存計画を策定している。これに基づいて、縄文遺跡群世界遺産本部などを設置し、国の指導と関係機関との連携の下で、17の構成資産の保存・管理に取り組んでいる。

集落展開及び精神文化に関する6つのステージ

紀元前1万3000年 ▼ 紀元前7000年 ▼ 紀元前5000年 ▼ 紀元前3000年 ▼ 紀元前2000年 ▼ 紀元前1500年 ▼ 紀元前400年 ▼

	ステージⅠ　定住の開始		ステージⅡ　定住の発展		ステージⅢ　定住の成熟	
	Ⅰa 居住地の形成	Ⅰb 集落の成立	Ⅱa 集落施設の多様化	Ⅱb 拠点集落の出現	Ⅲa 共同の祭祀場と墓地の進出	Ⅲb 祭祀場と墓地の分離
集落の展開	●土器の使用を開始	●居住域と墓域の分離 ●独特な墓制の成立	●集落の施設の充実 ●祭祀場的な捨て場が形成	●集落の祭祀場が多様となる ●祭祀場が顕著となる	●集落は小規模となり分散 ●集落外に共同の祭祀場と墓地を構築、持続・管理	●祭祀・儀礼が充実し、共同墓地・共同祭祀場が顕著となる
構成資産	①大平山元遺跡	②垣ノ島遺跡	③北黄金貝塚 ④田小屋野貝塚 ⑤二ツ森貝塚	⑥三内丸山遺跡 ⑦大船遺跡 ⑧御所野遺跡	⑨入江貝塚 ⑩小牧野遺跡 ⑪伊勢堂岱遺跡 ⑫大湯環状列石	⑬キウス周堤墓群 ⑭大森勝山遺跡 ⑮高砂貝塚 ⑯亀ヶ岡石器時代遺跡 ⑰是川石器時代遺跡
気候	氷期の終焉と温暖化の開始	温暖化と海進	火山噴火後に気候が安定	安定した温暖な気候	気候の一時的な寒冷化	冷涼な気候

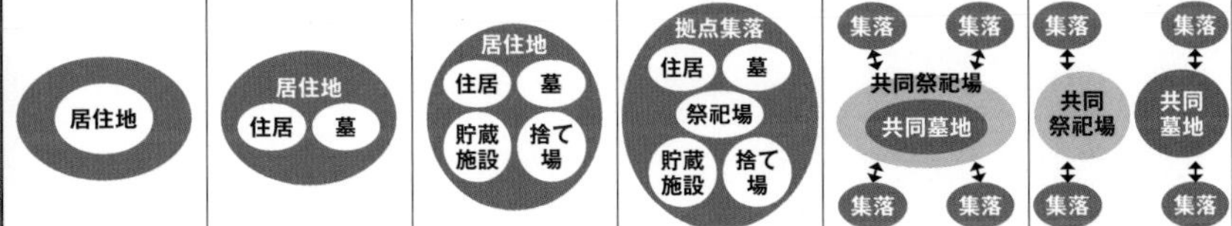

①⑧⑰…内陸の河川付近、②③⑦⑨⑮…外洋の沿岸、④⑥⑯…内陸の沿岸、⑤…湖沼の沿岸、⑩⑭…山岳、⑪…山岳の河川付近、⑫⑬…丘陵

文化遺産

平泉—仏国土(浄土)を表す建築・庭園及び考古学的遺跡群—

Hiraizumi – Temples, Gardens and Archaeological Sites Representing the Buddhist Pure Land

登録年 2011年　登録基準 (ii)(vi)

▶ 浄土思想の宇宙観をあらわす建築と庭園

中尊寺、毛越寺、観自在王院跡、無量光院跡、金鶏山の5資産からなる『平泉—仏国土(浄土)を表す建築・庭園及び考古学的遺跡群—』は、この地の豪族であった奥州藤原氏ゆかりの遺産。東北に極楽浄土を創り上げようとした**藤原清衡**の思いが代々受け継がれ、11世紀後半から12世紀後半の約100年間にわたり平泉は文化の隆盛を誇った。藤原清衡は堀河天皇の勅命を受けて中尊寺を再興し、金色堂を建立した。2代基衡は毛越寺を再興。観自在王院は基衡の妻が建立し、無量光院は3代秀衡が造営している。

藤原氏は政治の主体が貴族政治から武家政治へ転換していく時代のなか、奥州で産出される金の力を背景に、軍事に頼らない平和的な政治をこの地に実現させた。この遺産は、平泉が東北地方の行政の中心地であり、さらには京都と肩を並べるほどの都市であったことを今に伝えている。

構成資産は、8～12世紀に日本に広まった仏教の浄土思想の宇宙観に基づいている。6世紀に日本へと伝来した仏教は、日本古来の自然崇拝と結びついて、独特の

中尊寺の金色堂。方三間の阿弥陀堂建築としては日本最古の事例である

展開を見せた。11世紀末には末法思想が広がり、**浄土思想**が興隆したことで、人々は現世の心の平和はもちろん、死後に仏国土（浄土）に行き成仏することを切望するようになった。

浄土思想は日本人の死生観の醸成に重要な役割を果たし、当時の建築や庭園にもその思想があらわれている。金色堂は、阿弥陀如来の仏国土（浄土）を表現した仏堂建築であり、自然崇拝と仏教の融合は、庭園設計と造園によって仏国土（浄土）を現世に創り上げるという、日本独自の方法を編み出した。

建築・庭園群の理念や意匠などには、仏国土（浄土）が三次元的に表現され、浄土思想を直接的に反映している。また、宗教儀式や民俗芸能等の無形の諸要素も受け継がれている。

仏教とともに伽藍造営や作庭の技術も伝来したが、これが日本古来の水辺の祭祀場における水景の理念と結びついて、**独自の浄土庭園**を完成させた。このような浄土庭園は、東アジアにおける建築・作庭技術の価値観の交流を示している。

平泉（★が構成資産）

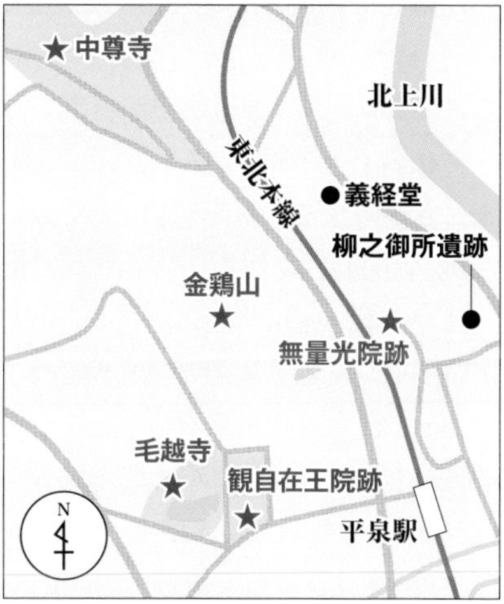

『平泉—仏国土（浄土）を表す建築・庭園及び考古学的遺跡群—』の構成資産

中尊寺	阿弥陀如来の極楽浄土を金箔で表現した金色堂には、藤原3代の遺体と4代泰衡の首級が納められている。
毛越寺	12世紀中頃に2代基衡が造営した寺院。「大泉が池」を中心とする浄土庭園には、平安時代の遺構としては日本唯一、最大規模の「遣水*」が残る。
観自在王院跡	東西約120m、南北約240mの寺域に大小の阿弥陀堂と浄土庭園があったが、1573年の火災で伽藍が焼失。現在は浄土庭園が公園として残る。
無量光院跡	藤原3代で最も繁栄した時代を築いた秀衡が、平等院鳳凰堂（宇治市）を模した阿弥陀堂を建築し、浄土庭園を造営した。西側には金鶏山を臨んだ。
金鶏山	浄土庭園において仏国土を空間的に表現する際の中心的役割を果たす山。住居・政務の場となる居館、寺院などを造営する際も、金鶏山との位置関係が重視された。

遣水：平安時代の寝殿造りの庭園で作られ始めた、池へ水を導く浅い水路。自然の谷川を表現した遣水で「曲水の宴（きょくすいのうたげ）」などが催された。

Aa 英語で読んでみよう P.092 -3

日光の社寺

Shrines and Temples of Nikko

文化遺産

登録年 1999年 登録基準 (i)(iv)(vi)

▶ 日本近世の建築様式を代表する建造物

東照宮と、東照宮以外の神道の建造物の総称である二荒山神社、そして仏教関連の建造物を総称する輪王寺の2社1寺に属する103棟の建造物群と周辺の自然環境が『日光の社寺』として登録されている。**建造物と周囲の自然が調和した景観**からは、日本古来の神道思想が色濃くあらわれていると評価された。

神仏習合★の霊場である日光山の始まりは、修験者の勝道上人が開山した8世紀末にさかのぼる。室町時代には、数百の僧坊が立ち並ぶ霊場としてにぎわいを見せたが、戦国時代に豊臣秀吉と対立したことで衰退した。

江戸時代、徳川家康の側近であった僧**天海**が家康の神霊を祀るため、日光山に東照宮の前身となる東照社を建設した。この際、天海は荒廃していた寺社の再興にも尽力し、日光は徳川幕府の聖地として再び信仰を集めることとなった。東照社はその後、江戸幕府3代将軍の徳川家光の時代に1年5ヵ月に及ぶ「寛永の大造替」と呼ばれる大改修を受け、現在のような権現造りを主体とする姿となった(1645年、東照宮に改称)。この大造替で陽明門や三猿で知られる神厩舎など、当時最高の技術

東照宮を代表する陽明門は500を超える彫刻で飾られる

神仏習合：日本古来の自然崇拝から生まれた神道と、大陸伝来の仏教が融合した日本固有の信仰。

を用いた芸術性の高い建造物がつくられた。陽明門は東照宮を代表する建築物で、高さ11.1m、横幅7mの大きさを誇り、500を超える彫刻で飾られている。

いっぽう二荒山神社は、日光の山岳信仰の中心を担い、中世には数多くの社殿が建設された。祭神は大己貴命、田心姫命、味耜高彦根命の三神。山内にある神道系の建造物のうち、東照宮以外の建造物群の総称が二荒山神社である。社伝によると850年には現在の東照宮鐘楼付近に社殿が移転され、新宮と呼ばれていたという。東照宮の造営に伴い、現在の本殿をはじめとする諸社殿が造営された。**八棟造り***で建てられた本社社殿は、寛永の大造替の前から残る貴重な建造物である。

輪王寺は、勝道上人が766年に創建した四本龍寺を起源にもち、天海が復興した60棟あまりの建造物を含む。1653年には、家光の霊廟である大猷院が造営され、幕府の庇護を受けた。院内の慈眼堂には1643年に没した天海が祀られている。また、本堂の三仏堂は日光山内最大の建造物で、千手観音、阿弥陀如来、馬頭観音が祀られている。明治に入ってからの神仏分離令によって現在の場所に移転された。

明治政府が、神道を国家宗教にすることを目指して発布した神仏分離令により、山内の建造物は東照宮と二荒山神社、輪王寺の2社1寺に分けられた。

日光の社寺

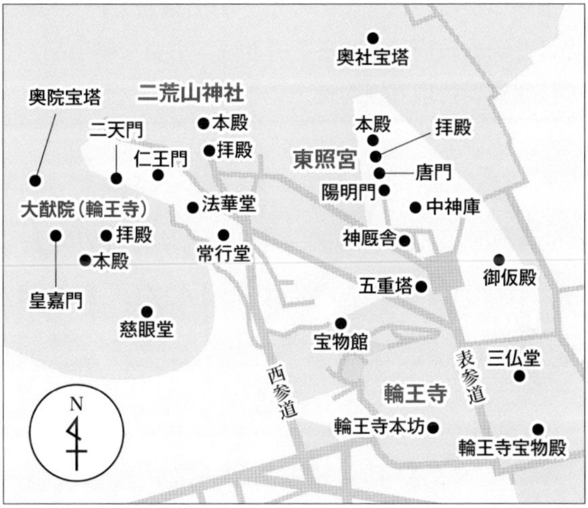

『日光の社寺』の構成資産

東照宮	天海が家康の霊廟として造営した神社。徳川幕府の聖地として信仰を集めた。家康は「東方薬師瑠璃光如来」として祀られている。
二荒山神社	本社社殿をはじめ、唐門や拝殿など23棟が重要文化財に指定。祭神（三神）は日光山の主峰、男体山（二荒山）、女峰山、太郎山の山の神とされる。
輪王寺	国宝の大猷院と重要文化財37棟の計38棟が世界遺産に登録。大猷院は、家光の遺言により、金と黒を主体とする落ち着いた造りになっている。

八棟造り：入母屋造りの屋根、破風、向拝が複雑に入り組んだ構造で、のちに日光東照宮に伝わり権現造りとなった。

Aa 英語で読んでみよう P.092 −4

富岡製糸場と絹産業遺産群

Tomioka Silk Mill and Related Sites

文化遺産

登録年 2014年 登録基準 (ii)(iv)

▶ 製糸産業における技術交流と技術革新の場

『富岡製糸場と絹産業遺産群』は明治期の日本における技術革新と近代化を示す産業遺産群である。「富岡製糸場」と「田島弥平旧宅」、「高山社跡」、「荒船風穴」の4資産からなる。日本初の官営器械製糸場である富岡製糸場は、西欧の技術を取り入れ、技術者を養成することで日本の絹産業の近代化を大きく牽引した。

江戸末期、鎖国政策を終えた日本は伝統的に生産されてきた生糸を輸出品として貿易に乗り出していた。しかし、増える需要に対して品質基準を満たす生糸の生産が追いつかない状態であった。明治維新を経て「殖産興業★」による「富国強兵★」を掲げた明治政府は、生糸を引き続き主要な輸出品とし、生糸の品質改善と生産向上の技術革新に取り組んだ。

中央に柱のない富岡製糸場の繰糸場

殖産興業：明治政府が西欧列強に対抗して、産業育成と資本主義により国家の近代化を目指した政策。 **富国強兵**：明治政府の基本となる政策で、経済を発展させ国力を増強させようとするもの。

新たな製糸場の建設が必要とされたため、高い製糸技術をもつフランスから技師ポール・ブリュナが招聘され、工場建設地には広い土地と豊かな水を誇り、養蚕が盛んであった富岡が選ばれた。工場建設には日本の伝統技術も取り入れられ、日本古来の木造の柱からなる骨組みに西欧由来のレンガを組み合わせる木骨レンガ造など、和洋折衷の様式となっている。

田島弥平旧宅

また、三角形の屋根組みをもつ**トラス構造**を採用し、少しでも多くの繰糸器を工場内に置けるよう中央に柱のない広い空間を確保する工夫がなされた。富岡製糸場は1872年に操業を開始すると、高品質な生糸を輸出し世界中から高い評価を得た。

近代的な設備と技術を用い、良質な繭から生糸を生み出していったのは、製糸場で働く工女たちであった。多くは全国の士族の子女であり、技術を身につけた工女らはやがて各地に戻り製糸の技術指導を行った。

同じ頃、周辺の地域では養蚕技術の研究が進められた。養蚕農家の田島弥平は自然の通風を重視した養蚕法である「**清涼育**」を確立した。越屋根をもつ「田島弥平旧宅」は近代養蚕農家建築の原点とされる。また高山長五郎は温度と湿度を管理する養蚕法である「**清温育**」を確立し、生家である「高山社跡」で研究と指導を行った。こうした技術革新により製糸業が発展すると繭の増産と安定供給が求められるようになり、天然の風穴の冷風を利用した国内最大規模の蚕種貯蔵施設である「荒船風穴」が作られた。

富岡製糸場とこれらの施設は技術交流を行うことで養蚕技術を発展させ、高品質の生糸を輸出する日本は20世紀初頭には世界一の生糸輸出国となった。

富岡製糸場と3つの関連遺産は、西欧から東アジアへ計画的な技術移転が行われ、日本で改良・発展した製糸技術が世界の服飾産業や文化に大きな影響を与えた点が評価された。

□ 富岡製糸場と絹産業遺産群（★が構成資産）

Aa 英語で読んでみよう P.093 －5

ル・コルビュジエの建築作品：近代建築運動への顕著な貢献

The Architectural Work of Le Corbusier, an Outstanding Contribution to the Modern Movement

文化遺産

登録年 2016年　登録基準 (i)(ii)(vi)

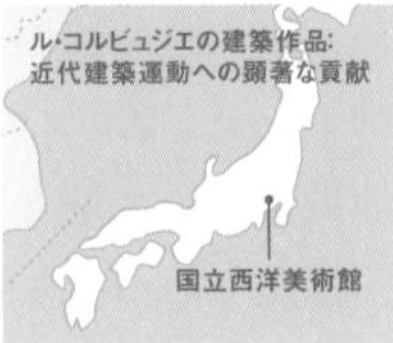

▶ 近代建築運動の世界的な伝播と実践を示す建築群

『ル・コルビュジエの建築作品』は、スイス出身の建築家ル・コルビュジエが手がけた7ヵ国に点在する17の建築作品からなる。ル・コルビュジエの提唱する近代建築の概念が、全世界規模に広がり実践されたことを表すトランスバウンダリー・サイト★であり、複数の大陸にまたがる世界で初めてのトランス・コンチネンタル・サイトでもある。

近代建築の3大巨匠★に数えられるル・コルビュジエは「近代建築の五原則」や「**モデュロール**」などの新たな概念を打ち出し、20世紀以降の建築へ大きな影響を与えた。また公共住宅や都市設計にも優れた手腕をみせた。五原則のひとつ「ピロティ」はフランス語で杭を意味し、建物の一階部分の柱で建物を支えて空中に浮くような軽やかな造形を生み出す工法。フランスにある代表作**サヴォア邸**に見られる他、日本の国立西洋美術館本館にも採用されている。

国立西洋美術館は、実業家の松方幸次郎（まつかたこうじろう）が1920年代までに収集し、戦後フランスに押収されていた「松方コレクション」と呼ばれる西洋美術品を展示する目的で建設された。専用の美術館建設が、フランスからの寄贈返還の条件であったため、日本政府はル・コルビュジエに建築を依頼し、1959年に国立西洋美術館が開館した。「**無限成長美術館**」という概念が採用され、巻貝が中心から外側に向かうように、展示作品が増えても外側に展示室を追加できる構造になっている。天井の高さや柱の間隔、外壁のタイルのサイズなどはル・コルビュジエ独自の寸法「モデュロール」に則っており、美的な調和と快適性をあわせもつ展示空間が実現した。

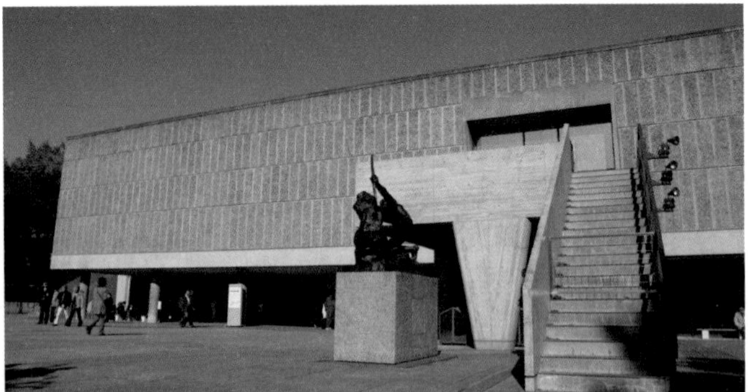
ピロティが採用されている国立西洋美術館

トランスバウンダリー・サイト：国境を越えて点在する資産を、ひとつの世界遺産として登録する方法。P.036を参照。
近代建築の3大巨匠：ル・コルビュジエ、フランク・ロイド・ライト、ミース・ファン・デルローエ。

ル・コルビュジエの建築作品：近代建築運動への顕著な貢献（★が構成資産）

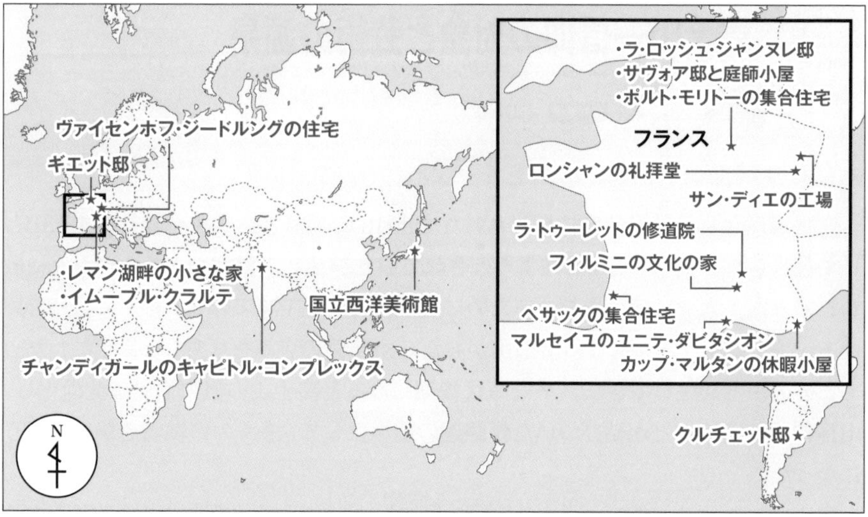

『ル・コルビュジエの建築作品：近代建築運動への顕著な貢献』のおもな構成資産

フランス共和国	サヴォア邸と庭師小屋	パリ郊外に1931年竣工。ピロティや自由な平面、屋上庭園といった近代建築の五原則をすべて満たすル・コルビュジエ建築の傑作。
フランス共和国	マルセイユのユニテ・ダビタシオン	マルセイユ郊外に1952年に建造された集合住宅。規格化された23種類の住居ユニットをブロックのように組み合わせた337戸からなる。
フランス共和国	ロンシャンの礼拝堂	ロンシャンに1955年竣工。合理性を求めた五原則から離れ、よりデザインと空間を自由に追求した後期ル・コルビュジエの代表作。
ベルギー王国	ギエット邸	フランドル地方アントワープに1927年竣工。ベルギーの画家ルネ・ギエットのためにデザインされたアトリエ兼住居。
スイス連邦	レマン湖畔の小さな家	レマン湖畔に1923年竣工。ル・コルビュジエが両親のために設計した住宅で、湖の風景と調和する小規模住宅。
インド	チャンディガールのキャピトル・コンプレックス	パンジャーブ州のチャンディガールはル・コルビュジエの都市計画が唯一実現したもの。高等法院などのある中心部が登録された。
アルゼンチン共和国	クルチェット邸	ブエノスアイレス州都ラ・プラタに1949年竣工。南米で唯一の作品で、暑い気候に対応するため現地の建築様式が取り入れられている。
ドイツ連邦共和国	ヴァイセンホフ・ジードルングの住宅	ミース・ファン・デル・ローエが1927年に開催した住宅展に出展したもの。ピロティ他、「近代建築の五原則」が用いられている。

Aa 英語で読んでみよう P.093 – 6

富士山—信仰の対象と芸術の源泉

Fujisan, sacred place and source of artistic inspiration

文化遺産

登録年 2013年　登録基準 (iii)(vi)

▶ 人々の信仰を集め、芸術のモチーフとなった霊山

文化遺産として世界遺産に登録された富士山は、古くから噴火を繰り返す火山として恐れられ、また富士山に住まうとされていた神仏への信仰から多くの人々に敬われてきた。人々は噴火を鎮めるために**浅間神社**を建立するなど、神々に祈りを捧げる一方で、湧き水をはじめ富士山がもたらす自然の恵みを享受し、長年にわたってこの火山と共生してきた。平安時代後期になると富士山の噴火活動は沈静化し、山岳信仰や密教などが結びついた**修験道**の霊場として、多くの修験者を集めるようになった。

富士山に対する信仰は、遠くから拝む「遥拝」だけでなく、ご神体である富士山そのものに登ることが祈りとなる「**登拝**」が古くから行われてきた点も特徴で、江戸時代には富士山を巡礼して登拝する「富士講」が民間信仰として広まった。

また、国内外を問わずさまざまな芸術作品に多大な影響を与えたことでも評価されており、19世紀には葛飾北斎の「富嶽三十六景」や歌川広重の「不二三十六景」など富士山をモチーフとした浮世絵が多く描かれた。また浮世絵は、ゴッホやモネなど印象派の画家にも影響を与え、日本の文化の象徴的存在としても広く認知されている。

構成資産は登山道や神社、湖や池に滝、遺跡や旧跡などの25資産で、富士山を望む景勝地として、静岡市の「三保松原」も登録された。

荘厳な富士山は信仰や芸術の対象となってきた

02
日本の遺産

『富士山―信仰の対象と芸術の源泉』のおもな構成資産

富士山域	山頂の信仰遺跡群をはじめ、大宮・村山口登山道などの登山道、北口本宮冨士浅間神社、西湖や本栖湖といった湖など9つの資産で構成される。
富士山本宮浅間大社	富士山を浅間大神としてまつる浅間神社の総本宮。徳川家康の保護を受け、現在の社殿がつくられた。かつて道者が水ごりを行った湧玉池がある。
御師住宅	宿坊を兼ねた住宅で、富士山に祈りを捧げるために登山をする人の世話をした。御師は富士山信仰の布教を行う人のことを指す。
人穴富士講遺跡	長谷川角行が荒行を行った風穴で、入滅した場ともされる。周辺には富士講信者が残した多くの顕彰碑や登拝回数などの記念碑が残る。
三保松原	『万葉集』にも詠まれた、富士山を望む景勝地。その構図は歌川広重の絵画などで海外にも広く知られている。ICOMOSから除外を勧告されたが登録された。

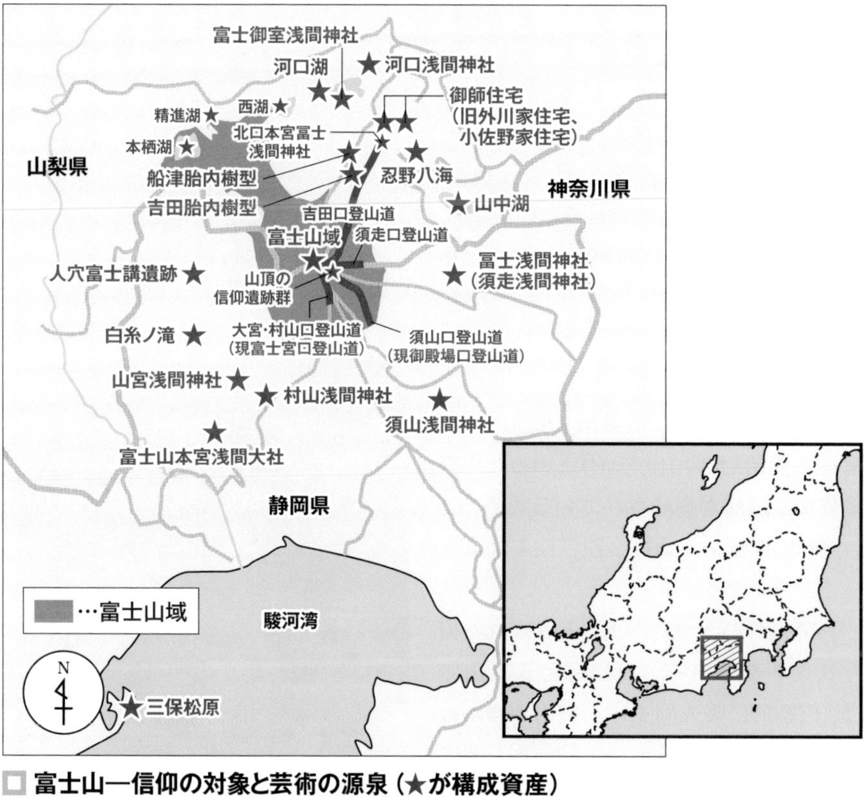

富士山―信仰の対象と芸術の源泉（★が構成資産）

Aa 英語で読んでみよう P.093 −7

白川郷・五箇山の合掌造り集落

Historic Villages of Shirakawa-go and Gokayama

文化遺産

登録年 1995年　登録基準 (iv)(v)

▶ 豪雪地帯における伝統的建築物

岐阜県大野郡の白川村荻町(白川郷)と富山県南砺市の相倉と菅沼(五箇山)は、江戸末期から明治時代に建てられた伝統的な合掌造り家屋が多く残る集落群である。荻町に残る合掌造り家屋113棟のうち59棟、菅沼では9棟、相倉では20棟が世界遺産に登録されている。庄川流域に位置するこの地域は急傾斜の山と谷に囲まれ、かつ**日本有数の豪雪地帯**であるため、かつては周辺地域と隔絶されていた。そのため家屋の建築様式から産業、家族制度に至るまで独自の生活文化が育まれた。

合掌造り家屋の最大の特徴である茅葺きの大屋根は、積雪を防ぐため45〜60度の傾斜をもつ。また雪の重みと風の強さに耐えるため部材の結合には釘などの金属は一切使用せず、縄でしばって固定する工法が用いられるなど、厳しい自然環境から家屋を守る工夫が随所に施されている。家屋の構造は3〜5階建てと、一般の日本家屋に比べて規模が大きい。

要因のひとつに、農耕に適した土地が少ないことが挙げられる。明治期までこの地域では農地の分散をさけるため、住民20人〜30人で暮らす**大家族制**が守られていた。またこの屋内空間を利用して行われていた養蚕や紙漉、塩硝(火薬の原料)の生産などの家内制手工業は、農耕に代わる貴重な収入源であった。

妻側を南北に向けて並ぶ荻町の集落

大集落(白川郷)、中集落(五箇山・相倉)、小集落(五箇山・菅沼)といった規模の異なる遺産が登録されているため、それぞれの集落の共通性と独自性を確認することができる。

共通点のひとつに、「**結**」と呼ばれる相互扶助組織がある。白川郷と五箇山では、伝統的に隣人同士の結束力が強かった。これは浄土真宗への信仰心がもとになっているが、厳しい自然環境も大きく

豪雪地帯にたつ合掌造り家屋

作用している。豪雪地帯での生活は家族だけでは成り立ちにくく、結による協力体制が発展した。とりわけ茅葺き屋根のメンテナンスには多くの人手が必要で、30〜40年に一度行われる葺き替えに際しては、結が必要不可欠だった。白川郷では村民100〜200人が総出となり、1日で葺き替えを終わらせたという。

一方、集落による相違点としては、煙抜きの有無が挙げられる。五箇山の家屋には屋根に煙抜きが設けられているが、白川郷には煙抜きが見られない。雪下ろし作業の際に煙抜きがあると邪魔になるが、五箇山の集落では1年中囲炉裏の火を絶やさないため、煙抜きがないと室内に煙が充満してしまう。また、入口にも「平入り」と「妻入り」の違いがある。白川郷では、屋根がある側に入口をもつ平入りの家屋が主流。反対に五箇山、特に菅沼では、切妻側に入口をもつ妻入りの家屋が多く、庇をつけた入母屋風の外見の家屋が一般的である。

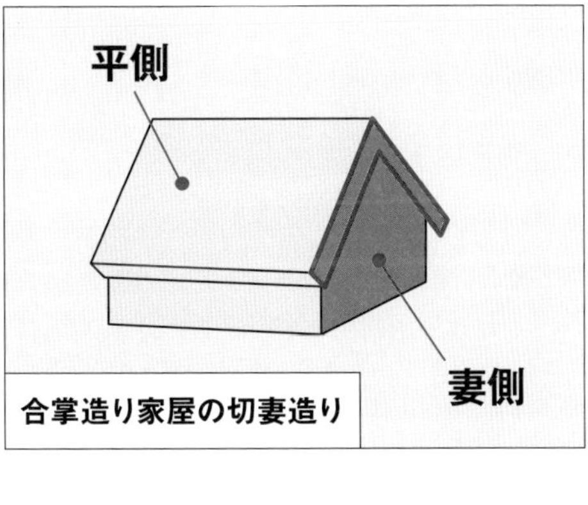

合掌造り家屋の切妻造り

Aa 英語で読んでみよう P.093 - 8

文化遺産

古都京都の文化財

Historic Monuments of Ancient Kyoto (Kyoto, Uji and Otsu Cities)

登録年 1994年 登録基準 (ii)(iv)

▶ 各時代を象徴する建築様式が守られる「千年の都」

京都は794年、桓武(かんむ)天皇が長岡京からの遷都を行い平安京が誕生して以来、およそ1,000年にわたり、日本の首都として繁栄した。今も各時代の歴史と文化が息づき、日本の伝統文化を世界に発信する古都である。

三方を囲む東山、西山、北山といった山々の自然と調和したこの歴史都市には、**平安から江戸までの各時代を象徴する建造物や文化財**が数多く残されている。平安遷都から1,200年の節目であった1994年、寺社と城の17資産が、『古都京都の文化財』として世界遺産に登録された。京都府京都市の14資産、同じく宇治市の2資産の他、滋賀県大津市の延暦(えんりゃく)寺が含まれる。

平等院(びょうどういん)など平安時代の遺産からは公家社会の、鎌倉時代の高山(こうざん)寺からは武家社会の文化がうかがえる。つづく室町時代には公家文化と武家文化が融合し、天龍(てんりゅう)寺や慈照(じしょう)寺(銀閣)などに見られる**「わび」「さび」**の美意識が重視された。その後建てられた本願寺は、華麗な桃山文化を代表する建造物である。教王護国(きょうおうごこく)寺(東(とう)寺)や延暦寺などのように、災害や戦災で一度は焼失した建造物も多い。しかし時の権力

宇治市にある平等院の阿弥陀堂(鳳凰堂)

『古都京都の文化財』のおもな構成資産

賀茂別雷神社（上賀茂神社）	賀茂別雷命を祭神とし、7世紀末創建。背後の「神山」も資産に含む。
賀茂御祖神社（下鴨神社）	11世紀初頭に現在の姿に。東本殿は国宝である。「糺の森」も資産に含む。
清水寺	「清水の舞台」として有名な本堂は坂上田村麻呂の建立。
延暦寺	788年に最澄が建てた草庵を起源とする天台宗の総本山。
平等院	1052年に藤原頼通が仏堂に改める。阿弥陀堂（鳳凰堂）が現存。
宇治上神社	1060年頃に創建された現存する日本最古の神社建築。
鹿苑寺	舎利殿（金閣）には、寝殿造り、書院造り、禅宗様の3様式が見られる。
慈照寺	山荘東山殿が起源。観音殿（銀閣）と東求堂は後世の茶の湯文化に影響を与えた。
龍安寺	1450年に創建。白砂に15の石組を配した石庭は枯山水の代表作。
二条城	徳川家康が1603年に造営。庭園は茶人である小堀遠州の作庭とされる。

者や、町衆と呼ばれる有力市民らの手で再建・保存され、**創建当時に近い姿を残す**ことから、世界的にも極めて高い評価を得ている。各時代を代表する建築様式は、のちに全国各地に伝わり、日本建築の発展に多大な影響を及ぼした。また西芳寺などに見られる「池泉回遊式庭園」や「枯山水」など、自然と調和した美を追求する日本独自の庭園様式は、国内のみならず海外の庭園設計にも影響を与えた。

古都京都の文化財（★が構成資産）

古都奈良の文化財

Historic Monuments of Ancient Nara

文化遺産

登録年 1998年　登録基準 (ii)(iii)(iv)(vi)

▶ 天平文化を育んだ平城京の面影

710年からの74年間、日本の都平城京として栄えた歴史を伝える歴史的遺構が『古都奈良の文化財』である。元明天皇によって**唐の長安をモデルに造営**された平城京は、道が碁盤の目状に配された計画都市。当時の推定人口は10万人で、日本の政治、経済の中枢であるとともに、同時代に花開いた天平文化の中心地であった。世界遺産には、東大寺、興福寺、元興寺（極楽坊）、薬師寺、唐招提寺、春日大社の6つの寺社と、奈良時代をしのばせる特別史跡の平城宮跡、特別天然記念物の春日山原始林の8資産が登録されている。これらは各資産の個別の価値が認められたのに加えて、**8資産全体で奈良時代の歴史と文化を物語っている**ことも評価された。

奈良に点在する寺社は、**天皇家や藤原氏と密接に結びつくものが多い**。どれも計画的に配置された木造建築物で、8世紀の文化、芸術、技術の水準の高さを示している。また平城京の中心であった平城宮跡は、当時の都市設計や生活様式を伝える重要な史料とされ、現在も発掘調査や建造物の復旧作業が進められている。こうした資産群からは、日本の文化が中国や朝鮮との交流によって大きく発展していったこと、また奈良時代が今日までつづく日本の律令国家や文化の基礎を形成した、極めて重要な時代であったことを知ることができる。

文化財として世界遺産に登録された春日山原始林は、春日大社の社叢（神社の森）として古くから聖域として守られてきた。841年に神域となって以来、1,000年以上にもわたって人の手が加えられていない自然が残されている。自然崇拝に根ざした日本固有の宗教観をあらわす例として、その価値が認められている。

興福寺の五重塔

02

日本の遺産

『古都奈良の文化財』の構成資産

東大寺	752年、聖武天皇が発した詔により盧舎那仏(大仏)が建立された。現在の金堂(大仏殿)は1709年に再建された。全国の国分寺の総本山。
興福寺	710年に藤原不比等によって飛鳥から移築され「興福寺」と名づけられた。五重塔や南円堂など、9棟の建造物がある。
元興寺	蘇我馬子建立の日本最古の仏教寺院、法興寺(飛鳥寺)から一部の建物を移築したもの。僧智光の僧坊(極楽坊)が独立して発展した。
薬師寺	天武天皇が皇后(持統天皇)の病気平癒を祈願して建立し、平城京遷都時に現在地に移築された。平城京にて新築された東塔のみが創建時の建築。
唐招提寺	759年、唐から来日した高僧鑑真が創建した講堂が起源。その後建設された金堂、宝蔵、経蔵はいずれも国宝。
春日大社	768年創建とされる。藤原氏の氏神として信仰された。本殿は、春日造りの4つの神殿が横に並び、ひとつの建造物になっている。
春日山原始林	古くから人々に信仰された山。ふもとに春日大社が建てられたのち、841年に神域となる。1955年には特別天然記念物に指定された。
平城宮跡	710年から約70年間、日本の都が置かれた平城京の宮城跡。長岡京遷都後に放棄され土に埋もれたが、近年では遺跡の発掘調査や朱雀門、大極殿など建造物の復元が進んでいる。

古都奈良の文化財(★が構成資産)

現在の奈良市の中心は平城京の中心からずれている

Aa 英語で読んでみよう P.094 - ⑩

法隆寺地域の仏教建造物群

Buddhist Monuments in the Horyu-ji Area

文化遺産

登録年 1993年　登録基準 (ⅰ)(ⅱ)(ⅳ)(ⅵ)

▶ 聖徳太子ゆかりの仏教建造物群

聖徳太子ゆかりの地である奈良県生駒郡斑鳩町にある法隆寺の47棟と、法起寺の1棟が世界遺産に登録されている。607年に**厩戸王(聖徳太子)**★と推古天皇によって建立された若草伽藍(斑鳩寺)を起源とする法隆寺は、西院と東院のふたつの伽藍群によって構成される。西院の金堂や五重塔は現存する**世界最古の木造建築**としても知られる。

西院伽藍は、東に金堂、西に五重塔が並び、この伽藍配置を「**法隆寺式伽藍配置**」と呼ぶ。高さ31.6mの五重塔は、上に行くほど屋根が小さく塔身も細くなっている。この姿は視覚的にも安定感があり、デザイン性に対する評価も高い。また五重塔の中心を通るヒノキの「心柱」は、屋根から独立しており、揺れに強い耐震設計となっている。西院の入口にあたる法隆寺中門の左右には、阿形と吽形2体の金剛力士像が置かれている。阿形像は塑像による現存最古の力士像として知られる。

西院の金堂や五重塔、廻廊、中門は7世紀から8世紀に建立され、北魏の時代の影響が確認できる。また、8世紀に建立された東院の夢殿、伝法堂などは、唐の影響がよくあらわれている。このように法隆寺地域の仏教建造物群からは大陸と日

法隆寺の西院伽藍には世界最古の木造建築である金堂と五重塔が並ぶ

厩戸王(聖徳太子)：574～622　冠位十二階などを制定して集権的官僚国家の基礎をつくり、遣隋使を派遣して中国から大陸文化を導入。仏教の興隆にも尽力した。「聖徳太子」は後世につけられた呼び名とされる。

本の交流の様子がうかがえる。

また一部の建築では、遠くシルクロードを渡って伝来したと考えられる様式も確認できる。西院の金堂や五重塔の柱には、パルテノン神殿などのギリシャ建築にも多く見られる、柱の中ほどを太くした「エンタシス」と呼ばれる技法が用いられている。これは視覚的な安定感を与えるもので、飛鳥時代の日本にヘレニズム文化が伝わっていたとも考えられる。

法起寺にたつ日本最古の三重塔

一方、太子の遺言で建立された寺院を起源とする法起寺の境内には、706年に創建された日本最古の三重塔が、創建当時のままの姿で残されている。また法起寺の伽藍配置は、金堂と塔の配置が法隆寺の伽藍配置と逆になったものである。

この地域の建造物群は、日本に仏教が伝わって間もない飛鳥時代の建築様式を示しており、中国や朝鮮の影響を受けながらも独自に発展した日本の仏教文化の発展過程を知るうえでも貴重な史料となっている。

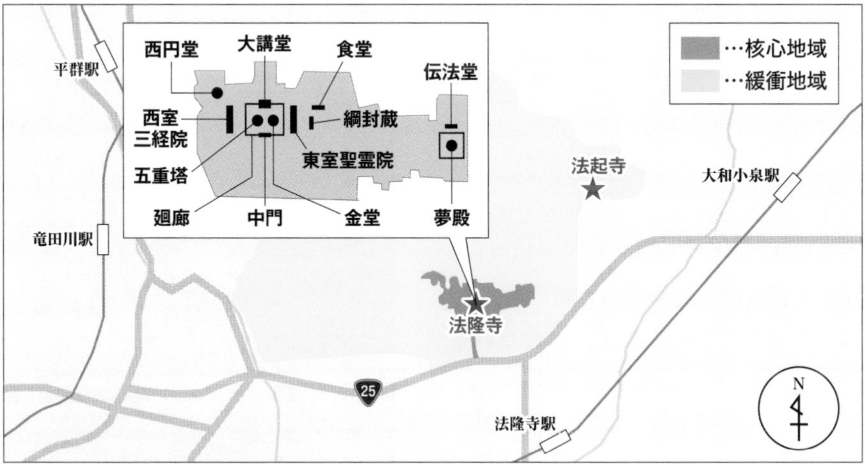

□ 法隆寺地域の仏教建造物群（★が構成資産）

Aa 英語で読んでみよう P.094 – 11

文化遺産

紀伊山地の霊場と参詣道

Sacred Sites and Pilgrimage Routes in the Kii Mountain Range

登録年 2004年／2016年範囲変更　登録基準 (ii)(iii)(iv)(vi)

▶ 日本の宗教文化の歴史を伝える文化的景観

和歌山県を中心に3県にまたがる紀伊山地には、古代から信仰を集めた霊場が点在している。世界遺産には、吉野(よしの)・大峯(おおみね)、熊野三山(くまのさんざん)、高野山(こうやさん)の3つの霊場と、それらを結ぶ参詣道(さんけいみち)が登録されている。

これらの霊場と参詣道は、日本古来の自然崇拝から生まれた神道と、大陸伝来の仏教が融合した**神仏習合**の思想をよくあらわしている。古来紀伊山地は神々が宿る特別な地と考えられてきたが、大陸から仏教が伝来して以来、紀伊山地の山々は浄土に見立てられ、特殊な能力を得るための山岳修行の霊場となった。

熊野本宮大社(くまのほんぐう)、熊野速玉大社(くまのはやたま)、熊野那智大社(くまのなち)を中心とする熊野三山は神仏習合の典型の地で、平安時代には天皇や貴族による「熊野詣(くまのもうで)」が行われ、以降も歴代天皇や貴族の崇拝を受けてきた。江戸時代以降は庶民の間にも広まった。また金峯山寺(きんぷせん)や大峰山寺(おおみねさん)などがある吉野・大峯には山岳修行者が集まり、次第に**修験道(しゅげんどう)**の聖地となっていった。高野山は9世紀初め、真言密教を日本にもたらした僧空海(くうかい)によって開かれた。山上には金剛峯寺(こんごうぶ)を中心に多くの子院が立ち並び、宗教都市としての性格を帯びるようになった。

このように紀伊山地は古くから聖地としてあがめられてきたため、各霊場の神社や仏教寺院などの建造物と、周辺の森林や小川、滝といった自然環境とが一体となった景観を形成している。この景観が1,000年以上保存されている点が高く評価され、**日本で初めて文化的景観が認められる**遺産となった。つまりこの遺産は単なる「社寺と道」ではなく、あくまで「山岳信仰の霊場と山岳修行の道」であり、紀伊山地の自然があってこそ成立しているのである。

那智四十八滝の「一の滝」である那智大滝

『紀伊山地の霊場』のおもな構成資産

吉野・大峯	吉野山	青根ヶ峰を頂点とした山稜一帯。「千本桜」で知られる桜の名所。
	金峯山寺	7世紀に役行者が開山したと伝わる修験道の根本道場。
	大峰山寺	標高1,719mの山上ヶ岳の山頂に立つ修験道の聖地。
	吉野水分神社	水をつかさどる天水分命などをまつる。現在の社殿は豊臣秀頼が再建。
	吉水神社	源義経、後醍醐天皇ゆかりの古寺。明治期の神仏分離令で神社に。
	金峯神社	金など鉱物信仰が起源で、吉野山の最奥に建つ。祭神は金山毘古神。
熊野三山	熊野本宮大社	かつては「熊野坐神社」と呼ばれ、起源は古代にまでさかのぼる。
	熊野速玉大社	原始信仰を受け継ぐ祭礼「熊野お灯祭り」で知られる。
	熊野那智大社	那智大滝に対する自然信仰を起源とする。祭礼「那智の火祭」が有名。
	那智大滝	高さ133mの滝で、古代より神が宿るとして信仰された。
	青岸渡寺	5世紀にインドから熊野に漂着した僧によって開山されたと伝わる。
	補陀洛山寺	小舟で観音浄土を目指す「補陀落渡海」ゆかりの寺。
	那智原始林	那智大滝の東に広がる約33万㎡の森林。固有の植生が見られる。
高野山	金剛峯寺	816年に空海によって開山された寺院で、高野山真言宗の総本山。
	丹生都比売神社	高野山一帯の地主神をまつる神社。金剛峯寺の鎮守神でもある。
	慈尊院	空海の母ゆかりの寺院。女人禁制の高野山で、女性の参拝が許された。

『紀伊山地の参詣道』の構成資産

参詣道	大峯奥駈道	吉野・大峯と熊野三山を結ぶ約120㎞の山道。
	熊野参詣道	奈良や京都などの各都市から、熊野三山へ至る参詣道の総称。2016年に追加された鬪雞神社は、熊野三山の別宮的な存在。熊野参詣道に含まれる。
	高野参詣道	慈尊院から奥院にむかい、一町ごとに「町石」が立つ町石道や、丹生酒殿神社から丹生都比売神社を中継して町石道に合流する三谷坂、女人禁制の時代に山内に入れない女性が歩んだ女人道などが含まれる。

Aa 英語で読んでみよう P.094 - 12

百舌鳥・古市古墳群

Mozu-Furuichi Kofun Group: Mounded Tombs of Ancient Japan

文化遺産

登録年 2019年 登録基準 (iii)(iv)

▶ 日本の古代王権の権力構造を伝える多様な古墳群

3世紀中頃から6世紀後半にかけて、日本各地で土を高く盛り上げた墳丘をもつ古墳が造られた。中でも、大阪府の百舌鳥（もず）エリア（堺市）と古市（ふるいち）エリア（羽曳野市、藤井寺市）の辺りには、4世紀後半から6世紀前半頃にかけて、日本最大の古墳を含む様々な大きさや形の古墳が造られ、当時の**ヤマト王権**の権力の大きさを今に伝えている。

構成資産は、日本最大の「仁徳天皇陵古墳（大仙（だいせん）古墳）」や日本第3位の墳長（ふんちょう）*を誇る「履中天皇陵古墳（百舌鳥陵山（みささぎやま）古墳）」のある百舌鳥エリアの23基、体積が日本一の「応神天皇陵古墳（誉田御廟山（こんだごびょうやま）古墳）」や水鳥形埴輪などが発掘された「津堂城山（つどうしろやま）古墳」のある古市エリアの26基の、合計45件49基からなる。資産の件数と古墳の数が異なるのは、仁徳天皇陵古墳と応神天皇陵古墳の周囲にある陪冢（ばいちょう）と呼ばれる小さな古墳を、それぞれまとめて1件と数えているため。

現在の古墳は、木に覆われて森のように見えるが、造られた当時は墳丘の斜面には川原石の葺石（ふきいし）が敷き詰められ、平らな場所には円筒埴輪などが並べられていた。この葺石は日の光りを反射して構造物の偉大さを示すとともに、雨水などから古墳の盛り土を守る意味もあった。また古墳は、円形や三角形、方形などを組み合わせて幾何学的に設計されており、**葺石や埴輪で装飾され幾何学的にデザインされた古墳**は、葬送儀礼の舞台であった。

一方で、ヤマト王権は東アジアの国々と交易を行っており、この地域の古墳は**巨大古墳が造られる権力構造があることを交易相手の国々に対して示すもの**でもあった。そのため、古墳群は海上交易の窓口であった大阪湾を望む台地の上に造られ、仁徳天皇陵古墳や履中天皇陵古墳などは交易船からよく見えるように墳丘の一番長い辺を大阪湾に向けている。

仁徳天皇陵古墳（大仙古墳）

ヤマト王権が交易を行っていたことは、古市エリアの応神天皇陵古墳の陪冢「誉田丸山（こんだまるやま）古墳」から出土した竜（りゅう）

墳長：古墳の長さのこと。日本最長は仁徳天皇陵古墳の486m、第2位は応神天皇陵古墳の425m、第3位は履中天皇陵古墳の365m。

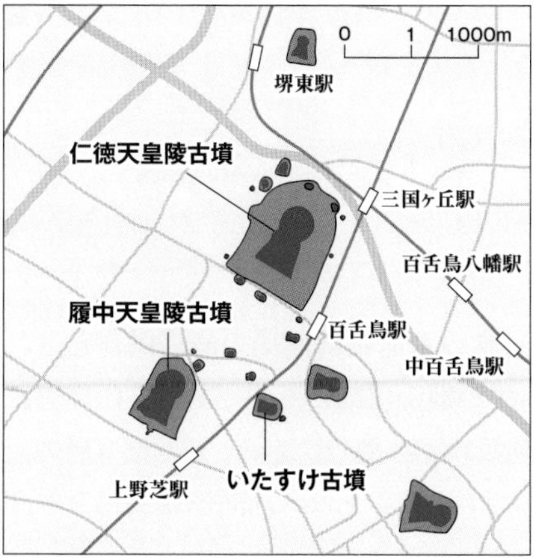

■ 百舌鳥エリア　構成資産の古墳分布

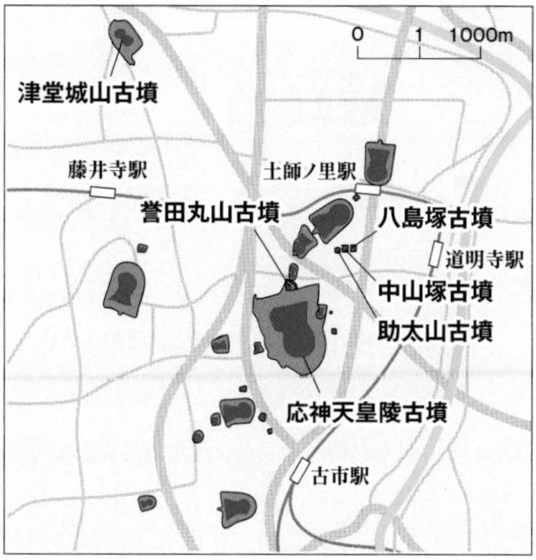

■ 古市エリア　構成資産の古墳分布

紋透彫鞍金具(もんすかしぼりくらかなぐ)や、安閑(あんかん)天皇陵古墳（構成資産ではない）から出土したペルシア製ガラスの白瑠璃碗(はくるりわん)などの他、鉄製の馬具や金銅製の装身具などの出土品からも伺える。

百舌鳥エリアには、堺市内の半径2kmほどの範囲に4世紀後半から5世紀後半に造られた古墳が広がっている。「仁徳天皇陵古墳（大仙古墳）」は、5世紀前半に造られた三重の濠をもつ前方後円墳で、周囲には10基以上の陪冢があり、ヤマト王権の強力な権力構造を証明している。仁徳天皇陵古墳の南東にある5世紀前半に造られた「いたすけ古墳」からは、冑形(かぶとがた)埴輪が出土した。「いたすけ古墳」は1955年に開発によって取り崩される危機にあったが、市民を中心とした保護運動によって守られた経緯があり、古墳保存のシンボルともなっている。

古市エリアには、百舌鳥エリアの東側の羽曳野市と藤井寺市にまたがる半径2kmほどの範囲に4世紀後半から6世紀前半に造られた古墳が広がっている。5世紀前半に造られた「応神天皇陵古墳（誉田御廟山古墳）」は三段の墳丘をもち、二重の濠と堤が囲っている。造られた当時は大きな円筒埴輪が2万本以上も並べられていたと考えられている。同時期に造られた方墳の「助太山(たすけたやま)古墳」と「中山塚(なかやまづか)古墳」、「八島塚(やしまづか)古墳」の発掘調査では、木製の修羅(しゅら)*が見つかっている。

水鳥集合（津堂城山古墳出土）

世界遺産委員会では、都市における開発圧力や自然現象による古墳への影響が懸念点として挙げられ、墳丘に影響しない定期的なモニタリングや地域コミュニティの保存・管理体制への参加が求められた。

修羅：重い石などを運ぶための木製のソリ。

姫路城

Himeji-jo

文化遺産

登録年 1993年　登録基準 (i)(iv)

▶ 日本木造城郭建築の最高傑作

兵庫県姫路市にある姫路城は、現存する日本の木造城郭建築の最高傑作とされる。城郭としての起源は、1333年に赤松則村が姫山に築いた砦であると伝えられている。16世紀末、羽柴秀吉はこの城を毛利氏攻略の拠点に定め、新たに3層の天守閣を建設した。1600年の関ヶ原の戦いののち、城主となった**池田輝政**は9年間にも及ぶ大改修を実施し、姫路城の象徴である外観5層の大天守を中心とする天守群を築いた。つづく本多忠政の時代には、長男の忠刻とその妻の千姫が住居とした西の丸も整備されている。

姫路城は、白漆喰の総塗籠の外壁が魅せる優美な姿から「白鷺城」とも呼ばれる。その一方で極めて実用的で堅牢な城でもあり、**螺旋状に構築された複雑で巧妙な縄張り**(城の基本設計)、姫山と呼ばれる自然の丘の地形をたくみに生かした曲輪や堀、数多く配された櫓や門などによって、高い防衛能力を兼ね備えている。また城内には、内部から弓矢や鉄砲を撃ちかけるための狭間、石や熱湯を浴びせかける石落としなどの仕掛けが随所に施されている。鉄砲狭間や弓狭間は、使用する武器に応じて使い分けるよう三角や四角などの幾何学的な形をしている。

1615年の一国一城令、明治維新に際しての廃城令、そして第二次世界大戦の戦火も免れ、江戸時代初頭の姿をほぼそのままに留めている。1956年から8年間に及んだ「昭和の大修理」では、天守閣の解体修理が行われ、かつてのままの美しい姿を残している。近年では2009～2015年にかけて大天守の屋根瓦や漆喰壁の保存修理事業が行われ、**修復を行い**

さまざまな形の破風がみられる姫路城

ながら「真正性」を保つという保存の取り組み方も評価された。この工期中には一部の修復作業が一般に公開された。

池田輝政による5層7階建ての大天守は創建当時のままの姿で残る。白漆喰の総塗籠の外壁に、曲線を描く唐破風や、屋根にそのまま切妻破風をおく千鳥破風などの装飾が施された屋根が連なる。1階と2階には開閉できる特殊窓が設けられ、3階には武者隠し(密室)、4階には窓から攻撃できる石打棚という設備があった。

天守の他、東小天守、西小天守、乾小天守、イ・ロ・ハ・ニの渡櫓4棟の計8棟が国宝指定を受け、その他の櫓や塀など計74棟が重要文化財に、そして石垣も含めた全体が特別史跡に指定されている。また、西の丸に御殿は現存しないが、化粧櫓や長局(百間廊下)などが残る。化粧櫓は本多忠政が息子の忠刻、妻の千姫のために建てた居住空間で、千姫が男山の天満宮を遥拝する際に化粧を直した場所と伝わる。

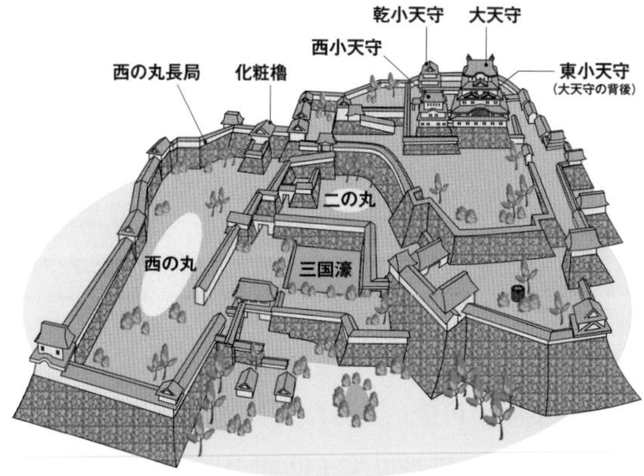

姫路城

土塀に設けられたさまざまな幾何学的形状の狭間

文化遺産

石見銀山遺跡とその文化的景観

Iwami Ginzan Silver Mine and its Cultural Landscape

登録年 2007年／2010年範囲変更 登録基準 (ii)(iii)(v)

▶ 中世に世界の銀の3分の1を産出した産業遺産

島根県の山間にある『石見銀山遺跡とその文化的景観』は、16～17世紀初頭にかけて発展した銀山と、その周辺の景観を含めた文化遺産である。

遺産には、**間歩**（まぶ）と呼ばれる小規模な手掘りの坑道や鉱山、集落や役所など、銀の生産に直接関わる「鉱山と鉱山街」、銀鉱石や物資を運搬する石見銀山街道などの「街道」、銀の積出港であった鞆ケ浦（ともがうら）や沖泊（おきどまり）、温泉津（ゆのつ）などの「港と港街」が登録されている。遺跡群はかつて銀生産や住民生活で使用された薪炭材（しんたんざい）の供給源だった森に覆われ、銀鉱山が豊かな自然と共存していたことを示す文化的景観となっている。

14世紀初頭に大内氏（おおうち）が発見したとされる石見銀山は、16世紀に発展期を迎える。博多の商人神屋寿禎（かみやじゅてい）が朝鮮半島から呼び寄せたふたりの技術者によって、新しい精錬技術「**灰吹法**（はいふきほう）」が伝えられた。

鉱石を一度鉛に溶かし、銀を効率よく取り出す灰吹法の導入などによって、良質な銀の大量生産が可能になった石見銀山の産出量は増加の一途をたどった。最盛期の17世紀初頭には推計で年間約40tの銀を産出していた。当時、日本は**全世界の3分の1**に相当する量を産出しており、そのほとんどが、石見銀山でまかなわれていたとされる。

戦国時代には大内、尼子（あまご）、毛利（もうり）氏の間で石見銀山の領有をめぐって激しい争奪戦が繰り広げられたが、関ヶ原の戦いに勝利した徳川家康がここを接収して直轄地とし、奉行を置いた。銀は幕府の重要な財源のひとつとなった。

江戸時代の鎖国政策★により、海外で発展した新技術の導入が遅れ、石見銀山は休山。伝統的な鉱山開発の全体像を伝える遺構が残されることとなった。

山間の大森地区

鎖国政策：海外との貿易や交流を制限する海禁政策。

『石見銀山遺跡とその文化的景観』のおもな構成資産

銀山柵内	採掘から選鉱・製錬・精錬まで銀生産の諸作業が行われた場所。柵で厳重に囲まれていたことから「銀山柵内」と名づけられた。
龍源寺間歩	銀山柵内にある、江戸時代中期につくられた大規模な間歩。約600mの坑道が残っており、入口寄りの273mは見学することができる。
熊谷家住宅	大森銀山の街路に面して建つ建築物のなかで最大の町家建築。有力商人の社会的な地位や生活の変遷を伝えている。
代官所跡	17世紀から19世紀、江戸幕府が役人を派遣し、石見銀山とその周辺の150余の村を支配。瓦葺平屋の表門、その左右の門長屋が1800年の大火の後に再建。
羅漢寺五百羅漢	銀山の安泰を願いつくられた信仰関連遺跡。岩盤の斜面に3ヵ所の石窟が穿たれ、中央窟に三尊仏、左右両窟に250体ずつの石造羅漢坐像がある。
温泉津沖泊道	全長約12㎞。温泉津、沖泊が頻繁に利用された16世紀後半に整えられた、比較的なだらかな起伏の道。途中の西田で温泉津と沖泊に分かれる。
鞆ケ浦	銀山開発の初期16世紀前半に、国際貿易港博多へ銀鉱石や銀を積み出した港。急傾斜地に形成された港湾集落の様相が、全体としてよく保持されている。
温泉津	沖泊に隣接。沖泊の外港であり、銀山及び周辺地区支配のための政治的中心地。木造建築群が江戸時代の町割りのなかに良好に保存されている。

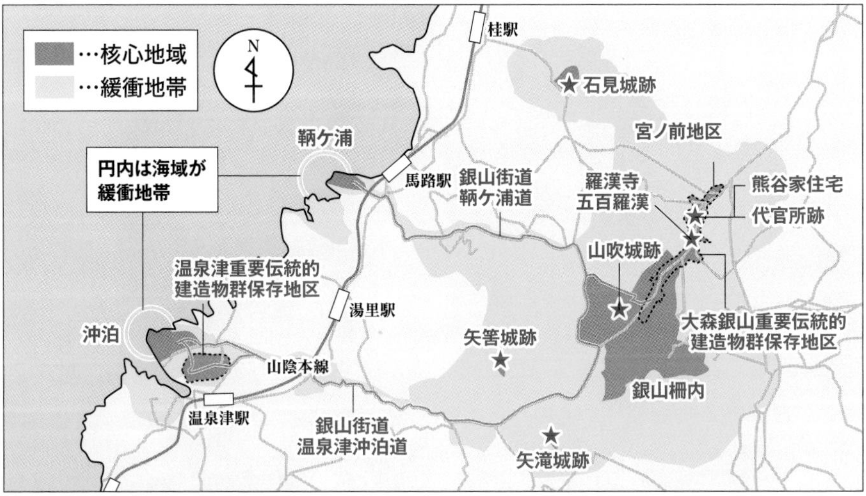

石見銀山遺跡の登録範囲

02

日本の遺産

広島平和記念碑（原爆ドーム）

Hiroshima Peace Memorial (Genbaku Dome)

文化遺産

登録年 1996年　登録基準 (vi)

▶ 原爆の悲劇を語り継ぐ平和のシンボル

『広島平和記念碑（原爆ドーム）』は、人類史上初の原子爆弾投下がもたらした未曾有の惨禍を後世に伝える「負の遺産」である。

1915年にチェコの建築家**ヤン・レツル**★の設計によって建てられたこの建物は、ネオ・バロック様式とゼツェッション様式の混在したレンガ造の地下1階、地上3階建て。中央にドームが設けられ、5階建ての階段室をもつモダンな姿は、当時の広島市民に親しまれた。「広島県物産陳列館」として開館し、その後「広島県立商品陳列所」と改称された。第二次世界大戦時には「広島県産業奨励館」と呼ばれていた。

1945年8月6日午前8時15分、アメリカの爆撃機エノラ・ゲイが投下した原子爆弾「リトル・ボーイ」は、産業奨励館の南東約160m、高度約580mで炸裂。発生

静かに原爆の悲惨さを伝える原爆ドーム

ヤン・レツル：1880～1925　チェコの建築家。ゼツェッション様式の影響を受けた。

した火球による強力な熱線と爆風のため、広島の街は一瞬にして破壊された。産業奨励館も大部分が崩落したが、衝撃波をほぼ直上から受けたため、ドーム部分の鉄筋の骨組みと壁の一部が残された。

原子爆弾の投下から２年後、浜井信三市長（当時）は第１回平和祭で次のような平和宣言を行った。「この恐るべき兵器は恒久平和の必然性と真実性を確認せしめる『思想革命』を招来せしめた。すなわちこれによって**原子力をもって争う世界戦争は人類の破滅と文明の終末を意味する**という真実を世界の人々に明白に認識せしめたからである。これこそ絶対平和の創造であり、新しい人生と世界の誕生を物語るものでなくてはならない。」

その後、廃墟となっていた建物は「原爆ドーム」と呼ばれるようになった。崩壊の危険性に加え、悲惨な出来事を思い出したくないという意見もあり、取り壊しも検討されたが、被爆の惨状を後世に伝えるための保存運動が起こり、広島市議会は1966年に原爆ドームの永久保存を決定した。さらに、日本が世界遺産条約を締結した1992年以降、原爆ドームを世界遺産にしようとする世論が盛り上がると、1994年には国会請願が採択され、翌年、国の史跡に指定された。

日本政府に推薦された原爆ドームは、1996年の第20回世界遺産委員会で登録が審議され、アメリカと中国が戦争に関する遺産の登録について懸念する声明を出したものの登録決議には反対せず、ついに世界遺産登録が実現。原爆ドームは、**核兵器廃絶と世界恒久平和**という「ヒロシマの願い」を発信しつづける世界的なモニュメントとなった。

被爆後の産業奨励館と中島地区（現・平和記念公園）

厳島神社

Itsukushima Shinto Shrine

文化遺産

登録年 1996年　登録基準 (i)(ii)(iv)(vi)

▶ 自然景観と建造物群が一体となった神社建築

瀬戸内海に浮かぶ厳島(宮島)は、**弥山**を擁する島全体が古来から神の宿る島として信仰を集めてきた聖域である。厳島に初めて社殿が創建されたのは593年とされ、現在のように海上に本殿や拝殿などの建物が立ち並ぶようになったのは、平安時代後期の1168年頃と考えられている。**宗像三女神**を祀る厳島神社を平家一門の守護神として位置づけ、篤い信仰を寄せる平清盛によって社殿が整えられ、色鮮やかな朱色の建造物が海にせり出した姿が完成した。

建造物には、平安時代の貴族の住宅建築様式である**寝殿造り**が取り入れられている。寝殿造りはそれまでの神社建築には見られなかったもので、独立した各部屋を渡り廊下でつなぐことに特徴がある。厳島神社でも本社自体の建物配置に渡り廊下が使われている他、本社と能舞台は西回廊でつながっており、本社と客神社は東回廊でつながっている。

また、本社本殿と客神社本殿には、両流造りという建築様式が用いられ、切妻屋根の平側入口屋根を延ばした「向拝」を背面にも設けている。

海上に立つ大鳥居と厳島神社本殿

厳島神社は一時荒廃したり、度重なる風水害にあいながらも、戦国時代の武将毛利元就など時の権力者の援助によって再興された。明治維新以降は、政府によって保護・改修がなされている。

宮島のシンボルである海上の大鳥居は、4本の控え柱で支える両部鳥居である。これは風水害によってしばしば倒壊していた大鳥居を、1547年の再建で控え柱をもつ構造に改めたもの。また、現在の大鳥居は1850年に台風で倒壊したあと、1875年に再建されたものである。海底に延びる柱の根元は固定されておらず、自重で立っている。江戸時代に建てられた能舞台は、日本で唯一の海に浮かぶ能舞台である。他にも、1407年に五重塔、1523年に多宝塔、1587年に末社豊国神社本殿(千畳閣)などが建造されている。

これらの建造物群と、背後にそびえる標高535mの弥山の緑が調和して、見事な景観をつくり上げている。弥山は古代より御神体として崇められており、貴重な植生を残す原始林を有する。空海が宮島で修行したときに焚かれた護摩の火が1,200年燃え続けているという「消えずの霊火」が山内に残る。

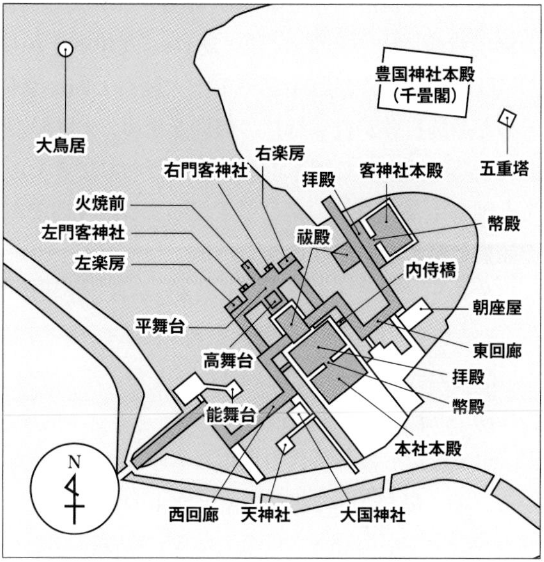

厳島神社

『厳島神社』のおもな建造物など

本社本殿	祭神として市杵島姫命、田心姫命、湍津姫命の宗像三女神を祀る。
能舞台	海上にせり出し、足拍子がよく響くように床が一枚板のようになっている。
大鳥居	境内の沖合200mの海上に建つクスノキの自然木を用いた鳥居。
客神社	本殿、幣殿、拝殿、祓殿の形式や配置は本社と同様だが、西側を向いている。
弥山	原始林は1929年に天然記念物に指定され、1957年には特別保護区となった。

『神宿る島』宗像・沖ノ島と関連遺産群

Sacred Island of Okinoshima and Associated Sites in the Munakata Region

文化遺産

登録年 2017年　登録基準 (ii)(iii)

▶ 古代祭祀の変遷を伝える考古遺跡「沖ノ島」

九州北部の福岡県宗像市と福津市にある『「神宿る島」宗像・沖ノ島と関連遺産群』は、「沖ノ島」と「宗像大社」「古墳群」の３つの要素で構成される８資産からなる。この３つの要素が一体となって、宗像・沖ノ島の信仰の歴史を証明している。

構成資産の中心となる「沖ノ島」は、九州本土から約60㎞の玄界灘の海上に位置し、日本列島から朝鮮半島や中国大陸へと向かう航海上の目印となる島であった。そのため島自体が自然崇拝の信仰を集め、４世紀頃から約500年もの間、**航海の安全を祈る場所**として国家的な祭祀が行われてきた。４世紀頃というのは、ヤマト王権と朝鮮半島の百済の結びつきが強まった時期である。沖ノ島には、そうした**交易の証拠と祭祀の跡**が残されている。

巨岩の上で祭祀を行う「岩上祭祀」から、庇状になった岩の陰で行う「岩陰祭祀」へ、そこから「半岩陰・半露天祭祀」を経て、平らな場所で祭祀を行う「露天祭祀」へと、祭祀の形態が変化していったことがよくわかる証拠が残されている。それぞれの場所で「銅鏡」や「金製指輪」、「カットグラス碗片」、「雛形五弦琴」、「富寿神宝」など、約８万点もの各時代の貴重な奉献品が発見され、その全てが国宝に指定されている。沖ノ島が、人の訪れにくい海上の島であることや、島自体をご神体とする信仰の中で上陸が禁忌とされてきたことなどにより、奉献品が「祭祀の証拠」として残されたと考えられる。

「宗像大社」は、自然崇拝から始まった沖ノ島の信仰が、「**宗像三女神**」という人格をもった神に対する信仰へと発展し、その両者が共存しながら「宗像・沖ノ島」の信仰を形作ったことを証明している。また、「露天祭祀」から「社殿をもつ祭祀」へと発展したことも示している。

海の先の沖ノ島に祈りを捧げるため、大島に建てられた沖津宮遙拝所

９世紀に遣唐使が廃止されると、沖ノ島の重要性が薄れ、国家的な祭祀が行われなくなったが、その間も宗像三女神に対する信仰は続き、17世紀頃から社殿が作られ始めた。宗像大社は沖ノ島の「沖津宮（おきつみや）」、沖ノ島と九州本土の間にある大島の「中津宮（なかつみや）」、九州本土の「辺津宮（へつみや）」の三社からなる。それぞれに天照大神（あまてらすおおみかみ）が誓約（うけい）で生み出した宗像三女神を、沖津宮が「田心姫命（たごりひめのかみ）」、中津宮が「湍津姫命（たぎつひめのかみ）」、辺津宮が「市杵島姫命（いちきしまひめのかみ）」と祀っており、三社一体の信仰を作り上げている。

「古墳群」は、５～６世紀頃に築かれた宗像氏の古墳群で、宗像・沖ノ島の祭祀を取り仕切った「宗像氏（別の漢字の表記もある）」の存在を証明するものとして構成資産に含まれた。ヤマト王権が百済と交易する際に頼ったのが、この地域の豪族で航海技術に長けていた宗像氏であった。彼らの力があってこそ朝鮮半島や大陸との交易が成立したといえる。

ICOMOSの事前勧告では、沖ノ島と小屋島、御門柱、天狗岩の４資産にのみ「登録」勧告が出されたが、世界遺産委員会では三社一体の信仰が評価され、８資産全体での登録となった。また世界遺産委員会では、緩衝地帯などでの開発の影響評価や、上陸が禁忌とされる沖ノ島への不法上陸対策、遺産の管理体系の明確化などが求められた。

宗像大神降臨の地とされる辺津宮の高宮祭場

「神宿る島」宗像・沖ノ島と関連遺産群の所在地

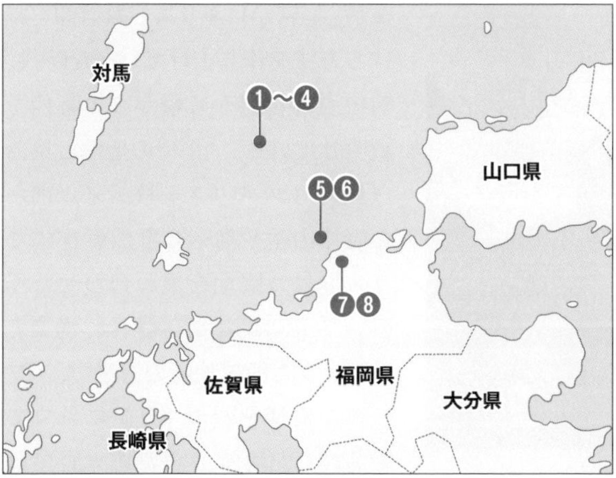

1. 沖ノ島（宗像大社沖津宮）
2. 小屋島（こやじま）
3. 御門柱（みかどばしら）
4. 天狗岩（てんぐいわ）
5. 宗像大社沖津宮遙拝所
6. 宗像大社中津宮
7. 宗像大社辺津宮
8. 新原（しんばる）・奴山（ぬやま）古墳群（こふんぐん）

長崎と天草地方の潜伏キリシタン関連遺産

Hidden Christian Sites in the Nagasaki Region

文化遺産

登録年 2018年　登録基準 (iii)

▶ 日本独自のキリスト教信仰の伝統を伝える

『長崎と天草地方の潜伏キリシタン関連遺産』は、10の「集落」と、「城跡」と「聖堂」1つずつという全部で12の構成資産が、2県6市2町に点在している。これらの構成資産は、17世紀始めに江戸幕府がキリスト教を禁止してから、19世紀に明治政府がキリスト教を黙認する(禁教が解かれる)までの約250年間におよぶ、日本独自のキリスト教信仰の姿と伝統を伝えている。「**潜伏キリシタン**」とは、その禁教期に密かに信仰を続けた人々を指す。

構成資産は大きく4つの時代に分けられる。「1.始まり」は、1549年にフランシスコ・ザビエルが鹿児島に上陸し日本にキリスト教を伝えてから、1550年に平戸で布教を行い人々の間にキリスト教の教えが浸透していく一方、豊臣秀吉や徳川幕府によってキリスト教信仰が禁止され、キリシタン達が禁教の下でも密かに信仰を続けることを決意する時代。天草四郎を総大将とする島原半島南部と天草地方のキリシタン達が幕府軍と戦った「島原・天草一揆」の主戦場である構成資産❶の「原城跡」が、この時代を証明している。この一揆が江戸幕府に大きな衝撃を与え、その後の鎖国(海禁体制)が確立されるとともに、潜伏キリシタンの歴史が始まった。

国宝の大浦天主堂

「2.形成」は、潜伏キリシタン達が神道の信者や仏教徒などを装いながら、密かにキリスト教信仰を続ける方法を作り上げていった時代。構成資産の❷から❻がこの時代を証明している。「平戸の聖地と集落(❷❸)」は、キリスト教伝来以前から続く山岳や島への自然崇拝にキリスト教の聖地を重ね合わせた場所、「天草の﨑津集落❹」は、漁業を生業とする漁村独特の方法で、アワビ貝の模様を聖母マリアに見立てて信仰した場所、「外海の大野集落

❻」は古くから地元にある神社の氏子を装いながら信仰を続けた場所である。

「3.維持、拡大」は、潜伏キリシタンの信仰を続けるために、外海地域から、より信仰を隠すことができる五島列島の島々に移住していった時代。構成資産の❼から⓫がこの時代を証明している。神道の聖地であった「野崎島の集落跡❽」では、神道の信者であることが当然とみなされたり、病人の療養地であった「頭ヶ島（かしらがしま）の集落❾」では、人があまり訪れない閉ざされた場所であるなど、潜伏キリシタン達にとって信仰を隠しやすかった場所であると考えられる。また、五島への移住は藩の開拓移民政策と深く関係しており、共同体を維持したい潜伏キリシタン達と未開地に移民を進めたい五島藩と大村藩の共通の思惑から、開拓移民のキリスト教信仰が黙認されていた側面もあった。

最後の「4.変容、終わり」は、約250年ぶりにキリスト教の信仰を公に告白し世界中を驚かせた「信徒発見」から教会堂が築かれて行く時代である。この時代を証明するのが、国宝の「**大浦天主堂⓬**」である。1865年に浦上地区の潜伏キリシタン達が大浦天主堂を訪れ信仰を告白した「信徒発見」は、奇跡としてローマ教皇にも伝えられた。その後、潜伏キリシタン達は、カトリックに復帰する者や仏教や神道を信仰する者、禁教期の信仰を続ける者(かくれキリシタン)などへと分かれていき、カトリックに復帰した人が住む集落にも教会堂が築かれていった。

『長崎と天草地方の潜伏キリシタン関連遺産』は、日本の遺産としては初めて、諮問機関である**ICOMOSとアドバイザー契約**を結び推薦書の作成を行った。ICOMOSのアドバイスにより、「教会」を中心とした構成資産から、潜伏キリシタン達が生活をした「集落」へと変更され、遺産名も「長崎の教会群とキリスト教関連遺産」から『長崎と天草地方の潜伏キリシタン関連遺産』へと変更された。

□ 長崎と天草地方の潜伏キリシタン関連遺産の所在地

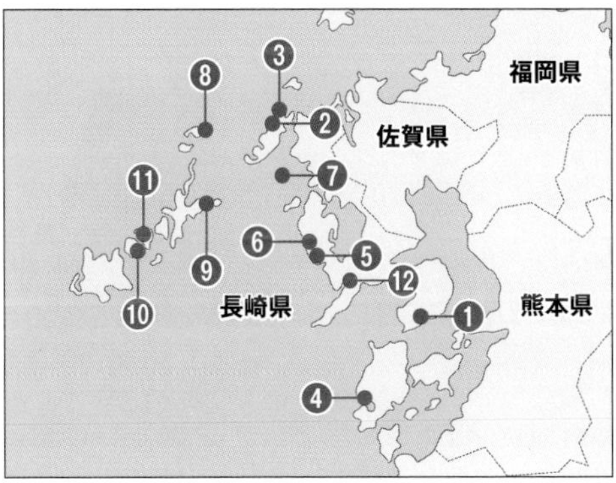

❶ 原城跡
❷ 平戸の聖地と集落（春日集落と安満岳）
❸ 平戸の聖地と集落（中江ノ島）
❹ 天草の﨑津集落
❺ 外海の出津集落
❻ 外海の大野集落
❼ 黒島の集落
❽ 野崎島の集落跡
❾ 頭ヶ島の集落
❿ 久賀島の集落
⓫ 奈留島の江上集落（江上天主堂とその周辺）
⓬ 大浦天主堂

Aa 英語で読んでみよう P.096 - 19

明治日本の産業革命遺産 製鉄・製鋼、造船、石炭産業

Sites of Japan's Meiji Industrial Revolution: Iron and Steel, Shipbuilding and Coal Mining

文化遺産

登録年 2015年　登録基準 (ii)(iv)

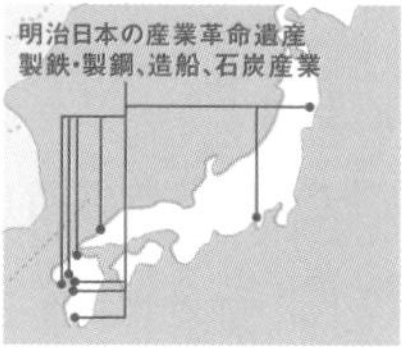

▶ 重工業の近代化を示すシリアル・ノミネーション

『明治日本の産業革命遺産　製鉄・製鋼、造船、石炭産業』は、江戸末期から明治期にかけて日本が重工業分野での近代化を約50年間という短期間で達成し、現在の国家の基礎を築いたことを証明する遺産群である。九州5県(福岡、佐賀、長崎、熊本、鹿児島)と山口、岩手、静岡の全国8県11市に点在する23の構成資産が、シリアル・ノミネーションとして登録された。

「製鉄・製鋼」「造船」「石炭」産業に関わる施設や遺構が中心となるが、現在も稼働中の資産が含まれており、**文化財保護法だけでなく港湾法や景観法なども組み合わせて保護**されているため、文化庁ではなく**内閣官房の推薦**によって登録が進められた。

開国へと向かう江戸末期の1850年代、諸外国と対峙する国防の必要から、大砲を鋳造するための反射炉が山口の萩(はぎ)や静岡の韮山(にらやま)など各地に作られた。萩の松下村塾(しょうかそんじゅく)で吉田松陰(しょういん)が日本の近代を担う人材の育成をしたのもこの時期である。1868年に明治時代が始まると西洋の産業・工業技術の導入が進められ、蒸気船の普及にともなう石炭需要の増大を見込んだスコットランド出身の商人トーマス・グラバーが佐賀藩とともに高島炭坑(たかしま)★を長崎に開発。採炭(さいたん)に初めて蒸気機関を用いる画期的な技術が採用された。1890年代になると西洋の技術や知識が日本の文化や伝統に合う形で発展した。高島炭鉱に次いで近代化を果たした三池(みいけ)炭鉱では、石炭輸出のための三池港とそれを結ぶ鉄道網も整備され、石炭産業における総合的な物流インフラが整った。貿易港であった長崎では、政府による奨励や新技術の導入などによって三菱長崎造船所の造船能力が強化された。そして福岡では、国家の威

三池炭鉱万田坑

高島炭坑：「高島炭坑」と「端島炭坑」の海洋炭鉱群を合わせて「高島炭鉱」と呼ぶ。

信をかけた大プロジェクトとして1901年に**官営八幡製鐵所**が操業を開始し、鋼材の自国生産が可能となった。日本の製鉄において重要な役割を果たした製鐵所は民営となった今日も稼働を続けている。こうして本格的な産業化が達成された。

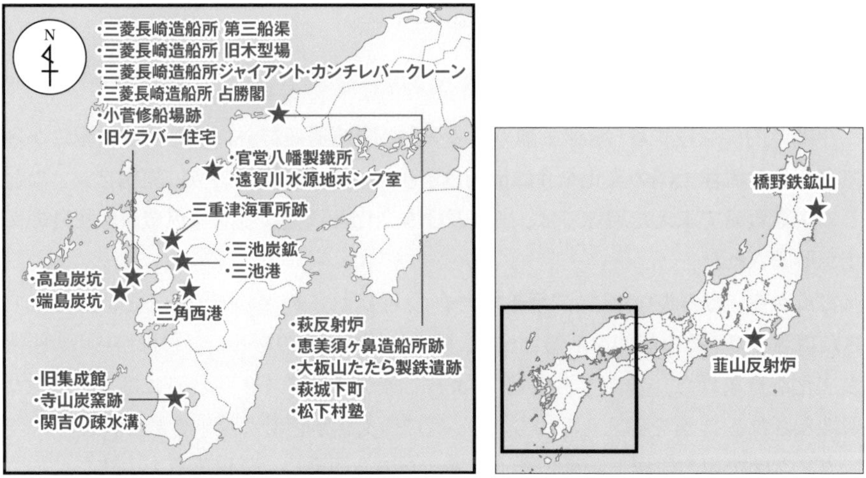

明治日本の産業革命遺産 製鉄・製鋼、造船、石炭産業（★が構成資産）

『明治日本の産業革命遺産 製鉄・製鋼、造船、石炭産業』のおもな構成資産

松下村塾	吉田松陰の私塾。後に初代総理大臣となった伊藤博文らを育成。
韮山反射炉	幕末の海防に対する危機感から大砲鋳造のために作られた反射炉。
旧集成館	島津家がさまざまな産業の育成に挑戦した日本初の西洋式工場群。
高島炭坑	日本ではじめて蒸気機関が導入された近代炭坑。
端島炭坑	明治後期の主力坑であった海底炭坑。軍艦島の名でも知られる。
小菅修船場跡	1869年に長崎に作られた、日本初の蒸気機関による船舶修理施設。
三菱長崎造船所ジャイアント・カンチレバークレーン	1909年に竣工した、工場設備の電化にともない建設された電気モーター式のクレーン。大型機械の船舶への搭載などに用いられる。
三菱長崎造船所旧木型場	鋳物の木型工場として1898年に建設。造船所で現存する最古の建造物。
三池炭鉱・三池港	採掘から輸送までの総合的な物流システムを構築した炭鉱。
官営八幡製鐵所	日本の重工業の主力産業化を担った日本初の銑鋼一貫製鉄所。

琉球王国のグスク及び関連遺産群

Gusuku Sites and Related Properties of the Kingdom of Ryukyu

文化遺産

登録年 2000年　登録基準 (ii)(iii)(vi)

▶ 周辺諸国との交流と、独自の文化をあらわす遺産群

沖縄県内に点在する『琉球王国のグスク及び関連遺産群』は、15～19世紀にかけて存在した琉球王国の文化を今に伝える遺産群である。日本や明、東南アジアなどとの中継貿易で栄えた琉球では、当時の日本文化とは異なる国際色豊かな独自の文化が形成された。

古くから、海のかなたに「**ニライカナイ**」と呼ばれる神々の国があると信じられてきた琉球では、その信仰を基盤として、日本、中国などの影響を受けながらも、独特の文化が育まれた。なかでも**按司**★によって築かれたグスク（城砦）には、宗教的な聖地とされる拝所を備えたものもあり、琉球の文化が色濃く反映されている。

グスクは按司の住居と防衛の拠点であったのと同時に、農村集落の中核をなしており、先祖への崇拝と祈願を通じて連帯を深める地域住民の心のよりどころであった。グスク跡の石積み技術などに見られる石の加工技術からは、日本の本州とは異なる琉球の文化の特色を見ることができる。

琉球には、およそ300余りのグスクや関連遺産が残されており、そのうちの5つのグスク跡と関連する4つの遺産が世界遺産に登録されている。その中で最大のものは、琉球王国の成立以来、国王の居城かつ政治の中心地であった**首里城跡**である。1945年にアメリカ軍が進攻した沖縄戦で壮麗な建造物群はすべて焼失し、城壁と建物の基壇である地下遺構だけが当時のまま残されている。戦後復元された城内では正殿★が西を向かって建ち、その前に御庭と呼ばれる儀式の場がある。その周囲を1,000m以上もある城壁が地形に合わせた曲線を描きつつ囲んでいる。

勝連城の阿麻和利を牽制する位置にある中城城跡

按司：12世紀頃からこの地域の覇権を争った有力豪族。　**正殿**：2019年の火災で再び焼失し、現在修復中である。

グスク跡は、他に今帰仁城（なきじんじょう）跡、座喜味城（ざきみじょう）跡、勝連城（かつれんじょう）跡、中城城（なかぐすくじょう）跡が登録されている。今帰仁城の城壁は、丘の斜面を利用して築かれており、うねるような曲線を描く。高さ3～8m、厚さ平均3mで、総延長は1,500mにもなる。座喜味城跡は小規模なグスクだが、沖縄最古といわれるアーチ型の城門や城壁が良好な状態で残っている。勝連城跡は垂直に曲輪を設けているのが特徴で、優美な平面的曲輪配置をとる中城城跡とは対照的である。このように石積みの技術や曲輪の形状を見ても、それぞれの特色がよくあらわれている。

また、関連遺産群として、祭祀の場であった園比屋武御嶽（そのひやんうたき）の石門と斎場御嶽（せいふあうたき）、陵墓の玉陵（たまうどぅん）、王族の庭園である識名園（しきなえん）が登録されている。これらは王族の陵墓や聖域、王家の別邸や祭政の場として利用されており、琉球王国の生活様式や価値観、独自の信仰形態を今に伝えている。

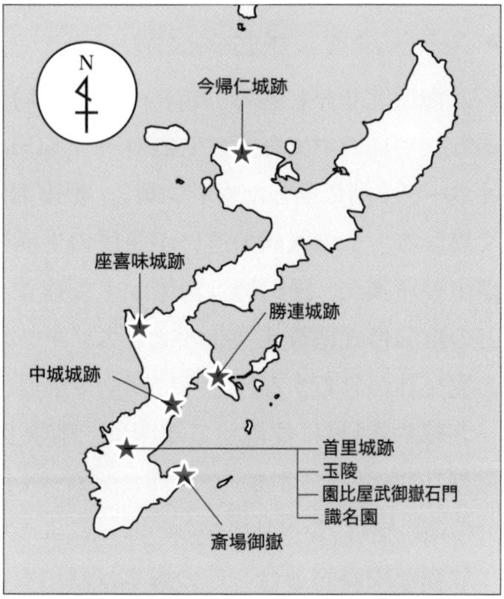

□ 琉球王国のグスク及び関連遺産群（★が構成資産）

□『琉球王国のグスク及び関連遺産群』の構成資産

首里城跡	三山時代★は中山王（ちゅうざんおう）、1429年の琉球王国成立以降は琉球国王の居城となった。
今帰仁城跡	三山時代は北山王（ほくざんおう）の居城であったが、北山滅亡後は北山監守の居城となった。
座喜味城跡	按司の護佐丸（ごさまる）が築いた標高約125mの高台にあるグスク跡。
勝連城跡	有力按司であった阿麻和利（あまわり）の居城で、城内の出土品は交易の歴史も示す。
中城城跡	中城湾を望む標高約170mの高台に建つ護佐丸の居城。
玉陵	1501年、第2尚氏王統の第3代王、尚真（しょうしん）によって築かれた王族の破風墓の陵墓。
園比屋武御嶽石門	琉球王族の大切な聖域である森「園比屋武御嶽」入口の石門。
識名園	1799年に造営された王家の別邸で、4万1,997㎡の広さを誇る。
斎場御嶽	琉球王国の国家的祭祀の場で、「三庫理（さんぐーい）」「大庫理（うふぐーい）」「寄満（ゆいんち）」などの拝所がある。

三山時代：14世紀には北山、中山、南山が相争う三山時代を迎えた。三山時代は、15世紀に中山の尚巴志が統一を果たし終了した。

自然遺産

知床

Shiretoko

登録年 2005年　登録基準 (ix)(x)

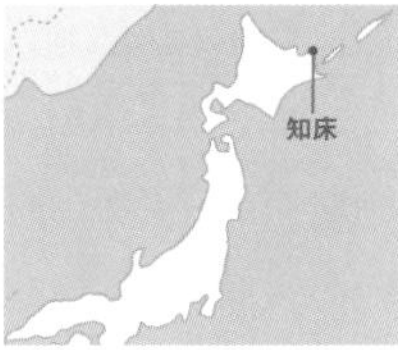

▶ 海と陸が育む複合生態系

北海道北東端にある『知床』は、長さ約70㎞、基部の横幅約25㎞の細長い半島である。半島の中央を高さ1,200 ～1,600mの知床連山が貫くが、この山々を挟んでオホーツク海に面したウトロ側と、根室海峡に面した羅臼側では、気候や地形が大きく異なる。この気候の違いが住民の生活にも影響を与え、ウトロ側は農業と観光業が主要産業に、羅臼側は漁業が主要産業となっている。植生は多彩で、ミズナラなどの冷温帯性落葉広葉樹林と、エゾマツなどの亜寒帯性常緑針葉樹林、そして両者の混交林が分布する。さらに湖沼や湿原、滝など、自然環境は変化に富む。

北緯約44度に位置する知床は、地球上の最も低い緯度で海水が結氷する**季節海氷域***にあたる。オホーツク海にアムール川から淡水が流れ込むことで形成される塩分の薄い層は、シベリアからの寒気によって結氷し、流氷として知床沿岸に接岸する。

豊富な栄養塩を含むこの海氷は春になると融解し、大量の植物プランクトンを供給する。それに伴い、植物プランクトンを餌とする動物プランクトン、さらに小魚、

知床連山から流れ出る雪解け水

季節海氷域：海氷が発生する海域のうち、1年中海氷に覆われる地域を多年氷域、特定の時期のみ凍る海域を季節海氷域という。

甲殻類や貝類が繁殖するといった、一連の**食物連鎖**が生まれる。海から始まるこの食物連鎖は、トドやアザラシといった海生哺乳類はもちろん、河川を遡上するサケやマスを捕食するヒグマにキタキツネなどの陸生哺乳類も含んだ、海と陸が連続する知床の特異な生態系を育んでいる。さらに知床には絶滅危惧種のシマフクロウやオジロワシが生息し、天然記念物のオオワシの越冬地でもある。ヒグマの生息密度は世界で最も高い。

知床の食物連鎖（環境省資料より作成）

こうした生物多様性の豊かさから、登録基準（x）を認められている。知床では豊かな生態系を保護するため、イギリスのナショナル・トラストを手本にし、市民の寄付で土地を買い取る「しれとこ100平方メートル運動」が1977年から行われた。その後、1997年からは原生の森へ復元する「100平方メートル運動の森・トラスト」に発展している。また環境保護と観光を両立するために「**知床エコツーリズム推進協議会**」を設置し、「エコツーリズム」に力を入れている。

知床の登録範囲

知床は世界遺産登録の際に、海域の保全管理の徹底と、観光と自然保護の両立などが求められた。そこで「知床世界自然遺産地域科学委員会」を立ち上げ、エコツーリズムの活用などを含む科学的調査に基づく保全管理を実践しており、その活動が高く評価されている。

白神山地

Shirakami-Sanchi

自然遺産

登録年 1993年 登録基準 (ix)

▶ 東アジアに残る最後の原生温帯林

青森県南西部と秋田県北西部をまたぐ約1,300㎢の範囲に広がる広大な山岳地帯の総称が白神山地であり、原生林の中心地約170㎢が世界遺産に登録されている。白神山地には、約8,000年前に現在の分布域に達していたとされる**ブナ**★などの落葉広葉樹林が、比較的原生的な状態で残されている。現在世界に分布するブナは、日本のイヌブナを含め11種で、日本以外ではヨーロッパや北アメリカで確認できる。日本以外のブナは氷河期に大きく分布を変え生物多様性を減少させたが、日本のブナの分布地域は氷河に覆われることがなかったため、ブナの原生林に息づく生物多様性が保たれているという点が高く評価されている。

ブナ林は、かつて日本各地に存在していたが、用材や薪炭材として伐採が進み、ほとんどが人工林や二次林になっている。しかし、白神山地のブナ林は人里から遠く、地形が急峻だったことも幸いして、人々に伐採されずに済んだ。核心地域のブ

原生的なブナ林が残る白神山地

ブナ：ブナ科の落葉高木。高さは20m以上にもなる。

ナ林には、今も林道や歩道、建築物が存在せず、高い原始性が保たれている。

またこの地域は、約250万年前の新生代第四紀初期までは一部が海域にあったが、第四紀後期に起こった急速な隆起によって山地ができた。この一帯では、年間約1.3㎜という日本列島のなかでも極めて速い速度で隆起が始まり、現在まで続いている。崩れやすい地層に加え、日本有数の多雪地帯であるため、大量の水分が流れ込むことで地滑りが起こりやすくなる。この地滑りによって、数多くの河川や谷が白神山地一帯に誕生し、何万年もの間、隆起と崩落を繰り返して独特の地形を形成してきた。隆起から地滑り、山地崩落という連鎖によって、地層に溜まった雪や雨による水分が河川を経て海に戻っていくという、水分の循環作用が機能している。

地滑りの跡から生育をはじめるブナ

ブナ以外にも、固有種**アオモリマンテマ**★をはじめ約500種の植物が存在する。とくに希少な108種の植物は、「保護すべき植物」として採取や損傷が禁じられている。また特別天然記念物ニホンカモシカやツキノワグマなど14種の哺乳類、さらに絶滅危惧種**クマゲラ**やイヌワシなど84種の鳥類が生息している。

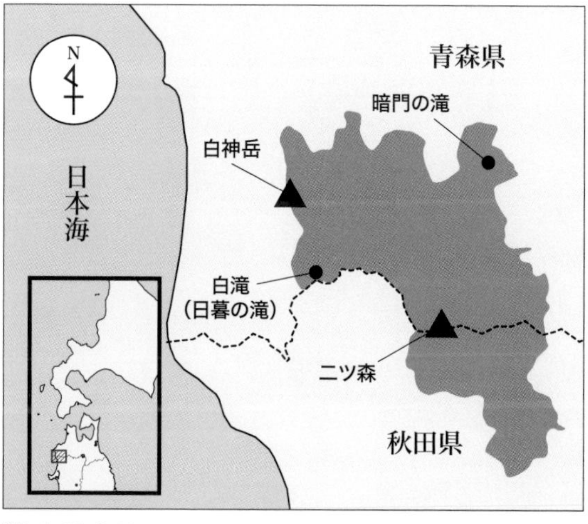

□ 白神山地

この貴重な自然を守っていくため、環境省、林野庁、青森県及び秋田県などの関係機関が、「白神山地世界遺産地域連絡会議」を1995年に設置。白神山地の環境保全を主導する機関が、密な連絡を取り合う体制ができた。また2010年より、地元市町村もオブザーバーとして連絡会議に参加している。

アオモリマンテマ：ナデシコ科の新種植物で、1968年に青森県で発見された。白神山地で多く見られる。

小笠原諸島

Ogasawara Islands

自然遺産

登録年 2011年　登録基準 (ix)

▶ 独自の進化を遂げた生物種が暮らす島々

日本列島から約1,000km離れた太平洋上にある『小笠原諸島』は、これまでに日本列島や大陸と陸続きになったことがない海洋島のため、多くの固有動植物が独自の進化を遂げながら生息しており、進化は今も続いている。同じく海洋島に属する火山島のガラパゴス諸島やハワイ島とは異なり、小笠原群島★はプレートの沈み込みから誕生した「海洋性島弧」である。父島では、プレートの活動により島が誕生した際に地上に露出したボニナイトを見ることができる。

世界遺産の登録範囲は小笠原諸島の陸域(ただし父島・母島の集落近郊、硫黄島、沖ノ鳥島、南鳥島を除く)と、父島および母島周辺などの海域の一部で、その面積は79.39k㎡に及ぶ。これらの島々の生態系は、島によって大きく異なる。ある生態系が島に定着するには、その起源となる種が島に到着することが不可欠であるが、当然、島ごとにばらつきが出てくる。また、島に定着した生物は、他の地域の生物と交わることがないため、独自に進化し種分化が起こる。このように起源が同じ生物群が、異なる環境に適応して生理的または形態的に分化することを**適応放散**という。とりわけ小笠原諸島においては、陸産貝類と**維管束植物**(いかんそく)★が高い固有率を示してお

南島の洞門と扇池

小笠原群島：小笠原諸島に含まれる父島と母島、聟島(むこじま)。　**維管束植物**：維管束をもつ植物。維管束とは、植物全体に水などの養分を送る管のことで、シダ植物と種子植物に見られる。

02

日本の遺産

絶滅したヒロベソカタマイマイの化石

り、陸産貝類では、葉の表に棲むか裏に棲むかといった違いで、異なる進化を遂げた例もある。小笠原諸島の面積の狭さを考えると異例ともいえる。小笠原諸島で自然に分布している昆虫の約25%、陸産貝類の約95%が固有種であるのに対し、哺乳類の固有種は絶滅危惧種の**オガサワラオオコウモリ**のみである。

小笠原諸島は亜熱帯に属し暮らしやすい気候だが、一般住民が生活しているのは父島と母島だけである。1675年に江戸幕府が調査のための船を小笠原諸島に送り、「此島大日本之内也」という碑を設置して「無人島(ブニンジマ)」と名付けたが、その後も人が住むことはなかった。1830年にハワイから白人5人、ハワイ人25人が初の入植者となると、「無人島」を語源とする「ボニン・アイランズ(Bonin-Islands)」と名付けられた。

その後、住人が増えるにつれて家畜のヤギやブタ、ペットの犬や猫などが持ち込まれ、固有の生態系が脅かされている。特に固有種のチョウやトンボを捕食する北米原産のトカゲである外来種グリーンアノール対策は緊急の課題となっている。

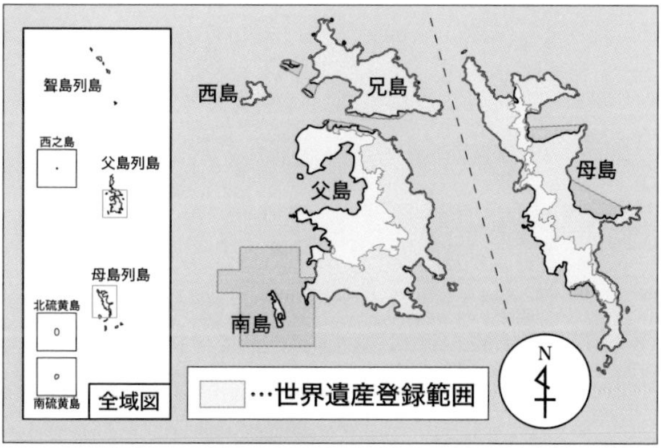

小笠原諸島の登録範囲

自然遺産

屋久島

Yakushima

登録年 1993年　登録基準 (vii)(ix)

▶ 樹齢1,000年を超えるスギの群生地

九州最南端から南方約70kmの沖合に浮かぶ『屋久島（やくしま）』は、花こう岩が隆起して誕生した総面積約500km²の島である。島の西部海岸線から、標高1,936mの宮之浦岳（みやのうら）を含む山岳部にかけての約107km²が世界遺産に登録されている。

東京23区ほどの広さの島に標高1,000mを超える山々が連なり、「**洋上のアルプス**」ともいわれる特徴的な地形のため、海からの湿った風が山にあたると屋久島に大量の雨を降らせる。「月に35日雨が降る」と例えられたほどの多雨地域であることに加え、黒潮の影響を受けた温暖湿潤な気候の屋久島では、海岸線から山頂にかけて標高が上がるごとに亜熱帯から亜寒帯まで植生が移り変わる、幅広い植物分布を見ることができる。この植物の**垂直分布**が屋久島の大きな特徴のひとつである。屋久島に広がる標高2,000mにかけての森林には、日本列島の南北約2,000kmの範囲に対応する植生が凝縮されている。

この自然環境に固有な植物にスギがある。樹齢1,000年を超える屋久島固有のスギを「屋久杉」と呼ぶ。花こう岩からなる栄養分の少ない地表では、スギはゆっく

幹の模様が縄文土器に似ていることから名付けられた縄文杉の樹齢は2,000年を超える

屋久島の垂直分布（環境省HPより作成）

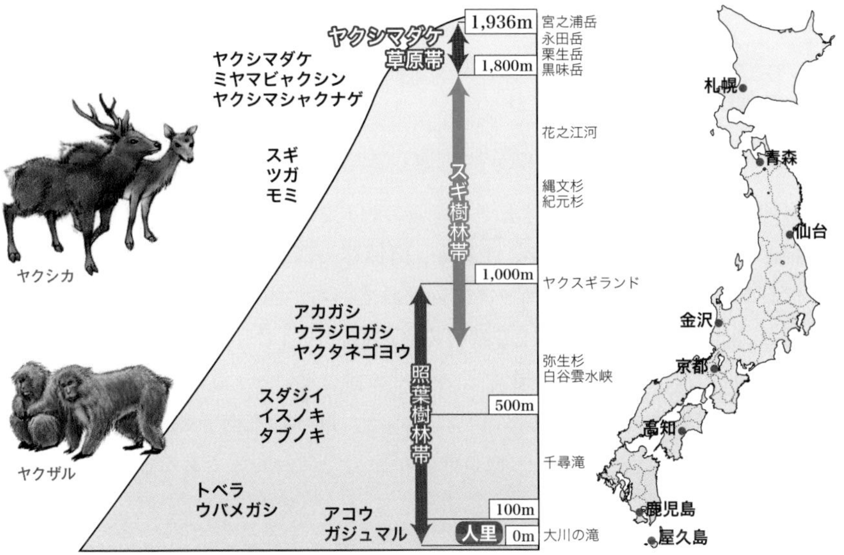

りと生長し、目が詰まって樹脂を多く蓄える。多雨地域における湿度の高さもスギに樹脂の分泌を促す。樹脂には防菌、抗菌、防虫作用があるため、湿度の高い環境でも屋久杉は腐ることなく長い樹齢を保つことができた。屋久杉がつくり出す森林景観も評価され、日本の自然遺産のなかで唯一、自然美を評価する**登録基準（vii）**が認められている。

また、屋久島ははるか昔、九州と陸続きであったため、ニホンザルやニホンジカなどの動物が島に生息していた。1万5,000年ほど前に氷期が終わり海面が上昇して、屋久島に動物たちが取り残された結果、島にはヤクシカ、ヤクザルなどの固有亜種を含む多くの動物が生息するようになった。

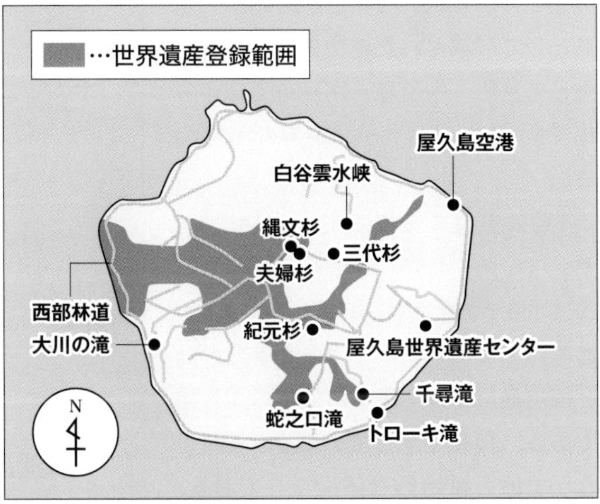

屋久島の登録範囲

奄美大島、徳之島、沖縄島北部及び西表島

Amami-Oshima Island, Tokunoshima Island, Northern part of Okinawa Island, and Iriomote Island

自然遺産

登録年 2021年 登録基準 (x)

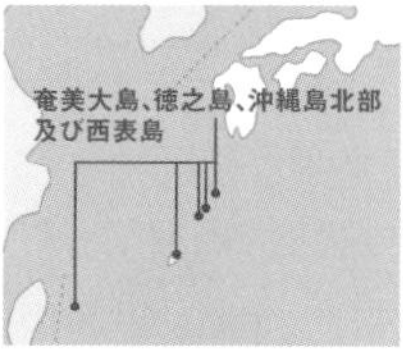

▶ 日本の中でも極めて生物多様性の高いエリア

日本列島の九州南端から台湾までの海域の約1,200kmに点在する琉球列島のうち、中琉球の奄美(あまみ)大島と徳之島(とくのしま)、沖縄島(おきなわじま)、南琉球の西表島(いりおもてじま)にある5つのエリアで構成される。徳之島だけ2つのエリアに分かれている。2011年に登録された「小笠原諸島」以来、10年ぶりに日本で5番目の自然遺産として登録された。

5つのエリアは、黒潮と亜熱帯性高気圧の影響を受ける、温暖で多湿な亜熱帯性気候で、主に常緑広葉樹多雨林に覆われている。世界の生物多様性ホットスポットのひとつである日本の中でも、生物多様性が極めて高い地域である中琉球と南琉球を代表するエリアで、多くの種が生息する。また、絶滅危惧種や中琉球・南琉球の固有種が多く、その種の割合も高い。例えば、維管束植物は188種が、昆虫類は1,607種が固有種である。特に、陸生哺乳類(62%)、陸生爬虫類(64%)、両生類(86%)、陸水性カニ類(100%)では極めて高い固有種率を示している。

かつて大陸と陸続きだったこの地に取り残された種が、大陸でオリジナルの種が絶滅した後も進化を続けた**遺存固有種**や、独特な進化を遂げた種の例が多く見られる。4島の生物多様性の特徴は相互に関連しており、中琉球と南琉球が大陸島として形成された地史の結果として生じてきた。中琉球と南琉球では種分化や固有化のパターンが異なっている。

4島に生息する代表的な生物には、ヤンバルクイナや**アマミノクロウサギ**、イリオモテヤマネコ、ルリカケスなどがある。アマミノクロウサギは奄美大島と徳之島にのみ生息する日本の固有種である。現在生息しているウサギ科のなかで最も原始的な体型をしており、全身が黒褐色の縮れた粗い毛で覆われ

遺産エリア

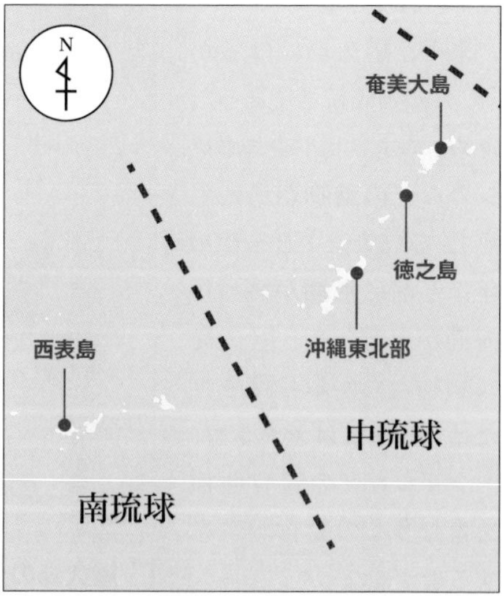

ている。イリオモテヤマネコは西表島だけに生息する野生動物で、天然記念物に指定されている。ネコ類としては珍しく、水を嫌わず、潜って魚を捕まえることもできる。ルリカケスは奄美大島と徳之島に生息する日本の固有種で、天然記念物に指定されている。尾羽が美しい瑠璃(るり)色をしており、カラスの仲間に分類される遺存固有種のひとつである。

遺存固有種のひとつルリカケス

この地域の主な脅威としては、フイリマングースやノネコなど**侵略的外来種**によって、在来種の生存が脅かされているほか、野生動物の交通事故や希少な絶滅危惧種などの違法採集などが挙げられる。

『奄美大島、徳之島、沖縄島北部及び西表島』は、2017年2月に推薦書が提出されたが、2018年5月に、IUCNによって世界遺産リストへの記載の延期勧告が出された。これを受けて、日本政府は推薦を取り下げた。その後、沖縄島北部のアメリカ軍訓練場返還地への保護地域の指定や推薦地の境界線の見直しなどについて、IUCN科学アドバイザーのバスチャン・ベルツキー氏を独自に現地調査に招聘(しょうへい)し助言を求め、推薦書を修正した上で、2021年に登録に至った。

登録基準は(x)「絶滅危惧種を含む生物多様性」で、日本では「知床」に続いて2件目である。日本の自然遺産では唯一、登録基準(ix)が認められない遺産となった。登録基準(ix)は、2018年に推薦書を取り下げた時は入れていたものの、IUCNからその価値は認められないと否定されたため、今回の推薦では外された。

マングローブの森

Aa 英語で読んでみよう 日本の世界遺産編

❶ Jomon Prehistoric Sites in Northern Japan

日本語での説明 ⇄ P.042

Jomon Prehistoric Sites in Northern Japan comprise 17 archaeological sites that represent the pre-agricultural lifeways and complex spiritual culture of their prehistoric inhabitants. These sites confirm the emergence, development, and maturity of a sedentary★ hunter-fisher-gatherer society that developed in Northeast Asia from about 13,000 BCE to 400 BCE. **The Jomon people continued their hunter-fisher-gatherer way of life without transitioning to a farming society, adapting to environmental changes such as climate warming and cooling**.

❷ Hiraizumi – Temples, Gardens and Archaeological Sites Representing the Buddhist Pure Land

日本語での説明 ⇄ P.044

Hiraizumi - Temples, Gardens and Archaeological Sites Representing the Buddhist Pure Land comprises five sites, including the sacred Mount Kinkeisan and Konjikido Golden Hall of Chuson-ji Temple. It features vestiges of government offices dating from the 11th and 12th centuries when Hiraizumi was the administrative center of the northern realm★ of Japan and rivalled Kyoto. **The configuration was based on the cosmology of Pure Land Buddhism**, which spread to Japan in the 8th century.

❸ Shrines and Temples of Nikko

日本語での説明 ⇄ P.046

The Shrines and Temples of Nikko form a single complex composed of 103 religious buildings within two Shinto shrines (Toshogu and Futarasan-jinja) and one Buddhist temple (Rinno-ji). **Together with their environment, these are an outstanding example of a traditional Japanese religious center**, associated with the Shinto perception of the relationship of man with nature. The Gongen style of Toshogu and Taiyu-in of Rinno-ji is the peak of architectural expression of the Edo period.

❹ Tomioka Silk Mill and Related Sites

日本語での説明 ⇄ P.048

This property is a historic sericulture★ and silk mill complex established in the late 19th century. It consists of **four sites that correspond to the different stages in the production of raw silk**: Tomioka Silk Mill, a large raw silk reeling plant whose machinery and industrial expertise were imported from France; Tajima Yahei sericulture farm for production of cocoons; Takayama-sha sericulture school for the dissemination★ of sericulture knowledge and Arafune cold storage site for preservation of silkworm eggs.

---

sedentary：定住性の　**realm**：地域　**sericulture**：養蚕　**dissemination**：普及

日本語訳は、世界遺産検定公式ホームページ（www.sekaken.jp）内、
公式教材「２級テキスト」のページに掲載してあります。

5 The Architectural Work of Le Corbusier, an Outstanding Contribution to the Modern Movement

日本語での説明 ⇄ P.050

Chosen from the work of the architect Le Corbusier, the 17 transboundary serial properties are spread over seven countries including Japan. All were innovative in the way **they reflected new concepts and together they disseminated ideas of the Modern Movement** throughout the world. The National Museum of Western Art of Tokyo is an outstanding entity as the "Museum of Unlimited Growth★" with its flat roof, square planar configuration, spiral walkways and floor plan that allow for the extension of the spiral floor as the collection expands.

6 Fujisan, sacred place and source of artistic inspiration

日本語での説明 ⇄ P.052

Known as Mount Fuji globally, **Fujisan has been the object of pilgrimages and inspired artists and poets for a long time**. The awe★ that Fujisan's majestic form and intermittent★ volcanic activity has inspired was transformed into religious practices that linked Shintoism and Buddhism, people and nature, and symbolic death and re-birth, including worship ascents and descents to and from the summit. 19th century Ukiyo-e prints depicting Fujisan by Hokusai and Hiroshige had an outstanding impact on Western artists like Van Gogh.

7 Historic Villages of Shirakawa-go and Gokayama

日本語での説明 ⇄ P.054

Ogimachi in Shirakawa-go, Ainokura, and Suganuma in Gokayama are rare examples of villages in which Gassho- style houses are preserved at their original locations. These small villages developed in the area along Sho River which flows through Toyama and Gifu prefectures. Surrounded by high rugged mountains, these three villages were remote and isolated in an area of heavy snowfall. Gassho-style houses, built in **a unique farmhouse style that makes use of highly rational structural systems**, evolved to adapt to the natural environment.

8 Historic Monuments of Ancient Kyoto (Kyoto, Uji and Otsu Cities)

日本語での説明 ⇄ P.056

The Historic Monuments of Ancient Kyoto consist of 17 components around Kyoto. Built in A.D. 794 as Heian-kyo, modeled after the capitals of ancient China, **Kyoto has acted as the cultural center while serving as the imperial capital** until the middle of the 19th century. Together the 17 component parts provide a clear understanding of the ancient capital's history and culture. For example, Jisho-ji and Tenryu-ji temples built in the Muromachi era reflect the very Japanese aesthetic called "Wabi-Sabi".

Museum of Unlimited Growth：無限成長美術館　**awe**：畏敬の念　**intermittent**：一時休止

9 Historic Monuments of Ancient Nara

日本語での説明 ⇄ P.058

Nara was the capital of Japan as Heijo-kyo from 710 to 784. During this period the framework of national government was consolidated and Nara enjoyed great prosperity, emerging as the fountainhead* of Japanese culture. The component parts of this site include an archaeological site, five Buddhist temples, a Shinto shrine and an associative cultural landscape. Together, **these places provide a vivid and comprehensive picture of religion and life in the Japanese capital** in the 8th century.

10 Buddhist Monuments in the Horyu-ji Area

日本語での説明 ⇄ P.060

The Buddhist Monuments in the Horyu-ji Area consists of 48 ancient wooden structures located at the two temple sites: 47 at Horyu-ji temple which Umayado-Oh known as Prince Shotoku originally built and one at Hoki-ji temple. 11 structures on the temple sites date from the late 7th or 8th century making them **some of the oldest surviving* wooden buildings in the world**. Their cloister's columns that resemble the Parthenon of Athens tell the influence from Hellenism.

11 Sacred Sites and Pilgrimage Routes in the Kii Mountain Range

日本語での説明 ⇄ P.062

Set in the dense forests of the Kii Mountains, three sacred sites – Yoshino and Omine, Kumano Sanzan, and Koyasan – testify the fusion of Shintoism, rooted in the ancient tradition of nature worship in Japan, and Buddhism. Together, the sites and the forest landscape of the Kii Mountains reflect a persistent and extraordinarily well-documented tradition of sacred mountains over the past 1,200 years. **This coexistence between sacred buildings and rich nature makes this property inscribed as the first ever Cultural Landscape in Japan.**

12 Mozu-Furuichi Kofun Group: Mounded Tombs of Ancient Japan

日本語での説明 ⇄ P.064

The 49 kofun ("old burial mounds" in Japanese) located on a plateau above the Osaka Plain are the richest material representation of the Kofun period, from the 3rd to the 6th century CE, in Japan. These kofun demonstrate the differences in social classes of that period and show **evidence of a highly sophisticated funerary system**. Burial mounds of significant variations in size, kofun take the geometrically elaborate design forms of keyhole, scallop, square or circle.

---

fountainhead：源泉　**surviving**：現存する

日本語訳は、世界遺産検定公式ホームページ(www.sekaken.jp)内、
公式教材「2級テキスト」のページに掲載してあります。

⑬ Himeji-jo

日本語での説明 ⇄ P.066

Himeji-jo is the finest surviving example of early 17th century Japanese castle architecture, comprising 83 buildings with highly developed systems of defense and ingenious protection devices dating from the beginning of the Shogun period. **It is a masterpiece of construction in wood**, combining function with aesthetic appeal. Its elegant appearance unified by the white plastered earthen walls has earned it the name Shirasagi-jo (White Heron Castle).

⑭ Iwami Ginzan Silver Mine and its Cultural Landscape

日本語での説明 ⇄ P.068

Located in the southwest of Honshu Island, Iwami Ginzan Silver Mine is an exceptional ensemble, consisting of archaeological mining sites, settlements, fortresses, transportation routes, and shipping ports, **representing distinctive land use related to silver mining activities**. It had contributed to exchange of values between East and West by achieving large-scale production of high quality silver through the development of the Asian cupellation★ techniques transferred from China through Korea.

⑮ Hiroshima Peace Memorial (Genbaku Dome)

日本語での説明 ⇄ P.070

Originally designed by Czech architect Jan Letzel, the Hiroshima Peace Memorial (Genbaku Dome) was the only structure left standing in the area where the first atomic bomb exploded on August 6, 1945. It has been preserved in the same state as immediately after the bombing. Not only is it a stark and powerful symbol of the most destructive force ever created by humankind; it also expresses **the hope for world peace and the ultimate elimination of all nuclear weapons**.

⑯ Itsukushima Shinto Shrine

日本語での説明 ⇄ P.072

The island of **Itsukushima has been a holy place of Shintoism since the earliest times**. The first shrine buildings here were probably erected in the 6th century. The present shrine was founded in the 12th century by the most powerful leader of the time, Taira no Kiyomori. The property comprises 17 buildings and three other structures forming two Shinden style shrine complexes (the Honsha complex forming the main shrine, and the Sessha Marodo-jinja complex) and ancillary★ buildings as well as a forested area around Mount Misen.

---

cupellation：灰吹法　**ancillary**：付随する

Aa 英語で読んでみよう 日本の世界遺産編

⑰ Sacred Island of Okinoshima and Associated Sites in the Munakata Region

| 日本語での説明 ⇄ P.074

The island of Okinoshima is an exceptional example of the tradition of worship of sacred islands in Japan. The archaeological sites that have been preserved on the island are virtually intact, and provide a chronological record of **how the rituals performed there changed from the 4th to the 9th century AD**. Many of the votive objects are of exquisite workmanship and had been brought from overseas, providing evidence of intense exchanges between Japan, the Korean Peninsula and the Asian continent.

⑱ Hidden Christian Sites in the Nagasaki Region

| 日本語での説明 ⇄ P.076

This heritage, consisting of 12 sites, reflects the era of prohibition of the Christian faith from the 17th to the 19th century, as well as the revitalization of Christian communities after the official lifting of the prohibition in 1873. They bear **unique testimony to a cultural tradition nurtured by hidden Christians** in the Nagasaki region who secretly transmitted their faith during the period of prohibition.

⑲ Sites of Japan's Meiji Industrial Revolution: Iron and Steel, Shipbuilding and Coal Mining

| 日本語での説明 ⇄ P.078

A series of industrial heritage sites, concentrated mainly in the Kyushu-Yamaguchi region of southwest Japan, represent **the first successful transfer of industrialization from the West to a non-Western nation**. Inscribed by serial nomination, these 23 sites reflect the three phases of this rapid industrialization achieved over a short space of just over 50 years from the 1850s up to 1910. After 1910, many sites later became fully fledged★ industrial complexes, some of which are still in operation★ or are part of operational sites.

⑳ Gusuku Sites and Related Properties of the Kingdom of Ryukyu

| 日本語での説明 ⇄ P.080

Five Gusuku sites, two related monuments, and two cultural landscapes are included as component parts of the property which represents 500 years of Ryukyuan history (12th-17th centuries) and culture. From the 12th century onwards powerful groups known as Aji began to emerge. They enlarged the defenses of their own settlements, converting them into fortresses for their own households, and **the term Gusuku was adopted to describe these formidable castles**.

---

fledged：自立した　**in operation**：稼働中

日本語訳は、世界遺産検定公式ホームページ（www.sekaken.jp）内、
公式教材「２級テキスト」のページに掲載してあります。

㉑ Shiretoko

日本語での説明 ⇄ P.082

Shiretoko Peninsula is located in northeast Hokkaido, the northernmost island of Japan. It provides an outstanding example of the interaction of marine and terrestrial ecosystems as well as **extraordinary ecosystem productivity, largely influenced by the formation of seasonal sea ice** at the lowest latitude in the northern hemisphere. This interaction allows successive primary trophic productions including blooms of phytoplankton in early spring, which underpins★ Shiretoko's marine ecosystem.

㉒ Shirakami-Sanchi

日本語での説明 ⇄ P.084

Located along the Sea of Japan in northern Honshu at altitudes ranging from 100 to 1,243 m, the property is a wilderness area covering one third of Shirakami mountain range. Reflecting the distinct heavy-snow environment of the inland areas along the Sea of Japan, **Shirakami-Sanchi has had the largest monodominant★ forests of beech in East Asia** since eight to twelve thousand years ago. A unique plant community with diverse flora counting over 500 species, it is also a habitat for rare bird species.

㉓ Ogasawara Islands

日本語での説明 ⇄ P.086

The serial property is comprised of five components within an extension of about 400km from north to south and includes more than 30 islands, clustered within three island groups of the Ogasawara Archipelago. Thanks to their isolated locations, the islands serve as **an outstanding example of the ongoing evolutionary processes in oceanic island ecosystems**, as evidenced by the high levels of endemism★ exemplified by the Bonin flying fox, the land snails and the vascular plants★.

㉔ Yakushima

日本語での説明 ⇄ P.088

Yakushima is a primeval temperate rainforest extending from the center of the mountainous Yakushima Island. Situated 60km off the southernmost tip of Kyushu Island, the island is located at the interface of the palearctic★ and oriental biotic regions. Holding mountains reaching almost 2,000m high, the ecosystem of **Yakushima has a rich biodiversity that comes from successive vertical plant distributions** extending from coastal vegetation to a high moors, and cold-temperate bamboo grasslands at the central peaks.

---

underpin：支える　**monodominant**：単一種支配的な（森林における林冠の60％以上を単一種の樹木が占めること）
endemism：固有性、固有の **vascular plant**：維管束植物　**palearctic**：旧北区（生物地理区の一区分）

㉕ Amami-Oshima Island, Tokunoshima Island, Northern part of Okinawa Island, and Iriomote Island

日本語での説明 ⇄ P.090

The formation of the Okinawa Trough during the late Miocene separated a chain of small islands from the Eurasian Continent, which formed an archipelago. **Land species became isolated on these small islands, and the biota of each island evolved richly and uniquely.** The resulting biodiversity is truly valuable because these sites host a very high percentage of species that are only found there, with many of them facing extinction. For example, the Amami rabbit and the Ryukyu long-haired rat are of ancient lineages that have no surviving relatives anywhere else in the world, and are currently endangered.

日本の建築様式

日本の建築様式は、日本古来の建築手法と大陸から伝わった手法が混ざり合いながら発展した。なかでも仏教建築は6世紀に仏教とともに百済(朝鮮)や唐から伝えられ、日本人の感覚に合わせて独自の様式が確立された。一方、神社建築は古来の様式を重んじているが、仏教建築との融合も見られる。住宅建築では、平安時代の貴族住宅の様式として寝殿造りが成立。その後、宗教建築の影響も受けながら、書院造りや数寄屋造りが生み出されていった。

▶ 仏教寺院の伽藍配置

仏教の寺院は、本尊を安置する金堂(本堂、仏殿)、説法や法会を行うための講堂(法堂)、ブッダの遺骨である仏舎利を収めるための仏塔などから構成されている。これらの建造物の配置を伽藍配置といい、奈良時代にはすでに多種の伽藍配置が見られた。平安時代に建てられた密教寺院の多くは山中にあったため、整然とした伽藍配置をもつことはなかったが、平安時代後半から広まった浄土教の寺院では、阿弥陀仏をまつる阿弥陀堂を中心に、庭園や池を重視する伽藍配置がとられた。鎌倉時代の禅宗寺院は建物が同一線上に縦に長く並ぶ。また、浄土真宗寺院では、阿弥陀堂と御影堂(開祖親鸞をまつる堂)が左右に並ぶのが特徴とされる。

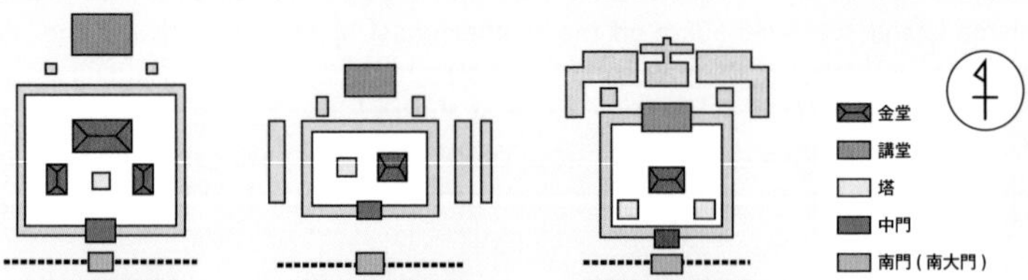

飛鳥寺式伽藍配置　法隆寺式伽藍配置　薬師寺式伽藍配置

▶神社本殿の建築様式

神社建築には、弥生・古墳時代を起源とする日本古来の建築様式と仏教建築の融合が見られる。神社本殿では原則として切妻造りで檜皮葺き、杮葺きの屋根が採用された。四方から寄せ集めたような形の屋根を指す寄棟造りに対し、切妻造りとは2枚の板を合わせたような形の屋根を指す。切妻造りにおいて、屋根が合わさる線に対して、垂直な面に入口が設けられるものを妻入りといい、平行な面に入口が設けられるものを平入りという。このような屋根の形や建物の入口などによって神社の本殿（神体を安置する、神社においてもっとも神聖とされる建物。正殿とも）の建築形式は、流造り、春日造りをはじめとする数種に分類される。

流造り（ながれづくり）

全国で最も普及している形式。入口は**平入り**で、正面の屋根を延ばして向拝（庇）としている。正面の柱と柱の間が1つのものを一間社流造り、2つのものを二間社流造り、3つのものを三間社流造りという。二間社流造りは少ない。また正面前方だけでなく後方にも向拝をもつものを両流造りといい、この形式は厳島神社の本殿に見られる。

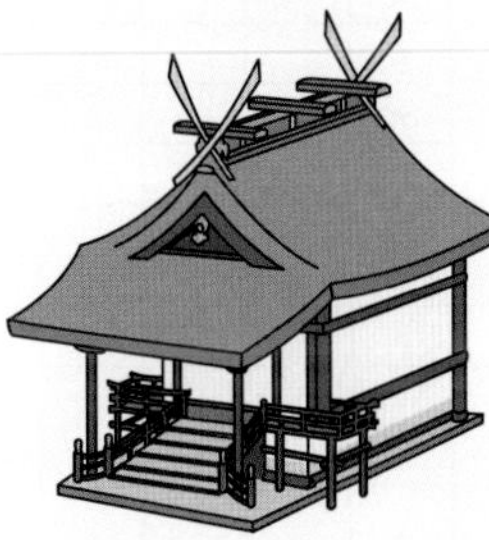

春日造り（かすがづくり）

流造りに次いで普及している形式だが、その分布は奈良を中心とする近畿圏に集中している。入口は**妻入り**で、入口の面に庇をつけて向拝としているのが最大の特徴となっている。正面、側面とも1間のものがほとんどである。奈良の春日大社本殿に代表される形式で、他にも熊野三山の本殿や、吉野水分神社本殿にもこの形式が用いられている。

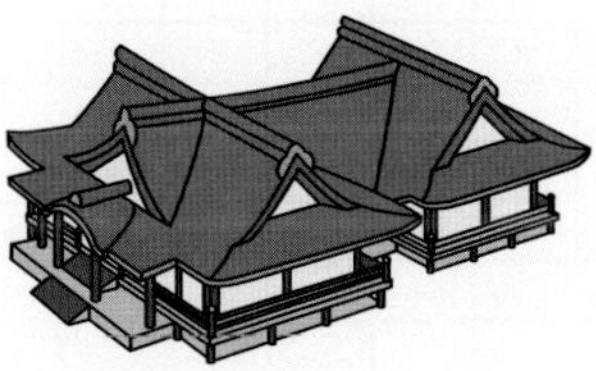

権現造り（ごんげんづくり）

本殿と拝殿（拝礼や祭礼に使われる建物）を、**相の間**と呼ばれる建物でつないだ複合社殿。日光東照宮に代表される形式で、東照宮にまつられている徳川家康の諡号が「東照大権現」であることから権現造りと呼ばれる。京都の北野天満宮など、各地に見られる。八棟造りから派生したものとされる。

日本の遺産の登録基準

文化遺産20件のうち、『広島平和記念碑(原爆ドーム)』と『国立西洋美術館』、『百舌鳥・古市古墳群』を除く17件が木造建造物を含んでおり、日本の「木の文化」を象徴しているといえる。登録基準(ii)(iv)(vi)を認められた遺産が多く、他地域の文化や同一文化圏内での文化交流の上に日本の文化があること、各時代を代表する優れた木造建造物が残されていること、日本古来の信仰形態や「神仏習合」という独自の信仰形態が、現在の日本人にも影響を与えていることなどがうかがえる。

自然遺産では、5件中4件で登録基準(ix)が認められているが、登録基準(viii)を認められた遺産はない。南北に長い日本列島にはさまざまな森林が存在し、それぞれ異なった生態系を育んできたことが日本の自然環境の特徴である。

登録名／登録基準	(i)	(ii)	(iii)	(iv)	(v)	(vi)	(vii)	(viii)	(ix)	(x)
法隆寺地域の仏教建造物群	★	★		★		★				
姫路城	★			★						
古都京都の文化財		★		★						
白川郷・五箇山の合掌造り集落				★	★					
厳島神社	★	★		★		★				
広島平和記念碑（原爆ドーム）						★				
古都奈良の文化財		★	★	★		★				
日光の社寺	★			★		★				
琉球王国のグスク及び関連遺産群		★	★			★				
紀伊山地の霊場と参詣道		★	★	★		★				
石見銀山遺跡とその文化的景観		★	★		★					
平泉―仏国土（浄土）を表す建築・庭園及び関連する考古遺跡群―		★				★				
富士山―信仰の対象と芸術の源泉			★			★				
富岡製糸場と絹産業遺産群		★		★						
明治日本の産業革命遺産		★		★						
ル・コルビュジエの建築作品：近代建築運動への顕著な貢献	★	★				★				
「神宿る島」宗像・沖ノ島と関連遺産群		★	★							
長崎と天草地方の潜伏キリシタン関連遺産			★							
百舌鳥・古市古墳群			★	★						
北海道・北東北の縄文遺跡群			★		★					
屋久島							★		★	
白神山地									★	
知床									★	★
小笠原諸島									★	
奄美大島、徳之島、沖縄島北部及び西表島										★
	5	12	9	11	3	10	1	0	4	2

（遺産は文化遺産と自然遺産、それぞれ登録年順）

日本の暫定リスト記載物件（2023年3月時点）

古都鎌倉の寺院・神社ほか

［神奈川県／1992年］

鎌倉は、日本に初めて武家政権が誕生した12世紀末から約150年間にわたって政治の中心となった都市。三方を山に囲まれ、南側のみ海に面している鎌倉の地形は天然の要塞であった。そこに鶴岡八幡宮とその正面に延びる若宮大路を中心として、寺社や武家館、切通、港が機能的に配置された。中世の軍事政治都市の特徴と武家文化の街並を今に伝える。

彦根城

［滋賀県／1992年］

彦根城は、東国と西国の境を守る要衝の地に井伊氏の拠点として置かれた平山城である。また、250年の安定・平和が続いた江戸時代の統治の特徴である「藩」の様子をよく表す近代城郭でもある。石垣や水堀によって周囲から隔絶された空間や、城下町や周辺の村から効果的に見えるようにつくられた城の形が、江戸時代の「藩」の特徴を表現している。

飛鳥・藤原の宮都とその関連資産群

［奈良県／2007年］

飛鳥・藤原の宮都とその関連資産群は、694年に遷都され、平城京に移るまで日本の宮都であった藤原宮跡や本格的な壁画古墳である高松塚古墳、石舞台古墳などで構成される。中国大陸や朝鮮半島の影響が色濃く残る数々の文化財は、東アジア諸国と日本の交流の形跡を示す。また遺産の構成物件には大和三山など、日本の歴史的風土を形成する文化的景観も含まれる。

佐渡（さど）島の金山

［新潟県／2010年］

江戸時代を通して徳川幕府を支えた佐渡島の鉱山は、海禁体制の下で戦略的な鉱山運営を行い、海外との技術交流が限られるなか、鉱山の特性に合わせ伝統的な手工業での生産技術が発展した。17世紀にはいると、人口4～5万人の国内最大の鉱山街が形成された。金生産社会の人々の営みが伝わる「西三川砂金山」と「相川鶴子金銀山」の2つの構成資産からなる。

平泉ー仏国土（浄土）を表す建築・庭園及び考古学的遺跡群ー

［岩手県／2012年］

奥州藤原氏の居館であった「柳之御所遺跡」や中尊寺経蔵領として始まった荘園跡「骨寺村（ほねでらむら）荘園遺跡」、「達谷窟（たっこくのいわや）」、「白鳥舘（しらとりたて）遺跡」、「長者ヶ原廃寺跡」の5資産の追加登録を目指している。登録範囲の変更（拡大）の際は、再度暫定リストに記載し、そこから推薦する必要がある。

[CHAPTER]
03
世界で最初の世界遺産

イエローストーン国立公園の熱水泉グランド・プリズマティック・スプリング

アメリカ合衆国

イエローストーン国立公園
Yellowstone National Park

自然遺産

登録年 1978年 登録基準 (vii)(viii)(ix)(x)

▶ 自然保護のさきがけとなった世界初の国立公園

1872年に世界初の国立公園として設立された『イエローストーン国立公園』は、約9,000㎢の広さをほこる自然公園であり、渓谷や草原、バクテリアの影響で青色をした温泉**グランド・プリズマティック・スプリング**などで知られる。このあたりでは約200万年前、120万年前、60万年前に大規模な噴火が発生し、最後の噴火時に地面がドーム状に隆起。このときにできた地表の裂け目からマグマが噴出し、公園中心部に巨大な**カルデラ***が形成された。

現在も地下のマグマ活動は活発で、地表の割れ目から染み込んだ雨水を急速に熱し、再び地表へと送り出している。これが間欠泉となっており、有名な**オールド・フェイスフル間欠泉**は、日によって異なるが平均70分間隔で熱湯を噴出。湧き出る蒸気などの奇観から先住民族のスー族は「霊気に満ちた場所」と恐れた。

イエローストーン国立公園では、「ウィルダネス（手つかずの自然）」という概念をもとに自然環境が維持されている。たとえば山火事が起こっても、人間が消火をせずに、自然の回復機能に任せるといった対応がとられる。人間の手を極力入れないことで、本来の生態系を維持する方法は、世界的にも大きな注目を集めている。

カルデラ：火山の噴火などで中央のマグマ部分が空洞化し、陥落してできた窪地形。

エチオピア連邦民主共和国

シミエン国立公園

Simien National Park

自然遺産

登録年 1978年 登録基準 (vii)(x)

▶「アフリカの天井」の異名をもつ山岳の公園

標高4,620mを誇るアフリカ第4の山、ラスダシャン山がそびえる山岳地帯に位置する。急峻なシミエン山地は、氷河がつくり出した渓谷や岩山が広がる厳しい環境のうえ一日の寒暖差が激しいため、生息できる動植物の種類が限られている。**ワリアアイベックス**やゲラダヒヒなど貴重な動物が生息する。密猟や耕作地の拡大による生態系の破壊が懸念され、危機遺産リストに記載されていた。

カナダ

ナハニ国立公園

Nahanni National Park

自然遺産

登録年 1978年 登録基準 (vii)(viii)

サウス・ナハニ川沿い一帯に広がる『ナハニ国立公園』は、高緯度の**ツンドラ地帯**でありながら穏やかな気候で、ハッカやシオンといった植物が自生し、グリズリーやカリブー、シロイワヤギなどの野生動物の姿も見られる。サウス・ナハニ川の流れは、上流はゆったりとしているが、ヴァージニア滝を過ぎると岩をも削るほどの急流となり、場所によって大きく表情を変える独特の景観をつくり出している。

エクアドル共和国

ガラパゴス諸島

Galápagos Islands

自然遺産

登録年 1978年／2001年範囲拡大 登録基準 (vii)(viii)(ix)(x) ▶

大小19の島々と多くの岩礁からなるガラパゴス諸島を世界に知らしめたのは、チャールズ・ダーウィンである。ダーウィンはゾウガメやウミイグアナ、**フィンチ**★などの生物を観察した。そして、同じ種でも島ごとに進化した結果、異なる特徴をもつ亜種になっていることに気づき進化論の着想を得た。島々では植物の3分の1、繁殖鳥類の半数、爬虫類のほぼすべてが固有種と考えられている。

フィンチ：スズメ目の小鳥で、イギリスの博物学者ダーウィンは島ごとのフィンチのクチバシの形などからも進化論の着想を得て、『種の起源』を発表した。ガラパゴス諸島近郊にのみ生息するものはダーウィン・フィンチと呼ばれる。

エクアドル共和国

キトの市街

City of Quito

文化遺産

登録年 1978年 登録基準 (ii)(iv)

▶ 南米大陸におけるキリスト教布教の中心地

エクアドルの首都キトは、アンデス山脈中腹の標高2,850mの高地に築かれた都市。この地には先住民の**キトス族**が築いた街があったが、15世紀にインカ帝国の支配下に入り、**インカ第2の都市**として発展した。16世紀のスペイン人の侵略で焼き払われて廃墟となった後、スペイン人によって教会や修道院が数多く建設され、キリスト教布教の拠点となった。

ヴォト国立大聖堂

キトの旧市街には現在、16～18世紀頃の教会堂や修道院が30以上も残っている。これらは植民地特有のスタイルで建てられ、ヨーロッパのバロック様式やスペイン伝統のムデハル様式などが融合した宗教建築となっている。

ポーランド共和国

クラクフの歴史地区

Historic Centre of Kraków

文化遺産

登録年 1978年／2010年範囲変更 登録基準 (iv)

▶ 古都の姿を留めるかつてのポーランドの首都

11世紀初頭から17世紀のワルシャワ遷都までの600年間、**ポーランド王国の首都**として栄えたクラクフは、13世紀半ばに来襲したモンゴル軍による破壊に遭うが再建されて自治都市として繁栄した。

ヴァヴェル城内のジグムント礼拝堂

旧市街には**ヴァヴェル城**やルネサンス様式の織物会館、レンガ造りの聖マリア教会、コペルニクスの学んだヤギェウォ大学といった建造物が集まる。ポーランド最古の美術館であるチャルトリスキ美術館は、レオナルド・ダ・ヴィンチの数少ない油彩画のひとつ「白貂（しろてん）を抱く貴婦人」を所蔵している。

ドイツ連邦共和国

アーヘンの大聖堂

Aachen Cathedral

文化遺産

登録年 1978年／2013年範囲変更　登録基準 (i)(ii)(iv)(vi)

▶ カール大帝ゆかりの聖堂

カール大帝（シャルルマーニュ）によってフランク王国カロリング朝の事実上の首都となったアーヘンにある大聖堂は、カール大帝の宮廷礼拝堂を起源とする805年完成の建造物で、16世紀までの間に神聖ローマ皇帝30人の戴冠式が行われた。聖堂は八角形の中心部を十六角形の周歩廊が取り囲む**集中式**の構造。13世紀には、礼拝堂の奥にある主祭壇に「カール大帝の聖遺物箱」が奉じられ、15世紀初めにゴシック様式の内陣が追加された。扉や柵は現存する唯一のカロリング朝時代の青銅製の作品である。

アーヘンの大聖堂

エチオピア連邦民主共和国

ラリベラの岩の聖堂群

Rock-Hewn Churches, Lalibela

文化遺産

登録年 1978年　登録基準 (i)(ii)(iii)

▶ 岩を掘りぬいて築いた聖堂群

12～13世紀に造営されたエチオピア正教会の岩窟聖堂群で、聖地エルサレムがイスラム教徒に支配されていた12世紀末、**ザグウェ朝**★7代国王ラリベラが、都を「第2のエルサレム」にしようと岩窟聖堂の造営を開始し、わずか20数年の間に11の岩窟聖堂が完成した。

11の聖堂群は、ヨルダン川を挟んだ北岸と南岸に5つずつ、そこから300mほど離れた場所にひとつある。聖堂には**アクスム王国**★の様式を用いたものや、古代ギリシャやローマ、ビザンツ様式の影響を感じさせるものも多い。岩窟聖堂は現在もエチオピア正教の聖堂として用いられている。

岩を掘り下げて築いたギョルギス聖堂

ザグウェ朝：12～13世紀にエチオピア中央部に栄えた王朝。ロハ（ラリベラの旧名）に都をおいた。　**アクスム王国**：紀元前後にエチオピア北部に興った王国。最盛期には紅海対岸のイエメンにまで版図を拡大した。

ポーランド共和国

文化遺産

ヴィエリチカとボフニャの王立岩塩坑

Wieliczka and Bochnia Royal Salt Mines

登録年 1978年／2008年範囲変更／2008、2013年範囲拡大　登録基準 (iv)

▶ 岩塩で築いた礼拝堂がある世界最古の岩塩坑

クラクフ郊外にある世界最古の岩塩採掘場。最盛期の14～16世紀には、岩塩坑によって得られる収入が、ポーランド王国の財源の3分の1を占めた。ヴィエリチカ岩塩坑の内部には大規模な坑道が広がり、鉱山労働者たちが硬い岩塩に彫った数多くの彫刻が残る。中でも「**聖キンガ***の礼拝堂」と呼ばれる地下101mの空間では、聖書の一場面やレオナルド・ダ・ヴィンチの『最後の晩餐』をモチーフとしたレリーフ、塩の結晶でつくられた見事なシャンデリアなどを見ることができる。

2013年、ボフニャの岩塩坑と**ヴィエリチカ製塩所**が構成資産に追加された。

聖キンガの礼拝堂

負の遺産　セネガル共和国

Aa 英語で読んでみよう P.125 －1

文化遺産

ゴレ島

Island of Gorée

登録年 1978年　登録基準 (vi)

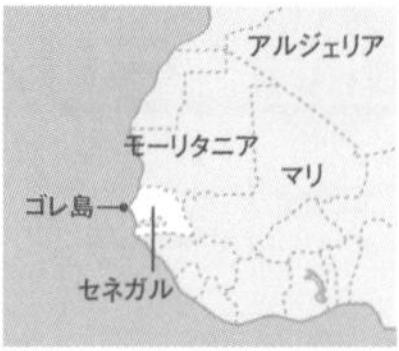

▶ 奴隷が取引された三角貿易の拠点

ゴレ島は、**黒人奴隷を主要商品のひとつとした三角貿易**の拠点であった。15世紀以降、ポルトガル、オランダ、イギリス、フランスの支配を次々と受け、奴隷貿易が廃止された1815年までに、多くの黒人たちを奴隷としてアメリカ大陸に送り込んだ。

島の東岸には、奴隷貿易のシンボルともいえる「**奴隷の家**」が残る。2階は奴隷商人たちの住居で、1階には船の出港を待つ奴隷たちが収容されていた。2.6m四方の正方形の部屋に、20人が鎖でつながれて詰め込まれていたといわれる。島の北端には、フランスによって完成されたエストレ要塞が歴史博物館として残っている。

奴隷の家

聖キンガ：1224～1292　岩塩窟を発見したとされるハンガリーの王女。ポーランド王子との結婚に乗り気でなかった彼女が結婚指輪を投げ捨てた場所から、最初の岩塩窟が見つかったとの伝説が残る。

アメリカ合衆国

メサ・ヴェルデ国立公園

Mesa Verde National Park

文化遺産

登録年 1978年 登録基準 (iii)

▶ アナサジ族が築いた鳥の巣のような住居群

コロラド州にある『メサ・ヴェルデ国立公園』は、12世紀末に築かれた住居群の遺跡である。メサ・ヴェルデとは、スペイン語で「緑の台地」を意味する。

断崖の壁面に築かれた鳥の巣のような複雑な構造をもつ住居群は、先住民の**アナサジ族**のものとされる。全部で3つの住居群のうち、最大の**クリフ・パレス**は崖下にあり、200〜250人が居住。全体は4層構造で、220の部屋とキヴァと呼ばれる23の円形地下礼拝所がある。貯水・灌漑システムも備わっており、アナサジ族の生活水準の高さがうかがえる。

クリフ・パレス

カナダ

ランス・オー・メドー国立歴史公園

L'Anse aux Meadows National Historic Site

文化遺産

登録年 1978年／2017年範囲変更 登録基準 (vi)

▶ ヨーロッパ人が北米にはじめて築いた入植地

ニューファンドランド島の北端に位置する『ランス・オー・メドー国立歴史公園』には、1000年頃に北欧から渡来してきた**ヴァイキング**★の集落跡があり、現在3つの建物が復元されている。12〜13世紀頃に編纂された北欧の伝承文学『サガ』のヴァイキングに関する記述にもとづき、ノルウェーの歴史学者が1960年代に調査を行い、8ヵ所の住居跡や製材所、鍛冶場の他、青銅器や鉄器なども発見された。いずれもノルウェーの様式と一致しており、この地に**北アメリカにおける最初のヨーロッパ人の入植地**が築かれたことが裏づけられた。

復元された住居

ヴァイキング：スカンディナヴィア半島およびバルト海沿岸を原住地としたノルマン人の別称。船でヨーロッパや北米まで進出した。

[CHAPTER]

04 文化的景観

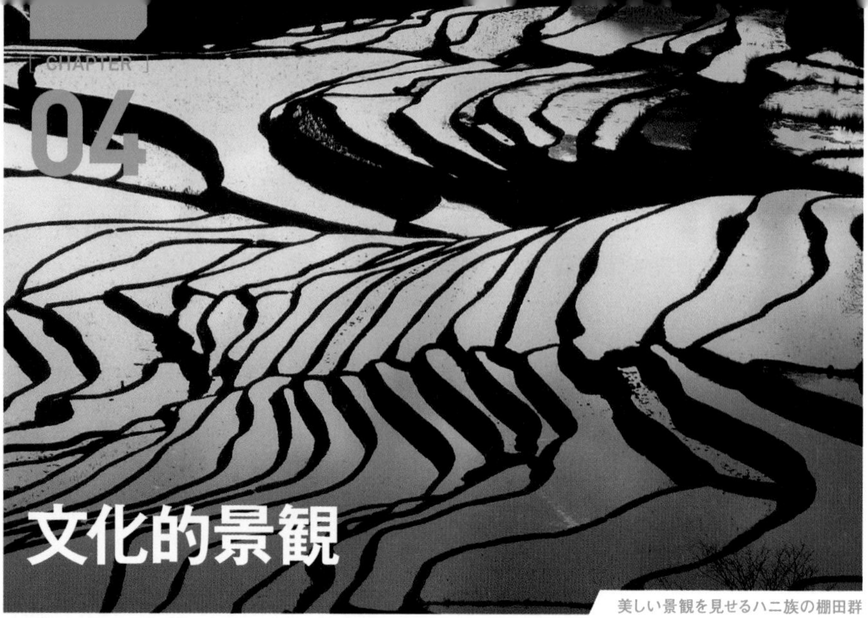

美しい景観を見せるハニ族の棚田群

文化的景観　中華人民共和国

紅河ハニ族棚田群の文化的景観

Cultural Landscape of Honghe Hani Rice Terraces

文化遺産

登録年　2013年　登録基準　(iii)(v)

▶ 独自の灌漑技術により保たれた棚田群

ハニ族の棚田群は、中国南部にそびえる哀牢山（あいろうざん）の中の、雲南省紅河ハニ族イ族自治州元陽県（げんようけん）を中心とする傾斜のきつい斜面に広がっている。世界遺産に登録された区域の総面積は166㎢に及び、3,000段を有するともされる棚田は、世界最大規模を誇る。農耕の難しい山岳地帯の狭い峡谷で生活している少数民族のハニ族は、自然環境を利用した**独自の灌漑システム**をもつ棚田群をつくり上げ、1,300年にわたって棚田と伝統的な生活を守り続けてきた。

この地域は亜熱帯性の気候で年間降雨量は1,400㎜に達する。山頂部の森林は天然の貯水池として、広大な棚田を潤す水の供給源となる。水は山頂から用水路を伝って上段から下段に流れ、くまなく棚田を潤している。ハニ族にとって森林は神が宿る神聖な地でもあることから、長年森林を保護してきた。彼らは、**「森林」と「水系」、「棚田」、「村」の四つの要素**からなる、生態学的に優れた循環型灌漑システムをつくりあげている。また、ハニ族は棚田の耕作にかかわる祭礼を年中執り行うなど、棚田と結びついた独自の文化を形成している。村の半分を占める伝統的な家屋は、石や日干しレンガにわらなどを葺いたきのこのような形状が特徴である。

文化的景観 キューバ共和国

文化遺産

キューバ南東部におけるコーヒー農園発祥地の景観

Archaeological Landscape of the First Coffee Plantations in the South-East of Cuba

登録年 2000年 登録基準 (iii)(iv)

▶ 19～20世紀の植民地のコーヒー栽培を伝える

スペインの植民地だった19世紀に造られた**キューバで初めてのコーヒー農園の跡**である。19~20世紀にかけての植民地におけるプランテーションによるコーヒー栽培の様子を伝えている。171の古いコーヒー農園だけでなく、コーヒーを輸出するための道路や橋梁などのインフラも構成資産に含まれる。開拓当時のコーヒー農園の農業形態を残す場所は世界でもここしかなく、貴重な遺構である。

文化的景観 メキシコ合衆国

文化遺産

リュウゼツランの景観とテキーラ村の古式産業施設群

Agave Landscape and Ancient Industrial Facilities of Tequila

登録年 2006年 登録基準 (ii)(iv)(v)(vi)

メキシコ中西部テキーラ地方には、200～900年頃にかけて発展した先住民のテウチトラン文化の遺跡と、18世紀に建設されたテキーラ酒蒸留施設が混在した景観が広がっている。この地域では2,000年以上前から先住民によって**リュウゼツラン**が栽培され、発酵飲料や織物の原料として用いられた。蒸留所とともに、グアチモントネス遺跡をはじめとする周辺の遺跡も世界遺産に登録された。

文化的景観 イラン・イスラム共和国

文化遺産

メイマンドの文化的景観

Cultural Landscape of Maymand

登録年 2015年 登録基準 (v)

イラン中央山脈南端の渓谷に位置するメイマンドの村では、半乾燥地帯における自給自足の生活が営まれている。村人は春と秋には一時的な住居を構え、山の上で放牧を行う。冬の間は渓谷へと降り、乾燥砂漠地域に独特な軟岩を掘った洞窟住居で暮らす。これらの住居を中心とした文化的景観は、厳しい乾燥地帯の環境を生きぬく人々の知恵と、**家畜ではなく人間が移動する独自の生活様式**を伝えている。

文化的景観 スイス連邦

ラヴォー地域のブドウ畑

Lavaux, Vineyard Terraces

文化遺産

登録年 2007年 登録基準 (iii)(iv)(v)

▶ ブドウ畑と人間の営みが織りなす景観

スイスのラヴォー地域では、カトリック修道会のベネディクト会と**シトー会**の指導のもと、11世紀からワイン生産が続いている。レマン湖に沿うように広がるブドウの段々畑は、ローザンヌからシヨン城までの約30㎞に及ぶ。急斜面のブドウ畑の間に民家やワイン工場が点在し、アルプス山脈をあおぐワイン産地の景観を生み出している。

文化的景観 チェコ共和国

クラドルビ・ナド・ラベムにある式典馬車用の馬の繁殖・訓練地の景観

Landscape for Breeding and Training of Ceremonial Carriage Horses at Kladruby nad Labem

文化遺産

登録年 2019年／2021年範囲変更 登録基準 (iv)(v)

エルベ川の氾濫原に位置する国営の種馬飼育牧場。1579年に皇帝ルドルフ2世により宮廷馬飼育場に指定されて以来、ハプスブルク家の儀礼用馬車馬**クラドルバー種**の繁殖と訓練に特化してきた。フランス式庭園設計に基づく中央路や水路、並木道、シンメトリー構造などの他、周囲の田園風景と調和するイギリス式景観理念も取り入れられ、ヨーロッパの高い造園技術と馬術文化の歴史を示している。

文化的景観 危機遺産 パレスチナ自治政府

オリーヴとワインの土地 - バッティールの丘:南エルサレムの文化的景観

Palestine: Land of Olives and Vines – Cultural Landscape of Southern Jerusalem, Battir

文化遺産

登録年 2014年／2014年危機遺産登録 登録基準 (iv)(v)

エルサレム南部に位置するバッティールの丘には、石造りの段々畑が続く渓谷の景観が広がる。野菜を作るための灌漑を備えた畑の他、乾燥した土地ではブドウやオリーヴの木が栽培されている。灌漑はこの地に独特な景観を生み出すとともに、水を利用した農業の持続可能性も示している。イスラエルがこの地に分離壁の建設を計画していることなどから、**緊急的登録推薦で登録**された。

文化的景観　キューバ共和国

ビニャーレス渓谷

Viñales Valley

文化遺産

登録年 1999年　登録基準 (iv)

▶ 先住民の暮らしを伝える葉タバコの産地

キューバ最西端のビニャーレス渓谷は、**モゴーテ**(断崖)と呼ばれる石灰岩の岩山や洞窟が点在する渓谷に、伝統的な農業風景が広がる地域。モゴーテは大きなものでは高さ300mにもなり、先住民の住居や奴隷の隠れ家として用いられた洞窟では、岩絵や鍾乳石を見ることができる。古くから葉タバコの産地としても知られる。また、先住民文化に起源をもつ独特の木造家屋も見られる。

文化的景観　キルギス共和国

聖山スレイマン・トー

Sulaiman-Too Sacred Mountain

文化遺産

登録年 2009年　登録基準 (iii)(vi)

キルギス初の世界遺産となったスレイマン・トーは、その特徴的な形から長年にわたりシルク・ロードの旅人にとって灯台の役割を果たした聖山である。5つの峰と山腹には古代の耕作跡地、数多くの岩面画が描かれた洞窟群、そして16世紀に再建されたふたつのモスクがある。古くからの**民間信仰とイスラム教信仰が混在**し、宗教的儀礼が行われた場所も多い。中央アジアに多いこの種の聖山の典型ともいえる。

文化的景観　ウクライナ

タウリカ半島の古代都市とチョーラ

Ancient City of Tauric Chersonese and its Chora

文化遺産

登録年 2013年　登録基準 (ii)(v)

クリミア(タウリカ)半島の南端のケルソネソスにある、紀元前5世紀にドーリア人によって築かれた古代ギリシャの都市遺跡。黒海の北岸に位置し、**チョーラ**といわれる等分に長方形に区画された農地も含まれる。クリミア半島はウクライナの政変に乗じて2014年にロシアが一方的に併合。2022年にはじまったロシアのウクライナの侵略でも、クリミア付近で戦闘が起きており、遺産の保全状況が懸念されている。

Aa 英語で読んでみよう P.125 −2

複合遺産

トンガリロ国立公園

Tongariro National Park

登録年　1990年／1993年範囲拡大　登録基準　(vi)(vii)(viii)

▶ 世界で最初に文化的景観が認められた火山帯

1894年に**ニュージーランド初の国立公園**に指定されたトンガリロ国立公園には、トンガリロ山、ナウルホエ山、ルアペフ山の3つの活火山★が点在している。エメラルド色のカルデラ湖や溶岩に覆われた荒野など、火山地帯特有の景観を見せるこの一帯は、ニュージーランドの先住民**マオリ**★の聖地として、長年にわたって守られてきた。

キウイをはじめ60種以上の鳥類の楽園としても知られ、当初は自然遺産として登録されたが、マオリとの文化的なつながりが認められ、1993年に複合遺産となった。

成層火山のナウルホエ山

文化遺産

杭州にある西湖の文化的景観

West Lake Cultural Landscape of Hangzhou

登録年　2011年　登録基準　(ii)(iii)(vi)

▶ 日本や韓国にも影響を与えた庭園設計

杭州市の中心部に位置する西湖の周辺一帯は、9世紀の唐代以来、風光明媚な景観が**白居易**(はくきょい)など多くの文人墨客を引きつけてきた。13世紀に南宋が首都を置くと、杭州は中国の伝統的な美意識を代表する景観となった。西湖の周辺には中国の歴史ある寺廟(じびょう)や楼閣、庭園などが数多く存在し、湖に浮かぶ3つの島や2ヵ所の堤防などが、絵画的な眺望を演出している。また、西湖の景観は**日本や韓国の庭園設計にも影響**を与えてきた。山地や湖沼といった自然環境に加え、1,000年以上にもおよぶ湖周辺の人々の営みが、美しい景観をつくり出している。

西湖十景のひとつ曲院風荷

3つの活火山：それぞれ標高は、トンガリロ山が1,968m、ナウルホエ山が2,291m、ルアペフ山が2,797mである。　**マオリ**：ニュージーランドのポリネシア系先住民。おもに北島に居住している。

文化的景観　ブラジル連邦共和国

リオ・デ・ジャネイロ：山と海に囲まれたカリオカの景観

Rio de Janeiro: Carioca Landscapes between the Mountain and the Sea

文化遺産

登録年　2012年　登録基準　(v)(vi)

▶ 山から海岸まで続く文化的な都市景観

ブラジル南東部にあるリオ・デ・ジャネイロは、急峻な山とコパカバーナに代表される海岸に挟まれた独特な都市景観が特徴。音楽や芸術に影響を与えた点も評価された。18世紀に金の積出港として栄え、ポルトガル・ブラジル連合王国以降、1960年に『ブラジリア』に首都が移るまで歴代の首都であった。**コルコヴァードの丘**には1931年のブラジル独立100周年を記念してキリスト像が建設された。

文化的景観　英国（グレートブリテン及び北アイルランド連合王国）

英国の湖水地方

The English Lake District

文化遺産

登録年　2017年　登録基準　(ii)(v)(vi)

イングランドの北西部に位置するこの地域は、多くの山や氷河期に形成された渓谷からなる。そこに、石垣の壁で土地を囲むという英国の田園地域に特徴的な風景が広がっており、**自然と人間の営みが調和**した美しく独特な景観を作り上げてきた。18世紀以降は、ピクチャレスク★やロマン主義の芸術運動の中で高く評価されるようになり、多くの絵画や詩歌、文学作品に取り上げられた。

文化的景観　ドイツ連邦共和国及びポーランド共和国

ムスカウ公園／ムジャクフ公園

Muskauer Park / Park Mużakowski

文化遺産

登録年　2004年　登録基準　(i)(iv)

ドイツとポーランドの国境を流れるナイセ川の両岸に広がるムスカウ公園（ドイツ）とムジャクフ公園（ポーランド）は、19世紀にムスカウ侯爵によってつくられた。もともとはひとつの公園で、**第二次世界大戦後に国境で分断**された。この地に自生する植物と自然の地形を生かしたイギリス式庭園は、周辺の農村に溶け込んだ景観を生み出し、のちの公園設計の模範となった。

ピクチャレスク：主として風景・景観に「絵画的美的価値」を持ち込んだ概念で、18世紀の英国で流行した。

[CHAPTER]
05

シリアル・ノミネーション／トランスバウンダリー

「バーデン・バイ・ウィーン」に残るベートーヴェンの家

イタリア共和国／英国／オーストリア共和国／チェコ共和国／ドイツ連邦共和国／フランス共和国／ベルギー王国

ヨーロッパの大温泉都市群

The Great Spa Towns of Europe

文化遺産

登録年 2021年 登録基準 (ii)(iii)

▶ 国際的なヨーロッパの温泉文化を伝える

ヨーロッパの7ヵ国にまたがる11の温泉都市で構成されるトランス・バウンダリー・サイトである。作曲家ベートーヴェンが交響曲第9番を作曲した家が残るオーストリアの「**バーデン・バイ・ウィーン**」やヨハネス・ブラームスに愛されたドイツの「バーデン・バーデン」、ジュゼッペ・ヴェルディやジャコモ・プッチーニが訪れたイタリアの「モンテカティーニ・テルメ」、文豪ゲーテが湯治をしたチェコの「カルロヴィ・ヴァリ（ドイツ名：カールスバート）」、作家のフランツ・カフカが訪れた「マリアーンスケー・ラーズニェ（ドイツ名：マリエンバート）」が含まれる。フランスの「**ヴィシー**」は第二次世界大戦中に首都が置かれた街として有名。ベルギーの「スパ」は英語の「spa（温泉）」の語源ともなった。古代ローマの温泉の遺構が残る英国の「バース」は、1987年に『バースの市街』として単独でも世界遺産に登録されている。

これらの都市は温泉を中心として発展した。美しくデザインされた温泉浴場、**クアハウス**やカーザルと呼ばれる療養施設、飲泉所、ホテルやヴィラ、庭園や会議室、カジノ、劇場などが見られる。18世紀初頭から1930年代にかけて発展し、国際的なヨーロッパの温泉文化を証明している。

ウクライナ／エストニア共和国／スウェーデン王国／ノルウェー王国／フィンランド共和国／ベラルーシ共和国／モルドバ共和国／ラトビア共和国／リトアニア共和国／ロシア連邦

文化遺産

シュトルーヴェの測地弧

Struve Geodetic Arc

登録年 2005年 登録基準 (ii)(iv)(vi)

▶ 地球科学の発展に寄与した三角測量の軌跡

天文学者フリードリヒ・フォン・シュトルーヴェは、1816年から1855年にかけて、北はノルウェーのハンメルフェスト岬から南は黒海まで約2,800kmの間に265ヵ所の測地点を設置し、**三角測量***を行った。この経線の測量により、地球の大きさや形状が明らかとなるきっかけとなり、後の地球科学の発展に大きな影響を与えた。測地点のうち、34ヵ所が世界遺産に登録されている。

スペイン及びスロベニア共和国

文化遺産

アルマデンとイドリア:水銀鉱山の遺産

Heritage of Mercury. Almadén and Idrija

登録年 2012年 登録基準 (ii)(iv)

スペインのアルマデンとスロベニアのイドリアの水銀鉱山は、古くから稼働する**世界最大の水銀鉱山**。新大陸の鉱山で金や銀を精錬する際に水銀を使ったアマルガム法が用いられたため、水銀の需要が急速に伸び鉱山も発展した。アルマデンのレタマル城や宗教建築、イドリアにある鉱山労働者の住居や鉱山劇場など、両方の鉱山街も登録され、新旧大陸間交易で栄えた当時の鉱山街の文化を伝えている。

カザフスタン共和国／キルギス共和国／中華人民共和国

文化遺産

シルク・ロード:長安から天山回廊の交易網

Silk Roads: the Routes Network of Chang'an-Tianshan Corridor

登録年 2014年 登録基準 (ii)(iii)(v)(vi)

ユーラシア大陸の東西をつないできた交易路シルク・ロードの一部にあたる約5,000kmが登録された。漢と唐の時代に首都だった長安と洛陽から**天山回廊**を抜けてカザフスタンとキルギスにいたるルートが含まれる。キャラバンが都市から都市へ交易品を運び、別のキャラバンがそれを違う都市へ運ぶ中継交易により、物品はもとより、芸術や技術、宗教や思想などが混ざり合いながら東西に広がり新たな文化を生み出していった。

三角測量：基準となる線の両端にある点から、測定したい点への角度を測定することでその点の位置を確定する、三角法や幾何学を用いた測量法。

中華人民共和国

福建土楼群

Fujian *Tulou*

文化遺産

登録年 2008年 登録基準 (iii)(iv)(v)

▶ 最大で800人もの人々が生活する伝統的な集合住宅

福建省南西部の約120kmの範囲に点在する46棟の**土楼**（どろう）が世界遺産に登録されている。これは12〜20世紀につくられた漢民族の**客家**（はっか）の伝統的な集合住宅で、外側は土壁、内部は木造になっている。直径30〜80mもある競技場のような円形や方形をしており、中心の広場を囲むように人々が生活している。同姓の一族が集団で暮らし、外敵から生活を守る砦としての機能も備えている。

インド

インドの山岳鉄道群

Mountain Railways of India

文化遺産

登録年 1999年／2005、2008年範囲拡大 登録基準 (ii)(iv)

現在も運行する**ダージリン・ヒマラヤ鉄道**、ニルギリ鉄道、カールカ＝シムラー鉄道の3路線からなる。紅茶葉の輸送や高原保養地に向かうイギリス人観光客の便宜のため、19〜20世紀初頭に当時の最新技術を駆使してイギリスが建設した。1881年開通のダージリン・ヒマラヤ鉄道は、アジア初の山岳鉄道である。インド独立後は、山岳鉄道の技術がインドの鉄道事業を大きく発展させた。

ウクライナ及びポーランド共和国

カルパティア地方のポーランドとウクライナ領にある木造教会群

Wooden *Tserkvas* of the Carpathian Region in Poland and Ukraine

文化遺産

登録年 2013年 登録基準 (iii)(iv)

ポーランドとウクライナにまたがるカルパティア地方には、**ツェールクヴァ**と呼ばれる特徴的な木造教会が多く存在する。16〜19世紀に東方正教会とギリシャ・カトリックの共同体により、地域の伝統的な様式を活かしながら建造された。3室から構成され、四角形あるいは八角形のドーム型屋根を特徴とする。地域により様式にバリエーションが見られ、代表的な16資産が登録されている。

オランダ王国／デンマーク王国／ドイツ連邦共和国

ワッデン海

Wadden Sea

自然遺産

登録年 2009年／2011年範囲変更／2014年範囲拡大 登録基準 (viii)(ix)(x)

▶ 潮の干満が生み出す大規模な生態系メカニズム

北海沿岸の湿地帯に、潮の干満によって生み出された砂州、干潟、塩田、三角江、潮の水路、海洋性植物の平原、貝類の生育地、砂丘などの多様な環境が見られる。海域には海洋性哺乳類をはじめ数多くの動植物が生息しており、干潟にはヨーロッパ北西部の渡り鳥の10％に相当する年間1,200万羽以上もの鳥たちが飛来する。1987年に**ラムサール条約***に登録され、自然環境と生態系が守られている。

南アフリカ共和国及びレソト王国

マロティ-ドラーケンスベルグ公園

Maloti-Drakensberg Park

複合遺産

登録年 2000年／2013年範囲拡大 登録基準 (i)(iii)(vii)(x)

南アフリカ東部にある3,000m級の山脈を擁する山岳地帯で、ケープハゲワシやコイ科の固有種など豊かな生態系が見られる。一帯の洞窟には**サン族**が4,000年にわたり描いた壁画が数多く残されており、複合遺産として登録されている。南アフリカのウクハランバ公園（ドラーケンスベルグ公園）が2013年に範囲拡大し、レソトのセサバテーベ国立公園を含めた『マロティ-ドラーケンスベルグ公園』となった。

ウクライナ／スロバキア共和国／ドイツ連邦共和国他9ヵ国

カルパティア山脈と他のヨーロッパ地域のブナ原生林

Ancient and Primeval Beech Forests of the Carpathians and Other Regions of Europe

自然遺産

登録年 2007年／2011年、2017年、2021年範囲拡大 登録基準 (ix)

ヨーロッパ中部から東部に広がる**世界最大規模のブナの原生地帯**。ヨーロッパブナは、6,500年ほど前に最終氷河期のレフュジア（種の避難所）であったバルカン地方から再び広がり、かつてはヨーロッパの40％近くを覆っていたが、現在では原始のままの林は稀である。ウクライナとスロバキアの地域に加え、ドイツの古代ブナ林も2011年と2017年に拡大登録され、総登録面積は約920㎢になった。

ラムサール条約：1971年にイランのラムサールで採択された、湿地の保全に関する国際条約。

[CHAPTER]
06
文化の多様性

バリ島で最大規模の王立寺院として知られるタマン・アユン

文化的景観　インドネシア共和国

文化遺産

バリの文化的景観：バリ・ヒンドゥー哲学 トリ・ヒタ・カラナを表す水利システム「スバック」

Cultural Landscape of Bali Province: the *Subak* System as a Manifestation of the *Tri Hita Karana* Philosophy

登録年 2012年　**登録基準** (iii)(v)(vi)

▶ 人間と自然環境の調和が見られる灌漑システム

バリの土着の信仰やヒンドゥー教、インド仏教などが習合した、バリ・ヒンドゥーの哲学である**トリ・ヒタ・カラナ**に基づく5つの棚田の景観や灌漑施設、水利システム「**スバック**」を司る寺院などが登録されている。

トリ・ヒタ・カラナは、**神と人、自然の調和をもたらす宇宙観を反映した概念**で、それが人々の生活や労働・環境設計などに影響している。「スバック」とは、寺院に集められた水を分け合う水利システムで、9世紀頃から継承されてきた。バリ・ヒンドゥーでは水が神格化されており、スバックの運営や行事は神事と結びついている。

火山による起伏の激しい地形と、熱帯雨林気候がもたらした肥沃な土壌は、バリ島の住民の主食である米の栽培にとって理想的な自然環境であった。ここにスバックというシステムが加わることによって、平地と山間部の両方へ水を引くことが可能となり、豊かな米の収穫をもたらした。11世紀以来、寺院はバリ島のすべての流域の棚田の水路を管理してきた。

現在は、世界遺産登録をきっかけとする観光客の増加などの社会変化のために、棚田の景観保護が課題となっている。

マリ共和国

バンディアガラの断崖

Cliff of Bandiagara (Land of the Dogons)

複合遺産

登録年 1989年　登録基準 (v)(vii)

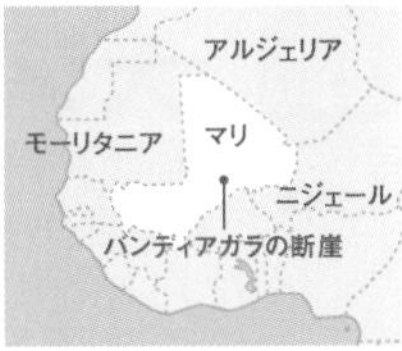

▶ 独自の宗教文化をもつドゴン族が暮らす地域

ニジェール川流域に位置するバンディアガラには、標高差が500mもある断崖が約200kmにもわたってつづく。15世紀初頭頃から西アフリカの奴隷狩りやイスラム化から逃れた**ドゴン族**がこの地に移り住み、独特な集落を形成していったとされる。

集落は、頭を北に向けて横たわる人間に見立てて家屋が配置されている。この配置は、「**アンマ**」という神を信仰するドゴン族の神話に由来し、北端には「トグナ」と呼ばれる集会所がある。また断崖には、円錐形の屋根をもつ穀物倉庫が立ち並ぶ、不思議な景観が広がっている。

円錐形の屋根をもつ穀物倉庫

イスラエル国

マサダ国立公園

Masada

文化遺産

登録年 2001年　登録基準 (iii)(iv)(vi)

▶ ユダヤ人の結束のシンボル

死海西岸に位置するマサダには、紀元前1世紀にユダヤ王国の**ヘロデ王**が築いた冬の離宮兼要塞の跡が残る。死海を眼下に収める天然の地形を利用した要塞は、難攻不落として知られた。1世紀、ローマ軍に首都エルサレムを奪われた約1,000人のユダヤ人が、この地で籠城して2年以上も抵抗したが陥落し、集団自決を遂げた。この悲劇のために、マサダは**ユダヤ人の結束のシンボル**となっている。

「マサダ」はヘブライ語で「要塞」の意

ジンバブエ共和国

大ジンバブエ遺跡

Great Zimbabwe National Monument

文化遺産

登録年 1986年 登録基準 (i)(iii)(vi)

▶ ショナ族が残した石造りの遺構

ジンバブエ高原の南端にある、**ショナ族**が11〜15世紀に築いた都市遺跡で、「アクロポリス」と「神殿」、「谷の遺跡」からなる。最盛期の15世紀には約2万人が暮らしたが、1450年頃に放棄された。丘の上の「アクロポリス」は王の都市であったと考えられており、石壁で楕円形に囲まれた「神殿」は、円錐形の塔を挟んで祭祀の空間と生活の空間に分けられていた。「谷の遺跡」には、高度な技術で築かれた石の住居が並んでいる。

文化的景観 アメリカ合衆国

Aa 英語で読んでみよう P.125 - 3

パパハナウモクアケア

Papahānaumokuākea

複合遺産

登録年 2010年 登録基準 (iii)(vi)(viii)(ix)(x)

ハワイ諸島の北西250〜1,931kmに広がる広大な線上の範囲に連なる北西ハワイ諸島の島々と環礁の集合体である『パパハナウモクアケア』は、世界最大級の海洋保護区で多様な生態系が見られる。**ニホア**とマクマナマナという2つの島には、考古学的に重要な西欧化以前の定住跡が残る。ハワイの先住民は、代々受け継いできたこの一帯を、生命発祥の地かつ死後には魂が帰る故郷と考えていた。

ケニア共和国

ティムリカ・オヒンガの考古遺跡

Thimlich Ohinga Archaeological Site

文化遺産

登録年 2018年 登録基準 (iii)(iv)(v)

ケニア西部のヴィクトリア湖に近い都市ミゴリの北西にあるティムリカ・オヒンガは、16世紀に築かれたと考えられている石垣に囲まれた集落跡である。集落を意味する「オヒンガ」は、**集落の住民や家畜を守る砦の役割**を果たすと同時に、種族間の社会的なつながりや関係性を明らかにするものであった。ティムリカ・オヒンガはその中でも最も大きく保存状態のよいものである。

危機遺産 ミクロネシア連邦

ナン・マトール：ミクロネシア東部の儀礼的中心地

Nan Madol: Ceremonial Centre of Eastern Micronesia

文化遺産

登録年 2016年／2016年危機遺産登録 登録基準 (i)(iii)(iv)(vi)

▶ 海に浮かぶ儀礼の中心地

ナン・マトール遺跡は、ミクロネシア連邦のポンペイ島南東岸に浮かぶ100以上の人工島からなる。**シャウテレウル朝**の儀礼の中心地として、1200～1500年頃に石造りの宮殿や寺院、墓地、住居が築かれた。構築技法やスケールの大きさからは高度な社会体制や宗教性が伝わるが、まだまだ謎も多い。

しかし、マングローブの繁茂や構築物の損傷度合いの大きさなどから、世界遺産登録と同時に危機遺産リストにも記載された。

危機遺産 ウガンダ共和国

カスビのブガンダ王国の王墓

Tombs of Buganda Kings at Kasubi

文化遺産

登録年 2001年／2010年危機遺産登録 登録基準 (i)(iii)(iv)(vi)

ウガンダ中南部カンパラ市内のカスビの丘には、ブガンダ王国の歴代の王の墓所が残る。中央の丘の上には1882年に王宮として建てられ、1884年の王の死後からは王墓として使用された王宮跡がある。４名の王が葬られたドーム型の**ムジブ・アザーラ・ムパンガ**は、木材やワラ、アシ、土壁による自然素材建築の傑作である。2010年３月に原因不明の火事でその大部分が焼失し、危機遺産リストに記載された。

文化的景観 バヌアツ共和国

首長ロイ・マタの旧所領

Chief Roi Mata's Domain

文化遺産

登録年 2008年 登録基準 (iii)(v)(vi)

南太平洋の３つの島々にまたがる**首長ロイ・マタ**ゆかりの史跡群とその伝説に結びついた景観。ロイ・マタは17世紀初頭の伝説的な首長で、諸部族を平和的に統一し社会変革を実行したとされ、今もバヌアツの人々の精神的な支柱である。ロイ・マタの住居跡、臨終の地と伝わるフェルス洞窟、埋葬されたアルトク島などの遺跡が世界遺産に登録されている。

シングヴェトリル国立公園

Þingvellir National Park

文化遺産

登録年 2004年 登録基準 (iii)(vi)

▶住民の野外集会が近代までつづいた国民統合の象徴

アイスランドの首都レイキャヴィークから、北東約50kmに位置する『シングヴェトリル国立公園』は、**アルシング**（全島集会）の遺構と豊かな自然環境がともに見られる文化的景観で、アイスランドの国家的な聖地である。

930年、アイスランド各地の入植者の代表はこの地に集まり、初めてのアルシングを開催して共通の法律や規則を定めた。そのためアルシングは「世界最古の議会」とされる民主的議会である。各地の首長と農民の代表がつくった民主的な法律によって1年のうち2週間ほど訴訟が行われた。おもに司法と立法をつかさどったこの議会は1798年までつづき、北欧各地から入植してきた住民たちは団結と協調の精神を育んでいった。アイスランドの統合を象徴するこの地では、1944年にアイスランド共和国樹立の宣言も行われている。

法議長が演説を行った「法律の岩」、芝と石でつくられた仕切り席、18～19世紀の農耕遺跡、伝統的集落の跡など、数々の遺構がかつてのまま残されている。また、地下には10世紀頃の遺跡も埋もれている。

この一帯には活発な火山帯が広がり、世界で2ヵ所にしか存在しない**ギャオ**と呼ばれる大陸プレートの裂け目が見られる場所としても知られる。この公園からグトルフォスの滝までのエリアには、水蒸気や熱湯を噴出する**ゲイシール**が多く、地球生成の歴史を見ることもできる。ゲイシールは、アイスランド語で間欠泉のことを指し、英語で間欠泉を意味する「ガイザー」の語源ともなった。プレート移動によって広がったギャオからマグマが噴出し、火山が形成されたことで、無数のゲイシールが生まれたと考えられている。

シングヴェトリル国立公園のギャオ

中華人民共和国

文化遺産

麗江の旧市街

Old Town of Lijiang

登録年 1997年／2012年範囲変更　登録基準 (ii)(iv)(v)

▶ 納西族の営みを今に伝える古都

中国南西部、雲南省にある麗江は、12世紀の宋代末に中国の少数民族である**納西**(ナシ)**族**によって築かれた都市。交通の要衝に位置し、茶葉や馬など交易品の集積地として発展したこの都市には、中国国内や近隣諸国から多くの漢族やチベット族が訪れた。納西族は、そうした他民族との交流のなかでさまざまな文化を吸収し、旧市街に残る壁画や**東巴**(トンパ)**文字**★に代表される独自の文化を育んでいった。

民族衣装の納西族の女性

麗江の特徴である縦横に張り巡らされた水路は、街全体に生活用水を行きわたらせ、街を浄化するシステムとして機能していた。街路沿いには2階建ての木造建築が隙間なく立ち並び、その瓦屋根が続く景観も特徴である。

ハンガリー

文化遺産

ホローケーの伝統的集落

Old Village of Hollókő and its Surroundings

登録年 1987年　登録基準 (v)

▶ 現在も村民が暮らす伝統的な木造家屋

ハンガリー北西部の山岳地帯にあるホローケーには、19世紀以前の様子を伝える伝統的な木造家屋が立ち並ぶ。この地域には、泥とわらを混ぜた壁に石灰を塗って仕上げられた「**パローツ様式**」と呼ばれる独特の木造家屋が軒を連ねる。パローツとは、この地域に古くから住んだ住民の名称で、中世にカスピ海沿岸から移住してきた**トルコ系クマン人**と関係があるともいわれる。

集落に見られるパローツ様式の住居

パローツ様式の住居は木造のため火に弱く、集落は火災により何度か焼失した。そのたびに伝統的な景観のまま再建され、現在は120余りの家と教会などを見ることができる。

東巴文字：現在も儀礼などで使われる象形文字の一種。

チリ共和国

ラパ・ニュイ国立公園

Rapa Nui National Park

文化遺産

登録年 1995年 登録基準 (i)(iii)(v)

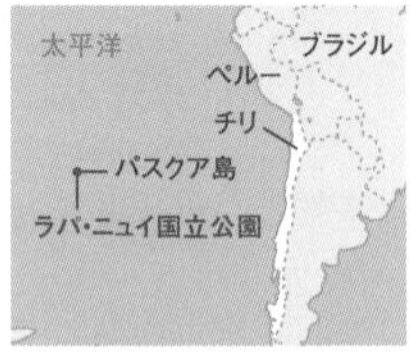

▶ 約1,000体ものモアイが残る島

チリの西約3,700km沖に位置する『ラパ・ニュイ国立公園』には、凝灰岩(ぎょうかい)を削ってつくられたモアイ像約900体が残る。ラパ・ニュイとは、先住民の言葉で「輝ける偉大な島」の意をもつ。

この地で初めてモアイをつくったのはポリネシアに起源をもつ**長耳族**で、10世紀頃★から制作がはじまったとされる。11世紀頃までのモアイはおおむね5～7mの高さだったが、南米から短耳族が移住してくると、10mを超えるモアイがつくられるようになった。16世紀頃には、人口増などによる食糧難から部族間で争いが起こり、互いに相手のモアイを倒す「**フリ・モアイ**」が行われた。

モアイ像

文化的景観 モンゴル国

オルホン渓谷の文化的景観

Orkhon Valley Cultural Landscape

文化遺産

登録年 2004年 登録基準 (ii)(iii)(iv)

▶ 遊牧民の暮らしを今に伝える景観

モンゴル高原を流れるオルホン川流域には、約1,200㎢にわたりトルコ系民族とされる突厥(とっけつ)が6～7世紀に築いた遺跡やウイグル王国の都カラ・バルガスン遺跡、チンギス・ハンがうちたてたモンゴル帝国の首都**カラコルム**など多数の考古遺跡が点在している。これらは2,000年にわたり自然と調和して培われてきた遊牧民の伝統や社会を今に伝えている。また、8世紀建立のホショー・ツァイダム遺跡からは、**オルホン碑文**★が発見された。東アジアでは漢字を除いて日本の「かな」と並ぶ古い歴史をもち、文字史料として貴重である。

オルホン渓谷の景観

オルホン碑文：古代テュルク語で歴史上の出来事や宗教的・呪術的な記述が彫られた碑文。 **10世紀頃**：世界遺産の推薦書には4世紀頃とあるが、最近の研究では10世紀前後に居住を始めたとする説が有力。

Aa 英語で読んでみよう 世界の世界遺産編

日本語訳は、世界遺産検定公式ホームページ(www.sekaken.jp)内、
公式教材「2級テキスト」のページに掲載してあります。

❶ Island of Gorée

日本語での説明 ⇄ P.106

The Island of Gorée lies off the coast of Senegal, opposite Dakar. From the 15th to the 19th century, it was **the largest slave-trading center on the African coast**. Until the abolition of the trade in the French colonies, the Island, which had been ruled in succession by European countries, was a warehouse consisting of over a dozen slave houses. The Island of Gorée is now a pilgrimage destination for the African diaspora★, a foyer for contact between the West and Africa, and a space for exchange and dialogue between cultures through the confrontation of ideals of reconciliation and forgiveness.

❷ Tongariro National Park

日本語での説明 ⇄ P.112

The mountains at the heart of Tongariro National Park have cultural and religious significance for the Maori people and symbolize the spiritual links between this community and its environment. In 1993 Tongariro became the first property to be inscribed on the World Heritage List under the revised **criteria describing cultural landscapes**. The park has active and extinct volcanoes★, a diverse range of ecosystems, and an especially rich variety of birds like not only the national bird Kiwi★ but also New Zealand's unique parrot Kaka★. Some spectacular volcanic landscapes include three 2,000m class peaks which are Tongariro (1,986m), Ngauruhoe (2,291m), and Ruapehu (2,797m).

❸ Papahānaumokuākea

日本語での説明 ⇄ P.120

Papahānaumokuākea is a vast and isolated linear cluster of small, low lying islands and atolls. They are located roughly 250km to the northwest of the main Hawaiian Archipelago, and extend over some 1,931km. The area has deep cosmological and traditional significance for living Native Hawaiian culture, as an ancestral environment and as an embodiment★ of the Hawaiian concept of kinship★ between people and the natural world. The place is believed to be **where life originates and to where the spirits return after death**. On two of the islands, Nihoa and Makumanamana, there are archaeological remains relating to pre-European settlement and use.

---

diaspora：ディアスポラ（民族が居住地を離れて離散すること）　**active and extinct volcanoes**：活火山と死火山
Kiwi：キウイ。ニュージーランドの国鳥　**Kaka**：ニュージーランドに固有のオウム　**embodiment**：具現化したもの
kinship：親族としてのつながり

歴史地区と旧市街

シエナのカンポ広場の中心に立つマンジャの塔

イタリア共和国

シエナの歴史地区

Historic Centre of Siena

文化遺産

登録年 1995年 登録基準 (i)(ii)(iv)

▶ フィレンツェと競い合った自治都市

トスカーナの丘陵地帯に位置しているシエナでは、12世紀に市民による政治組織「**コムーネ**」が成立し、商業、金融業の中心となる自治都市として発展。以後、銀行家など大商人からなるコムーネが、数百年にわたり市政をつかさどった。

シエナの北約60kmには、同じように金融業を中心に栄えた都市国家フィレンツェがある。フィレンツェ公国とシエナ共和国は商業利権や領地などをめぐってたびたび衝突したが、14世紀半ばに起こった**ペストの大流行**で様相が変わる。シエナはペストによる打撃で、最盛期に約10万人だった人口が3万5,000人に激減。街は急速に衰退し、16世紀中頃フィレンツェ公国に併合された。

歴史地区には、中世の歴史的建造物がほぼ当時のまま残っている。シエナの代表的な建造物といえるドゥオーモ(大聖堂)は、9世紀に創建された古い聖堂の遺構の上に立っている。着工はシエナが栄えた12世紀半ばで、改築を重ねて大聖堂が完成したのは、200年以上もたった1382年のことである。「世界で最も美しい広場」と賞賛された扇形の**カンポ広場**には、14世紀に完成した高さ102mにおよぶ「マンジャの塔」をもつゴシック様式の美しい市庁舎などが立ち並ぶ。

Aa 英語で読んでみよう P.165 - 1

文化遺産

プラハの歴史地区

Historic Centre of Prague

登録年 1992年／2012年範囲変更 **登録基準** (ii)(iv)(vi)

▶ 宗教・芸術・学問の中心地であった美しい街並

チェコの首都プラハは、水量豊かな**ヴルタヴァ川**(モルダウ川)と、千を超える歴史的建造物が調和した美しさを誇る。その歴史は、6世紀後半にスラヴ民族がヴルタヴァ川の河岸に築いた集落や砦に始まる。9世紀頃には川の左岸にプラハ城の前身となる城塞が、右岸にヴィシェフラト城が建設され、次第に人口が増加。市域も拡大されて、973年にはプラハに司教座も置かれた。

14世紀半ば、**ボヘミア王カレル1世**が神聖ローマ皇帝カール4世として即位すると、プラハは神聖ローマ帝国の首都になった。カール4世はイタリアやドイツの芸術家をプラハに招聘(しょうへい)し、帝都にふさわしい都市改造に着手。プラハ市域の拡大やプラハ城の改装、東岸と西岸を結ぶカレル橋の建設などが行われた。旧市街の隣には新市街が建設され、中央ヨーロッパ随一の都市が築き上げられていった。

しかし、1419年に宗教対立からフス戦争が勃発すると、長らく混乱状態に陥り、その後も動乱や紛争が相次いだ。16世紀にはハプスブルク家を国王に迎えてカトリック化が進み、17世紀にプロテスタントの反乱に端を発する三十年戦争が起きた。このようにプラハの街は長く混乱にさらされたが、歴史的な街並が保たれた。

現在プラハに残る3,000以上の歴史的な建造物のうち、1,500余りの建物が、歴史的・文化的価値があると認められている。プラハ城やカレル橋の他、1365年に完成したティーンの聖母聖堂、1490年頃に完成した天文時計塔をもつ旧市庁舎、1881年に建てられたネオ・ルネサンス様式の国民劇場、カール4世の命で再建工事が始まり1929年に完成した**聖ヴィート大聖堂**など、さまざまな建造物が華やかな時代の面影を今に伝えている。

プラハ城と街並

ハンガリー

ブダペスト：ドナウ河岸とブダ城地区、アンドラーシ通り

Budapest, including the Banks of the Danube, the Buda Castle Quarter and Andrássy Avenue

文化遺産

登録年 1987年／2002年範囲拡大　登録基準 (ii)(iv)

▶ マジャル人の誇りを伝える古都

ブダペストは、10世紀末に**マジャル人**が建国したハンガリー王国の首都としての歴史を伝えるブダ地区と、近代ハンガリーを象徴するペスト地区からなる。もともとブダとオーブダ、ペストの３つの街であったが、1849年にドナウ川に「くさり橋」が架けられたことをきっかけにして合併した。

15世紀にマーチャーシュ１世によってルネサンス様式に改築された**ブダ城**は、オスマン帝国に制圧されるが、17世紀後半にハプスブルク家が奪還しバロック様式で再建。18世紀にはマリア・テレジアが大規模な増改築を行った。

くさり橋とブダ城

危機遺産　ウクライナ

オデーサの歴史地区

The Historic Centre of Odesa

文化遺産

登録年 2023年／2023年危機遺産登録　登録基準 (ii)(iv)

▶ ロシア侵攻によって危機に立つ「黒海の真珠」

オデーサはウクライナ南部の黒海に面した港湾都市。1794年にエカチェリーナ２世によって設立され、19世紀にかけて発展を遂げた。**オデーサ・オペラ・バレエ劇場**はウクライナで最も古い歌劇場。1810年開業で、現在の建物は1874年にウィーンの建築家によって建てられた。**ポチョムキンの階段**★は市街地と港を結ぶため1837～1841年に築かれた長さ147mの階段。

ロシア連邦によるウクライナ侵攻を受け、2023年1月に行われた世界遺産委員会の特別会合で、世界遺産に登録されると同時に危機遺産リストにも記載された。

ネオバロック様式のオペラ・バレエ劇場

ポチョムキンの階段：1925年に公開されたセルゲイ・エイゼンシュテイン監督のサイレント映画『戦艦ポチョムキン』の舞台としても知られる。

ポルトガル共和国

ポルトの歴史地区、ルイス1世橋とセラ・ド・ピラール修道院

Historic Centre of Oporto, Luiz I Bridge and Monastery of Serra do Pilar

文化遺産

登録年 1996年 登録基準 (iv)

▶ 商工業で栄えたポルトガル北部の港湾都市

ドウロ川の河口に位置するポルトには、旧市街で最も古い**ポルト大聖堂**★や、内部が金泥で覆われたサン・フランシスコ教会、ポルトガルで最も高い76mの鐘楼クレリゴスの塔など、海洋交易で繁栄した商人たちが建てた、さまざまな様式の歴史的建造物が残る。

ポルトでは独特の甘みをもったポートワインを18世紀から輸出しており、旧市街と、ワイン工場のあるドウロ川対岸を、19世紀にエッフェルの弟子が設計した上下2段の鉄橋「**ドン・ルイス1世橋**」が結ぶ。

ローマ時代にはポルトゥス・カレ（カレの港）と呼ばれた

ラトビア共和国

リガの歴史地区

Historic Centre of Riga

文化遺産

登録年 1997年 登録基準 (i)(ii)

▶ カトリック布教の拠点として築かれた商業都市

ラトビアの首都リガは、13世紀初頭、ローマ教皇の命を受けた宣教師と十字軍によって築かれた。その後ドイツから移住してきた商人によって発展し、13世紀後半には**ハンザ同盟**に加盟した。旧市街は、中世ドイツの商業都市の特徴が多く見られ、ロマネスク、ゴシック、バロックなどの建築様式が混在する。18世紀の帝政ロシア時代に建造された新市街には、富裕層が建てた**ユーゲントシュティール様式**★の建築物が立ち並び、建築家ミハイル・エイゼンシュテインが設計した集合住宅も残る。

旧市街の市庁舎広場

ポルト大聖堂：「セ大聖堂」と表記されることもあるが、「セ」とは「司教座」の意味。ポルト大聖堂が、司教座のおかれた聖堂であることを意味している。 **ユーゲントシュティール様式**：アール・ヌーヴォーのドイツ語圏での呼称。

クロアチア共和国

ドゥブロヴニクの旧市街

Old City of Dubrovnik

文化遺産

登録年 1979年／1994年範囲拡大／2018年範囲変更 登録基準 (i)(iii)(iv)

▶ 数々の苦難から復興を果たした海洋都市

13世紀以降、地中海交易の重要拠点の**ラグーサ共和国**としてヴェネツィアと並ぶ繁栄を遂げたドゥブロヴニクには、さまざまな建築様式が混在する美しい街並が残る。1667年の大地震による壊滅的な被害から立ち直るも、1990年代のユーゴスラヴィア崩壊による内戦で再び深刻なダメージを受けた。城壁や聖ブラジウス教会など、現在は復興している。

危機遺産 オーストリア共和国

ウィーンの歴史地区

Historic Centre of Vienna

文化遺産

登録年 2001年／2017年危機遺産登録 登録基準 (ii)(iv)(vi)

古代ローマ軍が築いた駐屯地を起源とするウィーンは、ハプスブルク家の王都として繁栄した。旧市街には12世紀建造の聖シュテファン大聖堂や18世紀建造のベルヴェデーレ宮殿などが残る。19世紀半ば、皇帝フランツ・ヨーゼフ1世は旧市街を囲んでいた城壁を撤去して**リンクシュトラーセ**と呼ばれる環状道路をひき、沿線には近代的な公共建築を築くなど近代都市への大改造を行った。

ルーマニア

シギショアラの歴史地区

Historic Centre of Sighișoara

文化遺産

登録年 1999年 登録基準 (iii)(v)

ルーマニア中部のシギショアラは、13世紀にハンガリー王国の移民政策によって入植したドイツ人たちがつくった城下町。入植した商人や職人たちはギルドを形成し、数々の商業的特権を獲得。商業の中心としても発展し、1367年には自治都市となった。市街には中世の栄華を物語る建造物が数多く残り、『吸血鬼ドラキュラ』のモデルとなった**ヴラド3世**の生家があることでも知られる。

中華人民共和国

鼓浪嶼（コロンス島）：歴史的共同租界

Kulangsu, a Historic International Settlement

文化遺産

登録年 2017年 登録基準 (ii)(iv)

▶ 20世紀初頭の中国の租界を今に伝える街

厦門(あもい)市にある鼓浪嶼(ころうしょ)（現地の発音ではコロンス）は、九竜江の河口付近に位置する非常に小さな島である。1843年、南京条約★に基づいて厦門が開港し重要な貿易港になると、1903年から鼓浪嶼は**外国人のための居留地（国際共同租界）**となった。鼓浪嶼にはアモイ・デコ・スタイル★などの建築様式が流行し、ヨーロッパと中国の文化が混ざり合う顕著な例と評価されている。

危機遺産　マリ共和国

ジェンネの旧市街

Old Towns of Djenné

文化遺産

登録年 1988年／2016年危機遺産登録 登録基準 (iii)(iv)

ニジェール川とその支流のバニ川に挟まれた内陸のデルタ地帯に広がるジェンネは、内陸部と都市をつなぐサハラ交易の中継都市として発展。またアフリカにおけるイスラム教布教に重要な役割を果たしてきた。日干しレンガの土台に泥を塗って仕上げる**スーダン様式**の家々が軒を連ね、その中心には高さ11mの大モスクがそびえる。2016年、保護体制の不備のため危機遺産登録された。

カナダ

ケベック旧市街の歴史地区

Historic District of Old Québec

文化遺産

登録年 1985年 登録基準 (iv)(vi)

カナダ東部のケベックは、17世紀にフランスの植民地「ヌーヴェル・フランス（新しいフランス）」の拠点として築かれた城塞都市。1774年にケベック法が制定され、イギリスの植民地でありながらフランスの民法の効力、信仰の自由、フランス語の使用が認められた。旧市街には、カナダ最大級の星形のシタデル（要塞）や、19世紀末に開業したホテル、**シャトー・フロントナック**などが残る。

南京条約：アヘン戦争に敗れた中国の清朝が英国と1842年に結んだ不平等条約。　**アモイ・デコ・スタイル**：20世紀初頭のモダニズムとアール・デコ様式がこの地で独自の融合を果たした建築様式。

[CHAPTER]

08

都市計画

要塞から王宮、美術館へと姿を変えたルーヴル

フランス共和国

パリのセーヌ河岸

Paris, Banks of the Seine

文化遺産

登録年 1991年　登録基準 (i)(ii)(iv)

▶ セーヌ河畔に広がる2,000年の歴史都市

パリの歴史は、紀元前3世紀頃から**シテ島**に住み着いたケルト系パリシイ人が築いた集落から始まった。紀元前52年頃、この地はカエサル率いるローマ軍に征服され、ルテティア・パリシオルムと名付けられた。シテ島とセーヌ川左岸にはローマ風の都市が築かれ、河川交通の要衝として発展。4世紀頃にパリと改名された。6世紀初頭にメロヴィング朝★フランク王国、10世紀末にはカペー朝フランス王国の首都となった。

11世紀頃からセーヌ川左岸にパリ大学の基礎が築かれ、神学研究の拠点となった。1163年に着工し、1345年に完成した**ノートル・ダム大聖堂★**は、天井を軽くするリブ・ヴォールトやステンドグラスなど、細部に初期ゴシック様式の典型的な特徴が表れている。また、1248年に完成したサント・シャペルは、国王ルイ9世の命によるもので、礼拝堂の窓面にはキリスト受難の物語など1,134の場面を描いたステンドグラスがある。こうしたゴシック様式の荘厳な建物が建設され、王都としての繁栄が始まるとともに、右岸の整備も進み、商業の中心地としても発展していった。

1674年には構成資産のひとつであるアンヴァリッド(廃兵院)が完成。戦傷者や

メロヴィング朝：481～751　クローヴィスが興した、フランク王国最初の王朝。　**ノートル・ダム大聖堂**：2019年の火災で屋根を焼失した。

老兵を収容する施設として建造されたが、19世紀後半にはナポレオン1世の墓所となり、現在は軍事博物館となっている。

17世紀にブルボン朝のルイ14世はヴェルサイユに本拠を移したが、1789年7月14日、セーヌ川右岸のバスティーユ牢獄を民衆が襲撃したのをきっかけにフランス革命が発生すると、パリは再び政治の中心となった。王政が廃止されルイ16世と王妃マリー・アントワネットは処刑。第一共和政の開始、ナポレオンの登場と第一帝政、19世紀の七月革命と二月革命、パリ・コミューンなど、フランスの政体はめまぐるしく変わるが、パリはヨーロッパにおける政治・文化の中心地であり続けた。19世紀後半の第二帝政下、セーヌ県知事**ジョルジュ・オスマン**の都市改造が実施され、コンコルド広場からシャンゼリゼ通り、そして凱旋門が立つエトワール広場までを見渡す、現在のパリの景観が完成。エトワール広場を基点として、シャンゼリゼ通りなど放射状に延びる12本の道路も設けられた。1889年にはパリ万国博覧会のメイン・モニュメントとしてエッフェル塔が建造され、20世紀に入ってからも、グラン・パレやシャイヨー宮が建設されている。

13世紀頃に築かれた要塞を起源とし、フランス国王の居城として改築が繰り返されたルーヴル宮は、現在「モナ・リザ」「ミロのヴィーナス」など30万点以上に及ぶ所蔵品を誇るルーヴル美術館となっている。また、駅舎として建造され1986年に美術館に転用されたオルセー美術館も構成資産に含まれている。

□ パリのセーヌ河岸にあるおもな建造物

エリトリア国

アスマラ：アフリカのモダニズム都市

Asmara: A Modernist African City

文化遺産

登録年 2017年 登録基準 (ii)(iv)

▶ アフリカにおける初期モダニズム都市

エリトリア国の首都であるアスマラは、標高2,000mを超える高地にある。1890年代にイタリア植民地の前線基地として発展した。1935年以降、アスマラでは**イタリア合理主義**の手法に基づく大規模な建設計画が実行され、政府機関や住居、商業施設、教会、モスク、シナゴーグ、映画館、ホテルなどが建設された。20世紀初頭に初期モダニズムの都市計画がアフリカで用いられた事例として重要である。

ポーランド共和国

ザモシチの旧市街

Old City of Zamość

文化遺産

登録年 1992年 登録基準 (iv)

ポーランド南東部のザモシチは、国内初の後期ルネサンス様式の小都市。16世紀後半、貴族で政治家の**ヤン・ザモイスキ**は、自らが理想とするルネサンス都市★の建設を建築家ベルナルド・モランドに依頼した。街の名前はザモイスキに由来する。碁盤の目状に区画された街は、五角形の城壁で囲まれており、バロック様式の市庁舎の時計塔やマニエリスムの聖トマス聖堂などもある。

インド

ラジャスタン州のジャイプール市街

Jaipur City, Rajasthan

文化遺産

登録年 2019年 登録基準 (ii)(iv)(vi)

インド北西部ラジャスタン州にあるジャイプールは、**サワーイー・ジャイ・シング2世**によって貿易と商業の街として1727年に築かれた。古代ヒンドゥーやムガル帝国の様式と近代西洋の手法を取り入れたインド初の都市計画により、碁盤目状に設計された市街はピンク色の外壁で統一され、公共広場、列柱、門、住居、寺院などが立ち並ぶ。バザールでは宝石や絵画などの生きた伝統工芸を見ることができる。

ルネサンス都市：人間中心の人文主義的な思想に基づき設計された都市。

オランダ王国

アムステルダム中心部：ジンフェルグラハト内部の17世紀の環状運河地区

Seventeenth-century canal ring area of Amsterdam inside the Singelgracht

文化遺産

登録年 2010年　登録基準 (i)(ii)(iv)

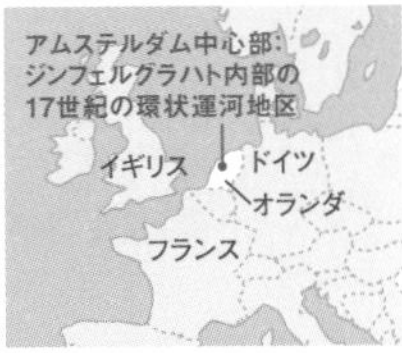

▶ 運河を活用した計画都市

アムステルダムの中心部にある環状運河地区は、新しい港湾都市プロジェクトとして16世紀末から17世紀初頭にかけて運河網が整備された。運河はアムステルダム旧市街から一番外側の運河「**ジンフェルグラハト**」まで扇状に広がっており、運河間の泥沢地から排水して干拓した土地に市街地を広げていった。運河沿いには切り妻屋根をもつ均質的な建物が立ち並び、港から入った物資は運河を通って街の隅々にまで運ばれた。アムステルダムの急速な拡大は、**大規模な都市計画の見本**として、19世紀まで世界の都市計画に影響を与えた。

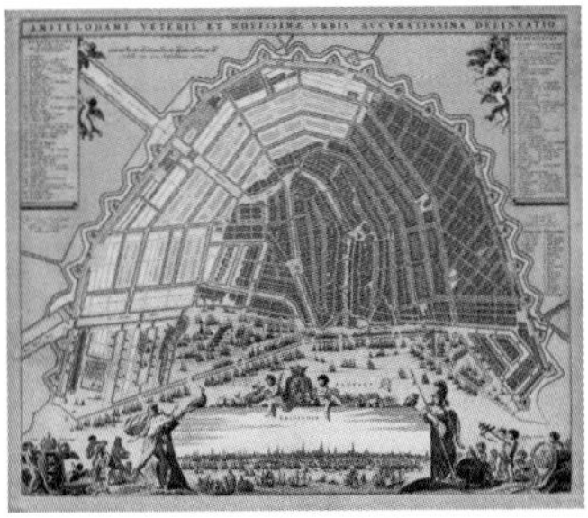
17世紀のアムステルダムの地図

スイス連邦

ラ・ショー・ド・フォン／ル・ロクル、時計製造都市の都市計画

La Chaux-de-Fonds / Le Locle, Watchmaking Town Planning

文化遺産

登録年 2009年　登録基準 (iv)

▶ 時計製造に特化したユニークな計画都市

隣接するラ・ショー・ド・フォンとル・ロクルは、**時計製造**という単一工業に特化し、独自の都市開発を行ってきた。19世紀初頭に始まった両都市の都市計画では、居住区とアトリエ地区を近接させ、伝統的な時計職人の文化と、時計製造の効率性を両立させている。この都市計画により19世紀末から20世紀にかけて、職人的な家内制手工業から工場制手工業への変遷に適合することができた。カール・マルクスは『資本論』で労働の分業について考察した際、ラ・ショー・ド・フォンに触れて「**工業都市**」という用語を生み出した。

ル・コルビュジエが生まれたラ・ショー・ド・フォン

英国（グレートブリテン及び北アイルランド連合王国）

エディンバラの旧市街と新市街

Old and New Towns of Edinburgh

文化遺産

登録年 1995年 登録基準 (ii)(iv)

▶ 新旧の魅力を併せもつスコットランドの首都

スコットランドの首都エディンバラの旧市街にある**エディンバラ城**には、王冠や剣、軍旗の断片などの他、ウェストミンスター・アビー★から返還された、歴代の王の戴冠式に使われた「スクーンの石」も展示されている。城内には12世紀建立の「聖マーガレット礼拝堂」も残る。

18世紀から整備された新市街は、建築家ジェームズ・クレイグが手がけた気品のある街並が特徴的。新古典主義のジョージアン様式が取り入れられ、建築家ロバート・アダムが設計した**シャーロット広場**は、都市における新古典主義の傑作と評されている。

エディンバラ城

カナダ

ルーネンバーグの旧市街

Old Town Lunenburg

文化遺産

登録年 1995年 登録基準 (iv)(v)

▶ 漁師達が自宅を見分けたカラフルな木造住宅

18世紀半ばにイギリスが建設した植民都市ルーネンバーグは、格子状の道路と均一な道幅が特徴。中心を走る幅24.4mのキング通りを除き、南北6本の通りは幅12.5mに、東西9本の通りは12.2mに統一されている。**現地を知らない役人がロンドンの机上で都市計画をつくり上げた**ため、所々が急坂になっている。旧市街に残る約400の木造家屋のうち8棟は18世紀半ばに建てられた。また、全体の3分の2を占めるカラフルな外壁の住宅は19世紀に建てられたもので、**ヴィクトリア朝建築**の要素が見られる。

旧市街にはカラフルな外壁の住宅が多い

ウェストミンスター・アビー：P.200参照。

スロベニア共和国

リュブリャナにあるヨジェ・プレチニクの作品群：人間中心の都市デザイン

The works of Jože Plečnik in Ljubljana – Human Centred Urban Design

文化遺産

登録年 2021年　登録基準 (iv)

▶ スロベニアの首都リュブリャナを変貌させた建築家

建築家ヨジェ・プレチニクによってスロベニアの首都リュブリャナに築かれた広場や公園、遊歩道、橋など公共空間や国立図書館や教会、市場、葬儀施設などの公共施設である。旧市街と新市街を結ぶ**三本橋**は街のシンボルとなっている。彼の作品はリュブリャナの歴史的な都市空間や自然、文化と巧みに結合している。

街のシンボル「三本橋」

ヨジェ・プレチニクはウィーン分離派の**オットー・ワーグナー**のもとで建築を学んだ。ヒューマン・スケールによる都市デザインと独特な作風は、リュブリャナを一地方都市から首都にふさわしい街へと変貌させた。

フランス共和国

ル・アーヴル：オーギュスト・ペレにより再建された街

Le Havre, the City Rebuilt by Auguste Perret

文化遺産

登録年 2005年　登録基準 (ii)(iv)

▶ 戦争による破壊から見事な復興を遂げた都市

北フランスのノルマンディー地方、イギリス海峡を臨むル・アーヴルは、世界の都市復興計画に影響を与えた港湾都市である。この都市は第二次世界大戦の**ノルマンディー上陸作戦**で街の約8割が破壊されたが、1945～1964年にかけて、最新の建築素材と技術を駆使し、焼失を免れた歴史的建造物や街並を活かしつつ再建された。

ル・アーヴルのタウンホール

再建を手がけたのは新古典主義の建築家**オーギュスト・ペレ**★で、戦後行われた都市改造の中でも成功例とされている。また、印象派の画家クロード・モネが少年時代を過ごし、後年に絵の題材とした★ことでも知られている。

オーギュスト・ペレ：1874～1954　大規模な鉄筋コンクリート建築のパイオニアとされる。　**絵の題材とした**：モネが1872年にル・アーヴルの港を描いた「印象・日の出」が印象派の名称の元となった

[CHAPTER]
09
キリスト教(カトリック/プロテスタント)

サンティアゴ・デ・コンポステーラにある大聖堂

スペイン

サンティアゴ・デ・コンポステーラ(旧市街)

Santiago de Compostela (Old Town)

文化遺産

登録年 1985年　登録基準 (i)(ii)(vi)

▶ キリスト教十二使徒の聖ヤコブが眠る地

スペイン北西部の『サンティアゴ・デ・コンポステーラ』は、キリスト教の十二使徒のひとり、**聖ヤコブ**ゆかりの地で、ヴァティカンやエルサレムと並ぶキリスト教3大巡礼地のひとつにも数えられる。旧市街には聖ヤコブの大聖堂をはじめとする多くの聖堂や、現在はパラドール★となっている**旧王立施療院**などが残る。

9世紀初頭、この地で聖ヤコブの遺骸が発見されたと伝えられ、アストゥリアス王国のアルフォンソ2世は、聖ヤコブを祀るための聖堂を建設した。10世紀末にイスラム勢力に支配され、聖堂も破壊されたが、レコンキスタによって街が奪還されると、11世紀後半にはキリスト教の聖地として再興され、巡礼者が増えた。

聖ヤコブを祀る現在の大聖堂は、レコンキスタ後に再建が始められ、主要部分は1128年に完成したが12世紀中は増改築が続けられて、1211年にようやく献堂された。巡礼者を最初に迎え入れる大聖堂の正面門は、彫刻家マテオが20年の歳月をかけて1188年に完成させたロマネスク様式の傑作で、「栄光の門」と呼ばれる。また、その後も15世紀のクーポラや16世紀の修道院、17世紀に完成した**チュリゲラ様式**★の主祭壇などが増築された。

パラドール：城や貴族の邸宅など歴史的建造物を利用した国営ホテル。　**チュリゲラ様式**：17世紀末から18世紀にかけて広がった、豪華で繊細な装飾を施したスペイン独自のバロック様式。多くを手がけたチュリゲラ家に由来する。

スペイン

サンティアゴ・デ・コンポステーラの巡礼路：カミノ・フランセスとスペイン北部の道

Route of Santiago de Compostela: *Camino Francés* and Routes of Northern Spain

文化遺産

登録年 1993年／2015年範囲拡大　登録基準 (ii)(iv)(vi)

▶ 文化交流の道でもあった巡礼路

ピレネー山脈からスペイン北部を東西に貫くサンティアゴ・デ・コンポステーラへの巡礼路。カミノ・フランセス（フランス人の道）の他、スペイン北部の巡礼路が登録されている。

世界遺産の中でも珍しい「**道の遺産**」で、聖ヤコブへの信仰が11世紀頃にヨーロッパ中に広がると、この道を通じて文化交流が行われ、**ロマネスク様式**が広がる手助けにもなった。沿道に残る約1,800もの建物には、多くのロマネスク様式の修道院や聖堂が含まれている。巡礼は12世紀に最盛期を迎え、民間人だけでなく王侯貴族も行った。

ゴシック様式のレオン大聖堂

フランス共和国

フランスのサンティアゴ・デ・コンポステーラの巡礼路

Routes of Santiago de Compostela in France

文化遺産

登録年 1998年　登録基準 (ii)(iv)(vi)

▶ スペインの巡礼路に通ずる4本の道

フランスにある「トゥールの道」「リモージュの道」「ル・ピュイの道」「トゥールーズの道」の4本の道は、ピレネー山脈を抜けて聖地サンティアゴ・デ・コンポステーラに通じるフランス側の巡礼路。

世界遺産には、沿道の主要な建造物と「**ル・ピュイの道**」の7区間が、**スペイン側の巡礼路とは別で登録**されている。ペリグーのサン・フロン大聖堂やトゥールーズのサン・セルナン教会などの聖堂や修道院も含まれ、単独で世界遺産となっているモン・サン・ミシェルやヴェズレーのサント・マドレーヌ教会なども構成資産に含まれている。

コンクのサント・フォワ修道院付属教会

ポーランド共和国

ヤヴォルとシフィドニツァの平和教会

Churches of Peace in Jawor and Świdnica

文化遺産

登録年 2001年 登録基準 (iii)(iv)(vi)

▶ 平和の象徴として築かれた木造教会

ポーランド南西部のシレジア地方は、カトリック教徒のハプスブルク家の支配下にあったが、ヤヴォルとシフィドニツァは**三十年戦争***後も、例外的にプロテスタントの教会の建築が許された。**砦として使われることのないように**、石造ではなく木と土の伝統的技法によって建造された。清貧を旨とするプロテスタントの教会でありながらカトリック的な壮麗さを併せもっており、その歴史的背景から平和教会と呼ばれる。

木と土で築かれた教会

パレスチナ自治政府

イエス生誕の地：ベツレヘムの聖誕教会と巡礼路

Birthplace of Jesus: Church of the Nativity and the Pilgrimage Route, Bethlehem

文化遺産

登録年 2012年 登録基準 (iv)(vi)

▶ イエスが生まれたとされる聖地

イエスが生まれたとされる場所に建てられた**聖誕教会**には、ローマ・カトリックやギリシャ正教、フランシスコ会やアルメニア教会の女子修道院や教会なども含まれ、鐘楼や庭園、巡礼路なども登録された。339年に、イエスが生まれたとされる洞穴の上に教会が建てられたが、6世紀に火災で焼失し、現在はオリジナルの床モザイクを活かして再建されている。

漏水による建物破損などのため保護が必要であるとの判断から、正規の登録手順をふまない「**緊急的登録推薦***」で登録され、同時に危機遺産リストに記載されたが、2019年に脱した。

聖誕教会

三十年戦争：1618～48。ドイツを中心に起きた宗教戦争。神聖ローマ帝国内での新旧両派諸侯間の宗教対立から始まった。
緊急的登録推薦：緊急な保護が必要なため正規の手順を経ずに登録する方法。

Aa 英語で読んでみよう P.165 -2

ヴァティカン市国

Vatican City

文化遺産

登録年 1984年　登録基準 (i)(ii)(iv)(vi)

▶ カトリック教会の総本山

ローマ教皇が国家元首を務め、国全体が世界遺産登録されている世界で唯一の場所である。イエス・キリストの最初の弟子ペテロ*の墓所に立つ**サン・ピエトロ大聖堂**は、宗教建築としては世界最大級の大きさを誇る。15世紀にドナート・ブラマンテを主任建築家として始まった大規模な改築工事を、ミケランジェロが引き継ぎ1626年に完成した。システィーナ礼拝堂にはミケランジェロによる『最後の審判』のフレスコ画が見られる。

フランス共和国

モン・サン・ミシェルとその湾

Mont-Saint-Michel and its Bay

文化遺産

登録年 1979年／2007年、2018年範囲変更　登録基準 (i)(iii)(vi)

フランス北西部のモン・サン・ミシェル湾に浮かぶモン・サン・ミシェルは「聖ミカエルの山」とあがめられる修道院の島。708年、司教のオベールが、大天使ミカエルの啓示に従い岩山に聖堂を建てると、岩山は一夜にして海に囲まれた島になったと伝えられる。**ベネディクト会**の修道院が創建された10世紀以降、数世紀にわたる増改築が繰り返され、中世の多様な建築様式が混在した現在の姿となった。

イタリア共和国

ミラノのサンタ・マリア・デッレ・グラーツィエ修道院とレオナルド・ダ・ヴィンチの『最後の晩餐』

Church and Dominican Convent of Santa Maria delle Grazie with "The Last Supper" by Leonardo da Vinci

文化遺産

登録年 1980年　登録基準 (i)(ii)

15世紀半ばに建造された**ドミニコ会の修道院**で、修道院の食堂壁面には、レオナルド・ダ・ヴィンチ唯一の壁画作品である『最後の晩餐』が残されている。ゴシック様式の修道院は、15世紀にブラマンテによってルネサンス様式のクーポラと後陣が増築されている。第二次世界大戦で修道院の一部が破壊された影響で、『最後の晩餐』も損傷をうけたが修復されている。

ペテロ：イタリア語では「ピエトロ」。

[CHAPTER]
10

キリスト教（正教会／東方諸教会）

尖塔状の岩塊の頂上に築かれたメテオラの修道院

ギリシャ共和国

Aa 英語で読んでみよう P.165 -3

メテオラの修道院群

Meteora

複合遺産

登録年 1988年　登録基準 (i)(ii)(iv)(v)(vii)

▶ 岩山の上に築かれた「中空に浮く」修道院

ギリシャ北西部、ギリシャ語で「中空に浮く」という意味をもつメテオラには、高さ約20～400mの尖塔状の岩塊が林立し、その頂上には修道院が築かれている。この珍しい地形をつくり出している奇岩は、川の流れによって軟らかい石灰岩が削られ、硬い堆積岩の地層が残ったことで生まれた。切り立った岩の上に立つ修道院は、岩山の形状に沿った独特の構造をしている。

11世紀頃、ギリシャ正教の修道士たちがメテオラ付近に移住。ギリシャ正教の修道士たちは隔絶された環境で修行生活を送るため、14世紀頃から山頂に修道院を築き始めた。当時は縄ばしごや滑車の他に搬送手段がなく、大きな危険を伴う建築だった。その後、代々の王や領主、教主などの保護のもと修道院は発展し、最盛期の15～16世紀には24棟を数えた。聖アタナシオスによって築かれたメテオラ最大の**メタモルフォシス修道院**など7つの修道院が登録されている。

後期ビザンツ様式のカトリコンや聖ニコラオス修道院などには、15～16世紀に制作された**クレタ様式**★によるフレスコ画が残っている他、**イコン**★と呼ばれる聖画や古写本、典礼用具などを擁し、ギリシャ正教美術の宝庫ともなっている。

クレタ様式：青銅器時代にクレタ島で栄えたことに端を発する、自然主義的、動的表現を基調とした美術様式。　**イコン**：聖母マリアやイエス・キリスト、または聖人を描いた、ギリシャ正教会にとって信仰の対象となる聖画像。

ウクライナ

キーウ：聖ソフィア聖堂と関連修道院群、キーウ・ペチェルーシカ大修道院

Kyiv: Saint-Sophia Cathedral and Related Monastic Buildings, Kiev-Pechersk Lavra

文化遺産

登録年 1990年／2005年、2021年範囲変更　登録基準 (i)(ii)(iii)(iv)

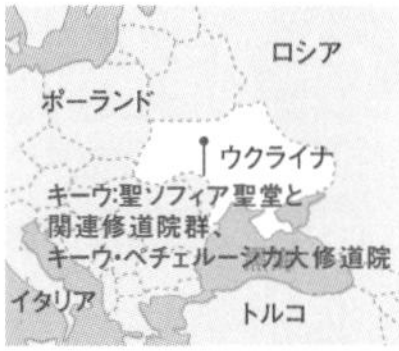

▶ 古都キーウの歴史を象徴する大聖堂

ウクライナの首都キーウには、9～13世紀にキリスト教圏の東端に栄えた**キーウ・ルーシ**★（キエフ大公国）の興亡の歴史を物語る建造物が残る。

聖ソフィア聖堂は、キーウ・ルーシ全盛期の11世紀に**ヤロスラフ賢公**によって建設されたキーウ最古の聖堂。ビザンツ様式とロシアの伝統様式が混在したこの建物は、ノヴゴロドなどに建設された聖堂に多大な影響を与え、「ロシアの聖堂の母」と呼ばれる。ウクライナ正教の総本山であるキーウ・ペチェルーシカ大修道院は、モンゴル軍に破壊されたが、19世紀に再建された。

キーウのペチェルーシカ大修道院

ロシア連邦

セルギエフ・ポサドのトロイツェ・セルギエフ大修道院

Architectural Ensemble of the Trinity Sergius Lavra in Sergiev Posad

文化遺産

登録年 1993年　登録基準 (ii)(iv)

▶ 中世ロシアにおける信仰の中心地

モスクワの北東約70㎞に位置するトロイツェ・セルギエフ大修道院は、いくつもの聖堂や神学校などを含むロシア正教の中心地のひとつ。14世紀に修道士**セルギー・ラドネシスキー**が建てた聖堂を起源とし、1422年にトロイツキー聖堂が、1559年にはモスクワのクレムリンにある同名の聖堂に倣った**ウスペンスキー聖堂**が建てられた。1744年に完成したバロック様式の鐘楼は、当時のロシアで最も高い建物だった。18世紀後半からは大修道院を取り囲むような都市計画のもとセルギエフ・ポサドの街が整備され、ロシアはもとより東欧の建築に大きな影響を与えた。

トロイツェ・セルギエフ大修道院

キーウ・ルーシ：9～13世紀に存在した東スラヴ族の国家。黒海とバルト海を結ぶ交易路を支配して栄えた。

アルメニア共和国

エチミアジンの大聖堂と教会群、およびズヴァルトノツの考古遺跡

Cathedral and Churches of Echmiatsin and the Archaeological Site of Zvartnots

文化遺産

登録年 2000年 登録基準 (ii)(iii)

▶ アルメニア正教初の主教座が置かれた街

「ノアの方舟」伝説で知られるアララト山の北約50kmに位置するエチミアジンは、301年に**世界で初めてキリスト教を国教としたアルメニア**で、アルメニア正教会初の大主教座が置かれた都市。主教座が置かれたことに伴い**主教座聖堂**が建設され、5〜7世紀には中央にドーム天井をもつギリシャ十字形プランの初期ビザンツ様式に改修された。周辺にはアルメニア聖堂建築の模範となった聖フリプシメ聖堂と聖ガネヤ聖堂などがあり、郊外のズヴァルトノツには7世紀建立の聖堂跡や王宮跡などが残る。

エチミアジンの主教座聖堂

ジョージア

ゲラティ修道院

Gelati Monastery

文化遺産

登録年 1994年／2017年範囲変更 登録基準 (iv)

▶ グルジア王国の黄金時代を伝える修道院

1106年に創設されたゲラティ修道院は、中世ジョージアの黄金時代を代表する傑作建築。滑らかに削りだされた巨大なブロックからなるファサード（建物正面）や、美しく均整のとれた建物のバランス、外壁の装飾を支える裏側のアーチ構造などが特徴で、中世の**ジョージア正教会最大の修道院**のひとつであった。また科学や教育の面においても最も重要な中心地であった。2017年の世界遺産委員会で再建が問題視された**バグラティ大聖堂が削除**され、修道院単体での登録となった。

貴重な写本や壁画が残されている

ブルガリア共和国

リラの修道院

Rila Monastery

文化遺産

登録年 1983年 登録基準 (vi)

▶ ブルガリア民族の精神的支えとなった修道院

ブルガリア南西部の高原にある『リラの修道院』は、**ブルガリア正教**の総本山として発展した国内最大の修道院である。10世紀に修道士**イワン・リルスキー**がこの地にある洞窟で隠遁生活を送ったことをきっかけに、彼を慕う多くの修道士や巡礼者が集まり、集落が形成された。

12世紀の第二次ブルガリア帝国皇帝の支援を受け、後の500年におよぶオスマン帝国支配下にあってもブルガリア語の使用が許可された。14世紀の大地震や19世紀の火災などで壊滅的な被害を受けたが、そのたびに再建され、今もブルガリア民族の精神的な拠り所となっている。

修道院の中央に位置する聖母聖堂

エチオピア連邦民主共和国

ファジル・ゲビ、ゴンダールの遺跡群

Fasil Ghebbi, Gondar Region

文化遺産

登録年 1979年 登録基準 (ii)(iii)

▶ かつてのエチオピア帝国の首都

標高2,000mの高地に位置するゴンダールは、エチオピア帝国の**皇帝ファシラダス**★がアクスムから遷都した17世紀以降、およそ150年間にわたって栄えた都市である。ゴンダールを見下ろす小高い丘にはファジル・ゲビと呼ばれる王宮群が立ち並ぶ。

約900mにわたる城壁内には、エチオピア正教の聖堂などの遺構が残り、多くは**ゴンダール様式**★と呼ばれる独自の様式で建てられている。タブレ・ベルハン・セラシエ聖堂ではエチオピアの宗教美術の様式をくむ聖人のフレスコ画などが見られる。

聖ヨハネを象徴した天使のフレスコ画

皇帝ファシラダス：在位1632～1667　熱心なエチオピア正教の信者であった。　**ゴンダール様式**：ファジル・ゲビの石造建築に見られる、インド、アラブ、バロック様式などが混合した建築様式。

[CHAPTER]
11

ミナレットが立ち並ぶカイロの街並

エジプト・アラブ共和国

カイロの歴史地区

Historic Cairo

文化遺産

登録年 1979年 登録基準 (i)(v)(vi)

▶ 1,000のミナレットが立つ国際文化都市

エジプトの首都カイロは、7世紀にイスラム勢力がアフリカ大陸進出の拠点として築いた軍事基地から発展した都市。ムハンマドの没後から10年にも満たない641年に、この街で最初のモスクが建設されていた。

10世紀半ば頃、ファーティマ朝がこの地を統治。4代目のカリフがアラビア語で「勝利者の軍事都市」を意味する**ミスル・アル＝カーヒラ**という都市を建設し、カーヒラを英語読みしたカイロが現在の呼び名となっている。この時代、カイロはイスラム勢力の政治、経済、宗教の中心となった。とりわけ学問と芸術が奨励され、国際文化都市としての色合いも増していった。972年に建設されたアズハル・モスクはファーティマ朝を代表するモスクともいわれる。

12世紀からのアイユーブ朝の支配を経て、13～16世紀の**マムルーク朝**時代には、世界最大のイスラム都市となった。街の至るところにモスクやミナレットが建造され、14世紀には「**1,000のミナレットが立つ街**」と称された。

カイロは現在、政情不安による不充分な遺産保護体制や弱い地盤による歴史的建築物の倒壊など、さまざまな問題を抱えている。

危機遺産　シリア・アラブ共和国

文化遺産

ダマスカスの旧市街

Ancient City of Damascus

登録年　1979年／2011年範囲変更／2013年危機遺産登録　登録基準　(i)(ii)(iii)(iv)(vi)

▶数多の勢力の支配を受けた交易上の要衝都市

シリア南西部に位置するダマスカスは、『**旧約聖書**』にも記述が残る世界最古の都市のひとつで、『旧約聖書』によると、アブラハムが旅の途中でこの地を訪れたと記されている。『新約聖書』ではキリストと聖母マリアの避難場所とされている。

メソポタミアとアラビア半島、地中海を結ぶ交通の要衝に位置することから、ダマスカスはローマ帝国、ウマイヤ朝、オスマン帝国など、さまざまな大国の支配を受けてきた。その間も商業都市として独自の地位を保ちつづけ、「砂漠のダイヤ」と呼ばれる繁栄を築き上げた。そのため、ダマスカスの旧市街には、ローマ時代の列柱や凱旋門をはじめ、イスラムのモスク、キリスト教の聖堂など、さまざまな文化、宗教が残した125の歴史的建造物がある。

なかでも8世紀初頭にウマイヤ朝のアル・ワリード1世が建造した、現存する世界最古のモスクとされる**ウマイヤ・モスク**の多柱式の礼拝空間やモザイク画の装飾は、のちのイスラム建築に多大な影響を与えた。ウマイヤ・モスクはアッシリアの時代から聖地とされていた場所に建てられており、かつてローマ時代にはユピテル神殿が、ビザンツ時代には聖ヨハネ聖堂があった。そのためモスク内にあるドーム型の墓所には、洗礼者ヨハネの首が埋葬されている。

また、ザンギー朝時代の12世紀半ばに建てられた病院マーリスターンや、18世紀半ばに建設されたアズム宮殿、エルサレムを奪還したことで知られるサラディンが埋葬されたサラディン廟などもある。

シリア国内では2011年より内戦が続いており、2013年に**シリアの世界遺産6件すべてが危機遺産リストに記載された。**

モザイクが美しいウマイヤ・モスク

聖都カイラワーン

Kairouan

文化遺産

登録年 1988年／2010年範囲変更 登録基準 (i)(ii)(iii)(v)(vi)

▶ 北アフリカにおけるイスラム教の聖地

チュニジアの北東にあるカイラワーンは、北アフリカにおける重要なイスラム教の聖地とされ、巡礼の時期になると、多くのイスラム教徒が各地から訪れる。

670年頃、ウマイヤ朝のウクバがビザンツ軍を撃破した際、遠征の宿営地となったことが、この都市の起源である。9世紀に**アグラブ朝**の首都となり最盛期を迎えた。シディ・ウクバ・モスクとも呼ばれる大モスクは、北アフリカに建設された最初の**T字型モスク**★のひとつとされ、この地方のモスク建築に多大な影響を及ぼした。

大モスクのミナレットと柱廊

ムザブの谷

M'Zab Valley

文化遺産

登録年 1982年 登録基準 (ii)(iii)(v)

▶ カラフルな立方体の家屋が並ぶ計画都市群

アルジェの南約450kmに位置する『ムザブの谷』には、11～12世紀頃にかけてベルベル人の一派**ムザブ族**が築いた城塞都市が点在する。ムザブ族はイスラム教の少数派**イバード派**を信仰していたことで迫害され、この地に逃れてきた。

彼らは、ほとんど雨の降らないこの土地に井戸を掘り、地下水路を建造し、ナツメヤシの木を植えて美しいオアシス都市を築き上げた。ミナレットの上部が王冠状になったモスクを中心に、ベージュやターコイズブルーに彩られた立方体の家屋が立ち並ぶ独特の都市景観は「キュビスム的」とも形容された。

ル・コルビュジエに影響を与えたガルダイア

T字型モスク：北アフリカ特有の形で、壁沿いの廊下と中央の廊下がドーム部分で交差しT字型をしている。

モロッコ王国

文化遺産

マラケシュの旧市街

Medina of Marrakesh

登録年 1985年 登録基準 (i)(ii)(iv)(v)

▶ 3大ミナレットのひとつが残るベルベル人の古都

モロッコ中南部、アトラス山脈のふもとに位置するマラケシュは、1071年にベルベル人が興した**ムラービト朝**の首都として築かれた都市。この時代から残る**ジャマーア・アル・フナー広場**は、午前中は市場、午後には屋台が立ち並び、その活気あふれる景観は、「ジャマーア・アル・フナー広場の文化的空間」としてユネスコの無形文化遺産にも登録されている。ムラービト朝のあと、この地を治めたムワッヒド朝によって建てられたクトゥビーヤ・モスクは、高さ69mのミナレットをもち、スペインにあるヒラルダの塔、モロッコのハッサンの塔とともに「三大ミナレット」に数えられる。

クトゥビーヤ・モスク

モロッコ王国

文化遺産

ラバト：近代の首都と歴史都市の側面を併せもつ都市

Rabat, Modern Capital and Historic City: a Shared Heritage

登録年 2012年 登録基準 (ii)(iv)

▶ 歴史的イスラムと近代的西欧が共存

モロッコの首都ラバトには、歴史的なイスラム文化と近代的なヨーロッパ文化が共存している。旧市街に残る**ウダイヤのカスバ**（ムワッヒド城壁と城門）やハッサンの塔は12世紀に都をラバトに移したムワッヒド朝の唯一の遺構であり、17世紀にはムーア人やアンダルシア人によって改修された。1912年にフランス領となると、**アンリ・プロスト**が近代的な都市計画に着手。新市街には行政地区や住宅施設、試験植物園などが建設された。古代、イスラム、マグレブ、ヨーロッパなどさまざまな時代や地域の文化が共存するラバトは、北アフリカで最も完成された都市計画のひとつとされる。

ラバトのハッサンの塔

サナアの旧市街

Old City of Sana'a

文化遺産

登録年 1986年／2015年危機遺産登録　登録基準 (iv)(v)(vi)

▶交易で栄えた世界最古の摩天楼都市

イエメンの首都で、政治経済、文化の中心地となっているサナアは、中世アラビア都市の面影を色濃く残している。イエメン西部の高原地帯にあるこの城塞都市は、「ノアの方船」伝説に登場するノアの息子・セムが建設したという伝説から、「マディーナット・サーム(セムの街)」とも呼ばれる。世界最古の都市のひとつとされるサナアは、紀元前10世紀頃にはすでに**乳香交易***によって繁栄していた。その後、エチオピアやビザンツ帝国、オスマン帝国などの支配を受け、イスラムの強い影響を受けながらも独自の文化を発展させていった。

サナア東部に位置する旧市街は東西約1.5km、南北約1kmほどの楕円形をしており、7世紀にムハンマドが創建したとされる大モスクをはじめ、100以上のモスクと64のミナレットなどの歴史的建造物や、迷路のように入り組んだスーク(市場)が残されている。城壁のイエメン門をくぐると、**スーク・アル・ミルフ**と呼ばれる塩の市場を中心に、40もの区域に分かれたスークが広がる。香辛料や金銀細工などを扱う何千もの店が軒を連ね、戦時中も商取引が続けられたという。これはスークが神聖な場所とみなされ、争いごとも武器の携行も禁止されてきたからである。

この旧市街を最も特徴づけているのが、6,000棟もの高層住宅である。その多くは5～6階建てだが、なかには9階建て、最大で高さ50mに達する住宅もある。これらの高層住宅には、鉄筋などは一切使われず、花こう岩や玄武岩でできた土台に、「**アドベ**」と呼ばれる日干しレンガを積み上げてつくられている。

2015年に勃発したイエメン内戦により、サナア旧市街は爆撃を受けた。同年に危機遺産リストに記載されている。

イエメン門

乳香交易：カンラン科の樹木から採れる樹脂で、香料として使われた乳香を用いた交易。

イラン・イスラム共和国

Aa 英語で読んでみよう P.175 －1

文化遺産

イスファハーンのイマーム広場

Meidan Emam, Esfahan

登録年 1979年 登録基準 (i)(v)(vi)

▶ ヨーロッパにまで繁栄が伝えられたサファヴィー朝の都

イラン中部にあるイスファハーンは、豊かな緑に囲まれたオアシス都市。16世紀末、サファヴィー朝の皇帝**アッバース1世**はこの街を首都と定め、コーランに記された楽園を手本とする壮大な都市を建設した。「世界の半分」とも称された街の中心には、2層構造の回廊に囲まれた**イマーム広場**が広がる。広場は、ペルシア発祥のポロの競技場や式典、公開処刑の場として使われた。

2本のミナレットが特徴のイマームのモスク（右奥）

スペイン

文化遺産

メディナ・アサーラのカリフ都市

Caliphate City of Medina Azahara

登録年 2018年 登録基準 (iii)(iv)

▶ イスラム教時代のイベリア半島の姿を伝える都市遺跡

メディナ・アサーラのカリフ都市は、10世紀半ばに**後ウマイヤ朝**★によって築かれた都市遺跡である。数年間の短い繁栄の後、カリフ★の時代に終わりを告げる1009～1010年の激しい内戦の間に都市は放置され衰退した。都市の遺構は、20世紀初頭に発見されるまで1,000年近くも忘れ去られていたため、今は失われてしまった**イベリア半島におけるイスラム文明**を深く伝える道路や橋、水利システム、建物、装飾、日常品などが状態よく残されている。

美しいイスラム装飾が残されている

後ウマイヤ朝：アッバース朝によって滅ぼされたウマイヤ朝の生き残りがイベリア半島で再興した王朝。コルドバのウマイヤ朝とも呼ばれる。　**カリフ**：イスラム国家最高権威者の称号。

仏教

サーンチーの仏教遺跡に残るドーム状の第3ストゥーパとトラナ(門)

インド

サーンチーの仏教遺跡

Buddhist Monuments at Sanchi

文化遺産

登録年 1989年 登録基準 (i)(ii)(iii)(iv)(vi)

▶ 長い年月をかけて築かれた仏教遺跡群

インド中部のサーンチーの仏教遺跡は、3つの大型**ストゥーパ**(仏塔)と祠堂(しどう)、僧院など、紀元前3～後12世紀につくられた仏教建造物が残る初期仏教の巡礼地である。この遺跡は19世紀にイギリスのテイラー将軍が発見した。何世紀も前から廃墟になっていたため、発見当時、あたりには木や草が茂り、遺跡を覆い隠していたという。20世紀初頭に本格的な調査が始まり、インドにおける仏教繁栄の歴史のなかで、仏教の一大中心地として機能していたことがわかった。

もっとも古い第1ストゥーパは、仏教の庇護者であった**アショーカ王**★が各地につくった8万4,000のストゥーパのひとつを核としている。ドーム状をしたストゥーパは、高さ約16m、基壇の直径は約36mにもなる。基本的な部分は紀元前3世紀につくられ、紀元前2世紀末期、今に伝わる大規模なストゥーパに拡張された。ストゥーパの周囲には、東西南北の4方向に**トラナ**と呼ばれる大きな門が設置され、精緻なレリーフが施されている。このレリーフは象牙を彫る職人が浮き彫りで仕上げ、シッダールタ太子(ブッダの幼少時代)が城を出発したシーンなどが描かれている。仏像がつくられ始める前であったため、ブッダは象徴的に表現された。

アショーカ王:生没年不詳　紀元前3世紀頃のマウリヤ朝3代国王。インドのほぼ全域を統一。仏教に深く帰依した。

ネパール連邦民主共和国

仏陀の生誕地ルンビニー

Lumbini, the Birthplace of the Lord Buddha

文化遺産

登録年 1997年　登録基準 (iii)(vi)

▶ 仏教4大聖地のひとつであるブッダ生誕の地

ネパール南部、ヒマラヤ山麓のタライ高原に位置するルンビニーは、仏教の開祖ブッダ(釈迦)生誕の地とされる**仏教4大聖地**★のひとつ。ブッダの尊称で知られるシッダールタは、紀元前6世紀頃に釈迦族の王スッドーダナと王妃マーヤーの子として生を受けた。伝説では、出産のために故郷に向かっていたマーヤーが、その途上のルンビニーにあった無憂樹(むゆうじゅ)に手をかけると、右脇からブッダが誕生したという。

紀元前250年頃、巡礼に訪れたアショーカ王はブッダの生誕地を示す石柱を建立し、後6世紀頃には**マーヤーデヴィ寺院**が建造された。

マーヤーデヴィ寺院と石柱(左奥)

インド

ブッダガヤの大菩提寺

Mahabodhi Temple Complex at Bodh Gaya

文化遺産

登録年 2002年　登録基準 (i)(ii)(iii)(iv)(vi)

▶ ブッダが瞑想し、悟りを開いた聖地

ブッダが悟りを開いた場所とされるブッダガヤには、**マハーボディ寺院**(大精舎(だいしょうじゃ))と呼ばれる大菩提寺(だいぼだいじ)がある。この寺院は、ブッダが瞑想した**菩提樹**(ぼだいじゅ)の近くにつくられた道場を起源としている。高さ50mの総レンガ造の建物は、5～6世紀頃に創建された。インド仏教美術がピークを迎えたグプタ朝時代の建築様式を今に伝える。

菩提樹の下にはアショーカ王が寄進したとされる金剛宝座(こんごうほうざ)と、それらを囲む「欄楯(らんじゅん)」と呼ばれる石造の欄干(らんかん)がある。欄楯には仏教説話をテーマとした精緻な浮き彫りが施されている。

マハーボディ寺院(大精舎)

仏教4大聖地：生誕の地ルンビニー、悟りを開いたブッダガヤ、初めて説法を説いたサールナート、入滅の地クシナガルの4ヵ所。

インドネシア共和国

ボロブドゥールの仏教寺院群

Borobudur Temple Compounds

文化遺産

登録年 1991年　登録基準 (i)(ii)(vi)

▶ 立体曼荼羅のような構造をもつ寺院

ジャワ島のボロブドゥールの仏教寺院群は、**シャイレンドラ朝**★時代の8～9世紀頃に築かれた世界最大規模の仏教遺跡ボロブドゥール寺院と関連寺院群からなる。

自然の丘を生かして築かれたピラミッド状のボロブドゥール寺院は、下から順に約115m四方の基壇、5層の方形壇、3層の円形壇が重なった構造をもつ。これは**大乗仏教**の宇宙観である「三界（さんがい）」を表現していると考えられている。頂上には釣り鐘形のストゥーパがそびえ、立体曼荼羅（曼陀羅）といった様相を呈する。

ボロブドゥール寺院の頂上の仏像と小ストゥーパ

スリランカ民主社会主義共和国

聖地キャンディ

Sacred City of Kandy

文化遺産

登録年 1988年　登録基準 (iv)(vi)

▶ 仏歯寺を擁するシンハラ王国の都

山々に囲まれた中央高地に位置するキャンディは、2,000年以上続いた**シンハラ王国**★最後の都である。王権の象徴であるブッダの犬歯（仏歯（ぶっし））をまつる**ダラダーマーリガーワ寺院**（仏歯寺）があるこの地は、国民の7割を仏教徒が占めるスリランカにおいて最も重要な仏教の聖地とされる。

4世紀頃、インド東部のカリンガ王国の王女がシンハラ王家に嫁ぐ際、仏歯を髪に隠して持ち出したと伝えられている。19世紀にシンハラ王国が滅亡すると、仏歯の管理は仏教僧団に移った。現在、仏歯は仏歯堂聖室に納められているが、1日3回開帳されている。

ダラダーマーリガーワ寺院

シャイレンドラ朝：ジャワ島中部にマレー人が建てた王朝。　**シンハラ王国**：紀元前5世紀頃に建てられたスリランカの王国。衰退しながらも1815年まで存続した。

タイ王国

アユタヤと周辺の歴史地区

Historic City of Ayutthaya

文化遺産

登録年 1991年　登録基準 (iii)

▶「平和な都」を意味するアユタヤ朝の首都

古くから水上交易の要衝として栄えたアユタヤは、14世紀半ばに**アユタヤ朝**の都が置かれ、以降400年にわたり繁栄した。14世紀にはクメール人のアンコール朝を滅ぼし、15世紀にはスコータイ朝を併合して勢力を拡大していった。

ワット・マハータートにある仏頭

17世紀にはヨーロッパやアジア諸国との交易も活発となり、日本との間でも朱印船貿易などの活発な交流が行われた。山田長政が傭兵隊長として活躍したと伝えられる日本人街跡も残る。アユタヤに残された**プラ・プラーン様式***の寺院をはじめとする遺跡は、アユタヤ朝独自の建築様式を伝える貴重な史料となっている。

ラオス人民民主共和国

古都ルアン・パバン

Town of Luang Prabang

文化遺産

登録年 1995年／2013年範囲変更　登録基準 (ii)(iv)(v)

▶ 黄金の仏像に守られた王都

ラオス北部のルアン・パバンは、14世紀半ばにラオス初の統一国家である**ランサン王国**の都となり発展した都市。上座部仏教を国教とした初代国王のファーグムは、アンコール朝から数多くの高僧を招くとともに、黄金の仏像である**パバン**と多くの教典を取り寄せた。のちにパバンはランサン王国の象徴となり、地名の由来ともなった。

この地に残る代表的な遺構は、16世紀に創建されたワット・シェントーンである。本堂は何層にも重なったルアン・パバン様式と呼ばれる屋根をもつ。

ワット・シェントーンの本堂

プラ・プラーン様式：クメールの影響を受けた、砲弾状の高い塔堂を特徴とする様式。

大韓民国

石窟庵と仏国寺

Seokguram Grotto and Bulguksa Temple

文化遺産

登録年 1995年　登録基準 (i)(iv)

▶ 統一新羅王朝を代表する仏教芸術の傑作

『石窟庵（ソックラム）と仏国寺（ブルグクサ）』は、かつて統一新羅*の都だった慶州（キョンジュ）郊外の吐含山（トハムサン）中に位置する。751年に統一新羅王朝の宰相であった**金大城（キムテソン）**が、前世の父母のために石窟庵（当初の名称は石仏寺）を、現世の父母のために仏国寺を建立したと伝わる。

花こう岩を積み上げて築いた石窟庵は、方形の前室とドーム型天井の円形の主室を扉道（ひどう）と呼ばれる短い通路でつないだ前方後円型で、主室には純白の花こう岩の**如来坐像（にょらいざぞう）**が置かれている。仏国寺は豊臣秀吉の朝鮮出兵の際に主要建造物が焼失したが、1973年の大改修で今日の姿となった。

石窟庵の如来坐像

ミャンマー連邦共和国

バガン

Bagan

文化遺産

登録年 2019年　登録基準 (iii)(iv)(vi)

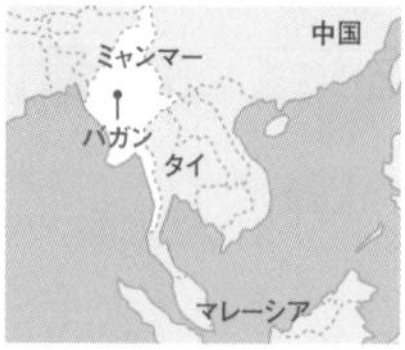

▶ 上座部仏教の文化的伝統を伝える聖地

ミャンマー中央平原を流れるエーヤーワディー川沿いに位置するバガンは、11～13世紀に**アノーヤター王**によって建国されたバガン朝の栄華を今に伝える古都。**上座部仏教**では、仏塔（パゴダ）や寺院、僧院、御堂などを建設することが「功徳」を積むことになるため、3,000を超す仏教建造物が残された。また建物内部に残る仏像や彫刻、壁画、フレスコ画などの卓越した仏教美術も、今なお続く祭事や祝いの儀式などの宗教的慣習とともに人々の信仰の対象になっている。2016年のミャンマー地震で大きな被害を受けたが、日本の文化財保護の専門家も協力し修復が続けられている。

仏塔が立ち並ぶ“聖なる景観”

統一新羅：百済、高句麗を滅ぼし、676年に朝鮮半島初の統一国家となった。律令制度を採用する中央集権的な国家であった。

中華人民共和国

雲岡石窟

Yungang Grottoes

文化遺産

登録年 2001年　登録基準 (i)(ii)(iii)(iv)

▶ 北魏時代に花開いた仏教芸術を伝える石窟寺院

中国山西省の『雲岡石窟』には、1kmの断崖の壁面に刻まれた252の石窟と約5万1,000体の仏像がある。中国における初期仏教芸術の傑作とされ、世界遺産の『敦煌の莫高窟』と『龍門石窟』とともに中国3大石窟のひとつに数えられている。

452年に即位した**北魏**★の文成帝は、皇帝と釈迦を同一視させることで皇帝の権威を高めようと試み、「曇曜五窟」と呼ばれる5つの石窟に自身を含む5人の皇帝を模した大仏を建立した。しかし494年の洛陽遷都をきっかけに、石窟の存在は忘れ去られていった。1902年に日本人建築家の**伊東忠太**★が石窟を発見し、再び脚光を浴びた。

ガンダーラの影響が見られる第20窟の石像

中華人民共和国

ラサのポタラ宮歴史地区

Historic Ensemble of the Potala Palace, Lhasa

文化遺産

登録年 1994年／2000、2001年範囲拡大　登録基準 (i)(iv)(vi)

▶ チベット仏教の象徴である聖地

チベット中央にあるラサは、数々の僧院や宮殿が点在するチベット仏教の聖地。外層13階のポタラ宮は、最高指導者**ダライ・ラマ**が居城とし、チベット文化を象徴する宮殿であった。1642年にダライ・ラマ5世がチベットを統一した後、ソンツェン・ガンポ王の築いた城をもとにポタラ宮が建てられた。また、チベット仏教の総本山である**ジョカン寺**、歴代ダライ・ラマの夏の離宮であるノルブリンカが登録されている。

1951年にチベットは中国に併合されダライ・ラマ14世はインドに亡命。以後、政治的に不安定な状況がつづいている。

現在は博物館になっているポタラ宮

北魏：386～534　鮮卑の拓跋珪が建国。439年に華北を統一したのちは、華南の宋と覇権を争った。　**伊東忠太**：1867～1954　東京帝大出身の建築家。明治神宮や湯島聖堂などを設計。「建築」という語を生んだ。

中国の芸術・文化に深い影響を与え、「黄山四絶」とも呼ばれる黄山の景観

中華人民共和国

黄山

Mount Huangshan

複合遺産

登録年 1990年／2012年範囲変更　登録基準 (ii)(vii)(x)

▶「天下第一の奇山」と称えられた絶景

中国南東部の『黄山』は、標高1,800m級の蓮花峰、光明峰、天都峰の3つの峰がそびえる山岳地帯。一帯には2つの湖、3つの滝、24の渓谷が点在し、中国の名山の代表として「天下の名景は黄山に集まる」と讃えられてきた。

ここは古代中国の伝説の王である**黄帝**が仙人となった場所とされ、道教および仏教の聖地として信仰を集める。古くは「黟山」と呼ばれていたが、唐の玄宗が黄帝の伝説にちなみ黄山と改名し、数世紀にわたり多数の寺院が建てられた。

中国の芸術・文化にも多大な影響を与えた景観は、「奇松」、「怪石」、「雲海」、「温泉」によってつくり出され、「**黄山四絶**」とも呼ばれる。奇松は、固有種の**黄山松**を指し、樹齢100年を超えるものが約1万株も自生する。なかには、そのユニークな形から「送客松」「迎客松」といった名前がついているものもある。また、花こう岩層が地殻変動などで変形した怪石、奇岩は、垂直に立っているものが多く、黄山松と相まって独特の風景を生み出している。この一帯では豊かな生態系も確認できる。オークの一種であるアラカシなどの植物や、コウノトリ、トモエガモなどの鳥類を含む多くの絶滅危惧種の生息域であり、自然遺産としての価値も高い。

文化的景観　フランス共和国

文化遺産

タプタプアテア

Taputapuātea

登録年 2017年　登録基準 (iii)(iv)(vi)

▶ 政治・宗教的に最も重要な儀式が行われた聖地

タプタプアテアは、「ポリネシアン・トライアングル★」の中心に位置するフランス領ポリネシアのライアテア島にある。この地はポリネシアの人々の世界と祖先や神々の世界が出会う重要な聖地と考えられ、海辺には**オロ神**★を祀る重要なマラエ(祭祀場)が築かれた。世界遺産には、マラエの他に森に覆われた渓谷や、ラグーンやサンゴ礁なども含まれ、文化的景観として登録された。

トルクメニスタン

文化遺産

国立歴史文化公園"メルヴ"

State Historical and Cultural Park "Ancient Merv"

登録年 1999年　登録基準 (ii)(iii)

トルクメニスタンのカラクム砂漠にあるメルヴは、紀元前6世紀頃から発展したシルク・ロードのオアシス都市。セルジューク朝の首都となった12世紀頃最盛期を迎え、遺跡からはイスラム教、ゾロアスター教、キリスト教など多様な宗教の遺構の他、女神や動物を表現した土偶、骨壺や彩画陶器といった遺物も見つかっている。また仏塔や僧院跡など**世界最西端とされる仏教遺跡**が現存することでも知られる。

カンボジア王国

文化遺産

アンコールの遺跡群

Angkor

登録年 1992年　登録基準 (i)(ii)(iii)(iv) ▶

カンボジア北西部の『アンコールの遺跡群』は、クメール人が興したアンコール朝の時代に築かれた都市遺跡であり、歴代の王が築いた都城や寺院が残る。カンボジアを象徴する建造物であるアンコール・ワット本殿の回廊には、ヒンドゥー神話の「**乳海攪拌**(にゅうかいかくはん)★」の場面などが、精巧な浮き彫りで描かれている。また、アンコール・トムの仏教寺院バイヨンには、54基の巨大な四面仏顔塔が立ち並んでいる。

ポリネシアン・トライアングル:ハワイ諸島とラパ・ニュイ(イースター島)、ニュージーランドのアオテアロアを結んでできる、ポリネシア文化圏を形成する地域。　**オロ神**:戦いと豊穣の神。　**乳海攪拌**:不老不死の妙薬を取り出すため、神々とアスラ(阿修羅)が大蛇ナーガを綱引きして乳海をかき混ぜるというヒンドゥー教の天地創造神話。

イラン・イスラム共和国

タフテ・ソレイマーン

Takht-e Soleyman

文化遺産

登録年 2003年 登録基準 (i)(ii)(iii)(iv)(vi)

▶ イスラムにも影響を与えたゾロアスター教の聖地

ゾロアスター教★の聖地であるタフテ・ソレイマーンは、紀元前6〜前4世紀のアケメネス朝時代から聖域として崇められている。3世紀頃にはアザル・ゴシュナスブ寺院に多くの巡礼者を集め、やがて寺院は「タフテ・ソレイマーン（**ソロモンの王座**）」と呼ばれるようになった。現在は遺跡全体が、タフテ・ソレイマーンと呼ばれる。この地の建築様式は宗教建築・宮殿建築ともに、イスラム建築に大きな影響を与えた。

ヨルダン・ハシェミット王国

イエス洗礼の地「ヨルダン川対岸のベタニア」（アル・マグタス）

Baptism Site "Bethany Beyond the Jordan" (Al-Maghtas)

文化遺産

登録年 2015年 登録基準 (iii)(vi)

洗礼者ヨハネがイエスを洗礼したと言われるベタニアはヨルダン川東岸にある考古遺跡。アラビア語名のアル・マグタスは「洗礼」を意味する。聖エリヤの丘として知られるテル・アル・カッラールと、ヨルダン川近くの聖ヨハネの教会群地区の2つのエリアで構成される。ローマやビザンツ時代の教会群、礼拝堂、洗礼が行われた水場などの遺跡が残り、今日に至るまでキリスト教徒の巡礼地であり続けている。

イスラエル国

ハイファと西ガリラヤのバハイ教聖所群

Bahá'í Holy Places in Haifa and the Western Galilee

文化遺産

登録年 2008年 登録基準 (iii)(vi)

イスラエル北部のハイファと西ガリラヤには、19世紀にイスラム教の一派、バーブ教から独立したバハイ教の聖地が11ヵ所存在する。世界中に500万人もの信者がおり、ハイファと西ガリラヤには毎年、多くの信者が巡礼に訪れる。アッコにあるバハイ教の創始者**バハウッラー**の霊廟や、西ガリラヤにあるバーブ教の祖バーブ（サイイド・アリー・ムハンマド）の霊廟などが登録されている。

ゾロアスター教：前7世紀頃ペルシアで生まれた宗教。拝火教とも呼ばれる。最高神はアフラ・マズダー。善悪二元論的な世界観を有し、中東を中心とする各地域に広まった。現在もイランやインドなどに信者を有する。

Aa 英語で読んでみよう P.175 -2

エローラーの石窟寺院群

Ellora Caves

文化遺産

登録年 1983年　登録基準 (i)(iii)(vi)

▶ 3つの宗教が共存する寛容の聖地

インド中西部、アジャンターの南西約100kmの山地に位置する『エローラーの石窟寺院群』には、各時代ごとに築かれた仏教、ヒンドゥー教、ジャイナ教の**3つの宗教の石窟寺院**が、南北2kmにわたって立ち並んでいる。

仏教窟は南端の第1～12窟にあたり、5～7世紀に造営された。インドでも最後にできた仏教窟で、祈りを捧げるチャイティヤ窟である第10窟にはストゥーパの前に**仏倚坐像**(ぶついざぞう)*を配した巨大な仏龕(ぶつがん)が設置されている。

ヒンドゥー教窟は、仏教窟の北にある第13～29窟にあたり、7～10世紀頃までにつくられた。なかでも第16窟のカイラーサ寺院は、エローラー石窟寺院群のなかでも最大の規模を誇る。このヒンドゥー教寺院はひとつの岩からできた「石彫寺院」で、幅46m、奥行き80m、高さは34mある。黒光りする玄武岩の巨大な冠石(かんむりいし)をいただき、多種多様な神々や悪魔、空想上の動物などの彫刻が屋根や柱などを覆っている。これらの彫刻はのみと槌(つち)だけで彫られたもので、古代インドの叙事詩『マハーバーラタ』や『ラーマーヤナ』の世界を見事に描いている。これらは当時の技術水準の高さを今に伝えている。

そしてジャイナ教窟は、最も北の第30～34窟にあたり、8～10世紀頃につくられている。ジャイナ教徒はカイラーサ寺院に刺激されて、盛んに石彫寺院を造営したが、多くの寺院が未完のままで終わっている。最も完成度が高いのは第32窟で、第33窟とともに重層構造となっている。

同じインドにある『アジャンターの石窟寺院群』は8世紀以降廃墟になり1,000年間も発見されなかったが、エローラーは忘れ去られることなく、現在も多くの巡礼者が訪れている。3つの宗教が共存したこの石窟寺院群は、古代インドの**寛容の精神**を表している。

第10窟の仏倚坐像

仏倚坐像：台座、またはいすに座って両足を垂下させた像。

インド

カジュラーホの寺院群

Khajuraho Group of Monuments

文化遺産

登録年 1986年 登録基準 (i)(iii)

▶ 官能的な彫刻群が寺院を覆う

インド中部のカジュラーホには、中世インド宗教建築の粋をなす寺院群が残る。寺院群は西群、東群、南群に分けられている。西群はすべてヒンドゥー教寺院で、高さ31mにも達するシカラ(砲弾形の尖塔)をもつ**カンダーリヤ・マハーデーヴァ寺院**が最大の規模を誇る。いっぽう、東群に多いジャイナ教寺院では、パールシュヴァナータ寺院が最も大きい。

寺院には細密な彫刻が施され、性的な情景を奔放に表現した**ミトゥナ**(男女一対の意)と呼ばれる彫刻が有名である。

パールシュヴァナータ寺院の彫刻

カンボジア王国

プレア・ビヒア寺院

Temple of Preah Vihear

文化遺産

登録年 2008年 登録基準 (i)

▶ 世界遺産登録が波紋を呼んだヒンドゥー教の聖地

カンボジア北部、高さ547mの崖上にあるプレア・ビヒア寺院は、9世紀に**クメール人**が築き、11世紀前半に再建された**ヒンドゥー教の聖地**。精緻な彫刻が施された宗教建築が周囲の自然環境と調和した価値が認められ世界遺産に登録された。タイとの国境未画定地域に位置したためにカンボジア内戦時も破壊を免れたが、世界遺産に登録された際に、タイとの間で国境問題が再燃した。現在はカンボジア領★となっている。

プレア・ビヒア寺院

カンボジア領:2013年に国際司法裁判所が判断を下した。

インド

ラニ・キ・ヴァヴ:グジャラト州パタンにある王妃の階段井戸

Rani-ki-Vav (the Queen's Stepwell) at Patan, Gujarat

文化遺産

登録年 2014年　**登録基準** (i)(iv)

▶ 芸術性と実用性が聖性を帯びた階段井戸

インド西部サラスワティ川近くのラニ・キ・ヴァヴは、傑出した芸術性と聖性を誇る階段井戸である。11世紀に王を亡くした妃が記念碑として建てたことから「王妃の階段井戸」の名がついた。

階段井戸は、紀元前3000年ごろからインド各地で造られた**地下水貯蓄システム**。奥行き約65m、幅約20m、深さ約27mで、地下の貯水池まで7層の階段を下りる。地下には精緻なレリーフや彫刻が配された荘厳な空間が広がる。**水の神聖性を祀る寺院**としても利用され、神話や宗教的要素を表現した500体を超える彫刻が並ぶ。

7層の階段からなる

危機遺産　エジプト・アラブ共和国

聖都アブー・メナー

Abu Mena

文化遺産

登録年 1979年／2001年危機遺産登録　**登録基準** (iv)

▶ 砂のなかから発見されたコプト教の聖地

エジプト北部のアブー・メナーは、**コプト教**[*]の聖地。3世紀にローマ帝国からキリスト教弾圧を受けた際に**聖者メナス**が抵抗し殉教したため、その埋葬地として信仰を集めた。ビザンツ帝国の歴代皇帝やアレクサンドリア総大司教などの庇護も受け、巡礼都市として発展。イスラム勢力に占領された8世紀以降アブー・メナーと改称されたが、13世紀に放棄された。1905年に発見されるまで砂に埋もれており、砂の中から発見された聖堂や礼拝堂などは、初期キリスト教の聖地のにぎわいを伝えている。現在、周囲の干拓により地下水位が上昇し、地盤軟化により遺産が崩壊の危機にある。

イエスとメナスのイコン

コプト教：エジプトを中心に発展した原始キリスト教の一派。

危機遺産　エルサレム（ヨルダン・ハシェミット王国による申請遺産）

文化遺産

エルサレムの旧市街とその城壁群

Old City of Jerusalem and its Walls

登録年　1981年／1982年危機遺産登録　登録基準　(ii)(iii)(vi)

▶ 政治的に混沌とする3つの宗教の聖地

エルサレムは、ユダヤ教、キリスト教、イスラム教の**3つの宗教の聖地★**である。紀元前1000年頃、ダヴィデによってエルサレムは古代イスラエル王国の首都となった。ダヴィデの後を継いだソロモンは、「**十戒★**」を納めた神殿をモリヤの丘に建てた。これによりエルサレムは政治的にも宗教的にもユダヤ人の中心地となるが、紀元前63年にローマ帝国の支配下に入った。後70年にはローマ軍によって市街と神殿が破壊され、ユダヤ人は世界各地に離散（**ディアスポラ**）することになった。

他方、エルサレムはキリスト教徒にとっても、イエス・キリストが十字架刑に処せられた地として重要な聖地となっている。そしてイスラム教徒にとっても、開祖ムハンマドが神の啓示を受けて天界に旅立った場所とされていることから、メッカ、メディナに次ぐ聖地として信仰を集めることとなった。

こうしてエルサレムは3つの宗教の聖地となったが、領有権を巡って宗教間の争いが頻発した。イスラム軍が638年にエルサレムを占領すると、キリスト教徒の十字軍が1099年に奪回、しかし1187年にイスラムの英雄サラディンの侵攻があり、再びイスラム教徒の手に戻ることになった。これ以降、イスラム教徒の支配が20世紀初頭まで続いたが、紛争によって多くの神殿や礼拝堂が失われた。

エルサレムの旧市街は、オスマン帝国時代に築かれた約1㎞四方の城壁に囲まれており、歴史的、宗教的に重要な意味をもつ建造物が数多く残る。しかし、パレスチナとイスラエルによる領有問題や急速な都市化、巡礼者による観光被害などのため1982年から現在まで、危機遺産リストに記載されたままである。

岩のドームと城壁。手前の回廊がイスラエルとパレスチナの間で問題となっている

3つの宗教の聖地：いずれもルーツを同じにするユダヤ教とキリスト教、イスラム教の聖地で、ユダヤ教は「嘆きの壁」、キリスト教は「聖墳墓教会」、イスラム教は「岩のドーム」を聖所とする。　**十戒**：ユダヤ教の唯一神ヤハウェがモーセに与えたとされるもの。

Aa 英語で読んでみよう 世界の世界遺産編

日本語訳は、世界遺産検定公式ホームページ（www.sekaken.jp）内、
公式教材「２級テキスト」のページに掲載してあります。

❶ Historic Centre of Prague

日本語での説明 ⇄ P.127

Built along the Vltava River between the 11th and 18th centuries, the Old Town, the Lesser Town and the New Town speak of the great architectural and cultural influence enjoyed by this city since the Middle Ages. The many magnificent monuments, such as Prague Castle, the Cathedral of St Vitus, Hradćany Square in front of the Castle, the Valdgtejn Palace on the left bank of the river, the Gothic Charles Bridge, the Romanesque Rotunda of the Holy Rood, and the High Gothic Minorite Church of St James in the Stark Město show **the rich architectural history and its evolution** on this medieval city.

❷ Vatican City

日本語での説明 ⇄ P.141

The Vatican City, one of the most sacred places in Christendom, attests to a great history and a formidable spiritual venture. A unique collection of artistic and architectural masterpieces lie within the boundaries of this small state. At its center is St Peter's Basilica, with its double colonnade and a circular piazza★ in front and bordered by palaces and gardens. The basilica, erected over the tomb of St Peter the Apostle★, is **the largest religious building in the world** and the fruit of the combined genius of Bramante, Raphael, Michelangelo, Bernini and Maderno.

❸ Meteora

日本語での説明 ⇄ P.142

In a region of almost inaccessible sandstone peaks, monks settled on these "columns of the sky" from the 11th century onwards. 24 of these monasteries★ were built, despite incredible difficulties, at the time of the great revival of the eremetic★ ideal in the 15th century. Their 16th-century frescoes mark a key stage in the development of post-Byzantine painting. Today there are six monasteries still functioning including the largest Monastery of Great Meteoron (Metamorphosis), while the remainders are largely in ruin. **Most of these are perched on high cliffs**, now accessible by staircases cut into the rock formations. The total monastic population of the Meteora monasteries in 2015 was 66, comprising 15 monks in four monasteries and 41 nuns★ in two monasteries.

---

piazza：(伊)広場　**St Peter the Apostle**：聖ペトロ　**monastery**：修道院　**eremetic**：世俗を離れた
nun：修道女

[CHAPTER]
14 古代ギリシャとヘレニズム

ユネスコのシンボルマークとなったパルテノン神殿

ギリシャ共和国

アテネのアクロポリス
Acropolis, Athens

文化遺産

登録年 1987年 登録基準 (i)(ii)(iii)(iv)(vi)

▶ ギリシャ文明の興隆を象徴する丘

ギリシャの首都アテネのシンボルであるアクロポリスは、世界的に有名なパルテノン神殿をはじめ、古代ギリシャ文明を象徴する建造物が集まる丘である。オリンポス十二神の一神、戦いと知恵の**女神アテナ**に由来する名をもつこの地域には、紀元前2000年頃から人々が住み始め、紀元前1500年頃には王宮の所在地となり都市が発展していった。その後、ギリシャ各地にポリスと呼ばれる都市国家が形成されていくなか、紀元前500年にアケメネス朝ペルシアとの間にペルシア戦争が勃発。諸ポリスは**デロス同盟**★を結成し、大国ペルシアに対抗した。

戦いのなか、アクロポリスは破壊されたが、アテネはギリシャの勝利に大きく貢献し、デロス同盟の盟主としての地位を築いた。パルテノン神殿はペルシア戦争の勝利を祝って再建され、完成までに10年の歳月を要している。繁栄を謳歌するアテネにはソクラテスやプラトン、アリストテレスなどの著名な知識人が移り住み、哲学や芸術が発展。ディオニソス劇場などではアイスキュロスなど**3大悲劇詩人**★の劇が上演された。アテネはその後の世界史に多大な影響を及ぼしたギリシャ文化の中心地として、その地位を揺るぎないものとしていった。

デロス同盟:ギリシャ諸都市がペルシアの再攻に備え、前478年に結成した同盟。 **3大悲劇詩人**:アテネの詩人アイスキュロス、ソフォクレス、エウリピデス。

ギリシャ共和国

エピダウロスにあるアスクレピオスの聖域

Sanctuary of Asklepios at Epidaurus

文化遺産

登録年 1988年　登録基準 (i)(ii)(iii)(iv)(vi)

▶ ギリシャで最も美しい劇場が残る医神の聖地

医療の神アスクレピオスの聖地であるエピダウロスには、紀元前390年頃に建築家**テオドロス**が建てたアスクレピオス神殿がある。アスクレピオス神殿は**ドーリア式**の神殿で、病に苦しむ多くの巡礼者を集めた。神殿の周囲には医療施設や運動施設、劇場が建てられ、大規模な医療センターへと発展した。聖域の南東に残る野外音楽場のエピダウロス劇場はギリシャ世界で最も美しいと評され、現在は1955年から毎年開催される芸術祭の舞台となっている。

エピダウロス劇場

ギリシャ共和国

デルフィの考古遺跡

Archaeological Site of Delphi

文化遺産

登録年 1987年　登録基準 (i)(ii)(iii)(iv)(vi)

▶ 世界の中心といわれた、古代ギリシャ世界統一の象徴

ギリシャ中部、パルナッソス山の南麓に位置する、オリンポス十二神の一神で予言と音楽をつかさどる太陽神アポロンの聖地。紀元前6世紀頃には宗教的・政治的影響力を増し、その名声と威信は古代ギリシャ世界全体に広がっていた。「世界のへそ(中心)」と考えられていたデルフィには、巫女**ピュティア**による「**アポロンの神託**」が行われたアポロン神殿などの他、ピュティア競技会が行われた競技場など、紀元前8～前4世紀にギリシャ世界随一の聖地として栄えた当時の建造物が数多く残されている。

アテナ・プロナイアの神域

危機遺産 リビア

キレーネの考古遺跡
Archaeological Site of Cyrene

文化遺産

登録年 1982年／2016年危機遺産登録 登録基準 (ii)(iii)(vi)

▶ アポロンの神託で移住してきた人々が築いた都市

リビア北東部のキレーネは、アポロンの神託によって紀元前630年頃にエーゲ海のテラ島（サントリーニ島）から移住してきた住民によって築かれ、365年に地震の被害を受けるまで、**地中海貿易**の中心都市として繁栄した。「キレーネ」の名はアポロンが愛した泉の精霊に由来し、紀元前5～前4世紀には太陽神アポロンに捧げる神殿やギリシャ様式の劇場などが建造された。

アルバニア共和国

ブトリントの考古遺跡
Butrint

文化遺産

登録年 1992年／1999年範囲拡大／2007年範囲変更 登録基準 (iii)

アルバニア共和国の南部にある、紀元前7世紀後半に築かれたギリシャの港湾植民都市の遺構。低地の都市部と丘の上のアクロポリスの2区画に分かれ、都市部には円形劇場や住居、**医療の神アスクレピオス**を祀る神殿が残る。紀元前2世紀に古代ローマ帝国に併合されると、円形劇場は拡張され、競技場や公共浴場なども建設された。初期キリスト教時代の、バシリカ式聖堂や洗礼堂なども見られる。

トルコ共和国

トロイアの考古遺跡
Archaeological Site of Troy

文化遺産

登録年 1998年 登録基準 (ii)(iii)(vi)

トルコ西部の『トロイアの考古遺跡』は、紀元前3000年～後500年頃にかけて繁栄した都市の遺跡。ホメロスの叙事詩『**イリアス**』に記されたトロイア戦争の舞台とされる。イリアスに描かれた伝説を信じたドイツの考古学者シュリーマンよって1873年に遺跡が発見され、世界的なセンセーションを巻き起こした。彼の死後も発掘は引き継がれ、9つの時代の都市遺跡が層を成していることが確認された。

文化遺産

ネムルト・ダーの巨大墳墓

Nemrut Dağ

登録年 1987年 登録基準 (i)(iii)(iv)

▶ 聖山の頂に築かれたアンティオコス1世の墓

トルコ南東部の**ネムルト山**の山頂にある『ネムルト・ダーの巨大墳墓』は、紀元前1世紀に**コンマゲネ王国**のアンティオコス1世が自身のために築いた墳墓の遺跡である。アンティオコス1世は紀元前69年に即位し、ローマ帝国との交渉で自由を獲得した後、豊富な鉱物資源や交易によって王国を繁栄させた。聖なる山であるネムルト山の頂に、存命中に墓を設けることでアンティオコス1世自らの神格化を図ったと考えられており、標高2,206mの山頂に砕石を積み上げて高さ75m(現在は50m)の巨大な円錐形の墳墓が築かれた。

墳墓が発見されたのは1881年。1953年から調査が開始されたが、墓室につながる通路が見つからないなど、細部については現在も解明できていない。

墳墓のふもとには、ギリシャやペルシアの神々とともにアンティオコス1世自身の石像が置かれている。それらの石像はヘレニズム文化の象徴であり、コンマゲネ王国が**ギリシャとペルシアの双方から強い影響を受けていた**ことの証しである。

墳墓の北側に位置するテラスの両端には、装飾された約80mの壁があり、複数の石板が置かれている。アンティオコス1世が神々と握手する図柄が描かれた石板には、偉大な神々と対等の存在になりたいと願った王の思いが表れている。

また、「王の星占い」と呼ばれるレリーフが施された石板には獅子や星々が彫られ、紀元前62年7月7日に水星と火星、金星が一直線に並ぶように描かれている。この日はアンティオコス1世がローマ帝国からこの地を託された日とされる。

地震によって転げ落ちた石像の頭部

[CHAPTER]

15 ローマ帝国

ハドリアヌス帝が建てた霊廟を起源とするサンタンジェロ城

イタリア共和国及びヴァティカン市国

ローマの歴史地区と教皇領、サン・パオロ・フォーリ・レ・ムーラ聖堂

Historic Centre of Rome, the Properties of the Holy See in that City Enjoying Extraterritorial Rights and San Paolo Fuori le Mura

文化遺産

登録年 1980年/1990年範囲拡大/2015年範囲変更　登録基準 (i)(ii)(iii)(iv)(vi)

▶ 地中海全域を支配したローマ帝国の首都

イタリアの首都ローマは、紀元前1〜後5世紀にかけて地中海全域を支配した古代ローマの歴史を物語る都市である。伝説によると、オオカミに育てられた双子の兄弟ロムルスとレムスのうち、兄のロムルスが紀元前754年にローマを築いたとされる。「ローマ」の名は、そのロムルスに由来している。

この地に人が住み始めたのは紀元前10世紀頃で、その後、都市国家を経て共和制国家となった。紀元前270年頃にイタリア半島全土を掌握したローマは、地中海の覇権をかけて大国カルタゴと争い、3度にわたって繰り広げられたポエニ戦争に勝利したことで、ローマの権勢は揺るぎのないものとなった。

それまでの共和政に陰りが見え始めた紀元前1世紀には、三頭政治やガリア遠征を経て力を蓄えたカエサル★が独裁体制を確立して改革を断行。そして紀元前27年、カエサルの後を継いだアウグストゥスが初代皇帝となり、帝政ローマの時代が幕を開けた。歴代の皇帝は凱旋門や劇場、浴場、神殿、円形闘技場などの大規模建造物を次々と建築し、現在もその遺跡が残っている。

4世紀には、**コンスタンティヌス帝**★がキリスト教を公認し、教皇の住むカトリック

カエサル：前100〜前44　ローマの将軍・政治家。文筆家としても名高く、『ガリア戦記』などの著作がある。
コンスタンティヌス帝：274？〜337　ローマ皇帝。キリスト教徒の母をもち、晩年には自らも洗礼を受けた。

教会の中心地としてキリスト教の聖堂群がつくられた。

5世紀後半に西ローマ帝国が滅亡すると、8世紀以降は教皇領の首都になり、ルネサンス期には強大な力を有する教皇の下、ミケランジェロやラファエロ、ベルニーニといった著名な芸術家の活躍により、芸術の都としての地位も確立した。

ローマはルネサンス以降も芸術・文化の発信地の役割を担い、長い歴史のなかでそれぞれの時代に応じて地位や立場を変化させながら、共和制以降、現在までの約2,600年間、ヨーロッパのなかで重要な役割を果たしてきた。

世界遺産に登録されたローマの歴史地区には、ローマ発祥の地とされる七つの丘をはじめ、コロッセウム、**パンテオン**、カラカラ浴場など、ローマの力と繁栄を象徴する遺跡が含まれている。コロッセウムは後80年につくられたローマ世界最大の円形闘技場で、ティトゥス帝の時代に完成し、剣闘士同士や剣闘士と猛獣との格闘などを公開する市民の娯楽の場になった。

パンテオンはローマ人が信仰する神々全てを祀った「万神殿」で、アグリッパが前27年に建て、ハドリアヌス帝が改築。ローマ建築の傑作であり、ミケランジェロが「天使の設計」と絶賛した。カラカラ浴場は市民のためにカラカラ帝がつくった大規模な公衆浴場跡である。

ローマの歴史地区は当初、3世紀のアウレリアヌスの城壁内が世界遺産に登録されていたが、1990年に登録範囲が拡大され、教皇ウルバヌス8世が17世紀に築いた城壁内まで世界遺産に含まれた。

アウレリアヌス帝によって設けられた城壁は、ローマ中心部を星型に取り囲んでいる。ゲルマン人などの外敵の侵入を防ぐ目的でつくられたもので、ローマ帝国最盛期の遺構の大半は、この城壁内にある。

現在の登録範囲には城壁外に位置する**サン・パオロ・フォーリ・レ・ムーラ聖堂**の他、サンタ・マリア・マッジョーレ聖堂やサン・ジョヴァンニ・イン・ラテラーノ聖堂など、ヴァティカン市国が直轄する3聖堂も含まれている。

□ ローマの歴史地区（★がおもな資産）

Aa 英語で読んでみよう P.175 －③

カルタゴの考古遺跡

Archaeological Site of Carthage

文化遺産

登録年 1979年 登録基準 (ii)(iii)(vi)

▶ 地中海の覇権を争いローマと激突した都市国家

カルタゴは、紀元前6～前2世紀頃に地中海交易で繁栄した都市国家で、チュニジア共和国の首都チュニス近郊の地中海沿岸に位置した。この都市は**フェニキア人**によって築かれ、紀元前6世紀頃には地中海西部一帯の通商権を掌握。イベリア半島の金や錫（すず）といった資源をもとに交易によって莫大な富を得て、一時は「世界の覇者」とまで称され、繁栄を極めた。

その後、カルタゴは地中海の覇権をめぐってローマと激しく争い、紀元前3～前2世紀にかけて3度にわたる**ポエニ戦争**で激突した。英雄**ハンニバル**の奮闘もあったが、カルタゴはいずれも敗戦。2度の敗戦から驚異的な復興を見せたカルタゴだったが、3度目の戦いで街を完全に破壊され、滅亡に至った。

しかし紀元前46年に、ローマのカエサルが植民都市としてカルタゴを再建する計画を立て、その構想は初代ローマ帝国皇帝アウグストゥスの治世下で実現した。新しいカルタゴには、ローマと同様に道路が碁盤目状に配され、円形劇場や闘技場といった施設も設けられた。特に2世紀頃につくられたアントニヌスの浴場は、ローマ世界で3番目の規模となる巨大施設で、浴室、冷浴室、サウナなど、合計100以上の部屋を備えていた。また、建物の床や壁はローマ期のモザイクで装飾されており、その美しさは世界的に高く評価されている。

ローマ人の手で再建され、再び栄華を取り戻したカルタゴであったが、7世紀の終わりにアラブ人のウマイヤ朝に占領され、再び街は破壊されてしまう。アントニヌスの浴場もその際に取り壊された。浴場の石材は、ウマイヤ朝が占領したスペインに運ばれ、大モスクの建造などに用いられた。現存するカルタゴの遺跡のほとんどは、ローマの植民都市時代に築かれたものである。

アントニヌスの浴場跡

スペイン

メリダの考古遺跡群

Archaeological Ensemble of Mérida

文化遺産

登録年 1993年 登録基準 (iii)(iv)

▶ローマの退役兵士用居住地として建設された都市

スペイン南西部のメリダは、かつて**アウグスタ・エメリタ**と呼ばれていたローマ植民都市の遺跡。アウグストゥスによって建設され、イベリア半島の主要都市を結ぶ交通の要衝として発展。最盛期のディオクレティアヌス帝の時代には「スペインのローマ」と呼ばれるまでの繁栄を見せた。現在メリダ市内には、最大5,500人を収容したという階段式観客席をもつローマ劇場や、円形闘技場などの遺構が残る。

トルコ共和国

エフェソス

Ephesus

文化遺産

登録年 2015年 登録基準 (iii)(iv)(vi)

トルコ西部にあるかつての港湾都市エフェソスには、ヘレニズムやローマ帝国時代の都市遺跡が残る。セルシウス図書館や巨大なローマ劇場の他、「世界の七つの景観★」に数えられたアルテミス神殿は地中海各地から多くの巡礼者を集めたとされる。５世紀以降はこの地で余生を送った**聖母マリアの家**がキリスト教の主要な巡礼地となり、８世紀にアラブ人に侵略されるまで長きにわたり地中海都市の中心として繁栄した。

イタリア共和国

ポンペイ、エルコラーノ、トッレ・アヌンツィアータの考古地区

Archaeological Areas of Pompei, Herculaneum and Torre Annunziata

文化遺産

登録年 1997年 登録基準 (iii)(iv)(v)

イタリア南部のポンペイは、紀元79年の**ヴェスヴィオ山**の噴火で火山灰に埋もれた街。16世紀末に偶然発見され、その後の発掘によってかつての姿が明らかになった。発掘された街からは噴火当時のままの建造物や広場が発見され、考古学的にもとても重要なものと考えられている。また逃げ遅れた人が埋まってできた空洞に、石膏を流し込んで再現された人々の姿は、悲劇の瞬間を今に伝えている。

世界の7つの景観：紀元前２世紀にビザンティウムのフィロンが書いた書籍で、「世界の七不思議」とも呼ばれる。

危機遺産　リビア

レプティス・マグナの考古遺跡

Archaeological Site of Leptis Magna

文化遺産

登録年　1982年／2016年危機遺産登録　登録基準　(i)(ii)(iii)

▶ 初のアフリカ属州生まれの皇帝セプティミウス・セウェルスの生誕地

リビア北西部、地中海沿岸のレプティス・マグナには、古代ローマの北アフリカにおける商業中継地であった港湾都市の遺跡がある。紀元前10世紀にフェニキア人が築き、ローマの植民都市となった2世紀には、この地で生まれた**セプティミウス・セウェルス**がローマ皇帝となって黄金期を迎えた。セウェルス帝の凱旋門やローマ劇場などが建設されローマに匹敵する都市となった。

英国（グレートブリテン及び北アイルランド連合王国）及びドイツ連邦共和国

ローマ帝国の境界線

Frontiers of the Roman Empire

文化遺産

登録年　1987年／2005、2008年範囲拡大　登録基準　(ii)(iii)(iv)

英国とドイツにある『ローマ帝国の境界線』は、**異民族の侵入に備えて築かれた**防壁である。ドイツに残る防壁リーメスは、ゲルマン民族の襲撃に備え、紀元1世紀末にドミティアヌス帝によって築かれたもので、全長約550㎞に及ぶ。英国北部に120㎞にわたり延びるハドリアヌス帝の名を冠した長城は北方の境界線とされ、その後さらに北にアントニヌス・ピウス帝による長城が築かれた。

クロアチア共和国

スプリトのディオクレティアヌス帝の宮殿と歴史的建造物群

Historical Complex of Split with the Palace of Diocletian

文化遺産

登録年　1979年　登録基準　(ii)(iii)(iv)

アドリア海沿岸の港町スプリトは、「四分統治」などの帝政改革で知られる3世紀のローマ皇帝**ディオクレティアヌスが余生を過ごした宮殿**を中心に発展した街。スプリトは長い歴史のなかでさまざまな勢力に支配された。ローマ時代の遺跡の上には、のちの時代に増改築されたゴシック、ルネサンス、バロックといったさまざまな建築様式が混在し、独特な街並となった。

Aa 英語で読んでみよう 世界の世界遺産編

日本語訳は、世界遺産検定公式ホームページ(www.sekaken.jp)内、
公式教材「2級テキスト」のページに掲載してあります。

❶ Meidan Emam, Esfahan

日本語での説明 ⇄ P.151

The Meidan Emam is a public urban square in the center of Esfahan, a city located on the main north-south and east-west routes crossing central Iran. Built by Shah Abbas I the Great★ at the beginning of the 17th century, and bordered on all sides by monumental buildings linked by a series of two-storied★ arcades, the site is known for the Royal Mosque, the Mosque of Sheykh Lotfollah, the magnificent Portico of Qaysariyyeh and the 15th-century Timurid★ palace. They are an impressive **testimony to the level of social and cultural life in Persia during the Safavid★ era**.

❷ Ellora Caves

日本語での説明 ⇄ P.161

Ellora is one of the largest rock-cut monastery-temple cave complexes in the world. These 34 monasteries and temples, extending over more than 2km, were dug side by side in the wall of a high basalt cliff★, not far from Aurangabad, in Maharashtra. Ellora, with its uninterrupted sequence of monuments dating from A.D. 600 to 1000, brings the civilization of ancient India to life. Not only is the Ellora complex a unique artistic creation and a technological exploit but, with its sanctuaries devoted to Buddhism, Hinduism and Jainism, it illustrates **the spirit of tolerance that was characteristic of ancient India**.

❸ Archaeological Site of Carthage

日本語での説明 ⇄ P.172

Carthage was founded in the 9th century B.C. on the Gulf of Tunis. From the 6th century B.C. onwards, it developed into **a great trading empire covering much of the Mediterranean** and was home to a brilliant civilization. In the course of the long Punic wars★, Carthage occupied territories belonging to Rome, which finally destroyed its rival in 146 B.C. A second – Roman – Carthage was then established on the ruins of the first Punic city. The property comprises the vestiges of Punic, Roman, Vandal, Paleochristian and Arab presence. The major known components of the site of Carthage are the acropolis of Byrsa, the Punic ports, the Punic tophet★, the necropolises, theater, amphitheater, basilicas, the Antonin baths★, and the archaeological reserve.

Shah Abbas I the Great:アッバース1世　**two-storied**:2階建ての　**Timurid**:ティムール朝の　**Safavid**:サファヴィー朝の　**basalt cliff**:玄武岩の崖　**Punic war**:ポエニ戦争　**tophet**:トペテ。幼児をいけにえに捧げる儀式が行われた場所　**Antonin bath**:アントニヌス浴場

[CHAPTER]

16

先史時代

カカドゥ国立公園で発見された「X線画法」で描かれた壁画

オーストラリア連邦

カカドゥ国立公園

Kakadu National Park

複合遺産

登録年 1981年／1987、1992年範囲拡大／2011年範囲変更
登録基準 (i)(vi)(vii)(ix)(x)

▶ 自然の楽園とアボリジニの文化が融合した複合遺産

オーストラリア北部の複合遺産『カカドゥ国立公園』は**オーストラリア最大の国立公園**である。マングローブが群生する干潟、雨季には沼地となる氾濫原、熱帯雨林、サバナ、断崖など、さまざまな自然景観が見られる。一帯の植物相は、46種の絶滅危惧種や9種の固有種を含み、オーストラリア北部で最も多様性に富んでいる。多様な環境にはイリエワニや、野鳥のセイタカコウなどが生息している。

また公園内には、約300人のアボリジニが居住している。一帯の土地は正式にアボリジニの所有地と認められており、政府が借り受ける形で公園運営が行われている。公園内では人類最古の石器とされる約4万年前の斧や、近年まで描かれていた1,000ヵ所以上もの壁画も発見され、アボリジニが代々この地で暮らしてきたことを証明している。壁画はアボリジニの生活や宗教、伝説をモチーフとしており、動物や人間の絵に、骨格や内臓を透視するように描き込んだ「**X線画法**」と呼ばれる独特の技法が用いられている。これは急所や食べられる部位を示すために発達した画法と考えられ、特に公園東部の**ウビル・ロック**やノーランジー・ロックでは保存状態の良好な壁画が残っている。

アルゼンチン共和国

ピントゥラス川のクエバ・デ・ラス・マノス

Cueva de las Manos, Río Pinturas

文化遺産

登録年 1999年 登録基準 (iii)

▶無数の「左手の手形」が残された洞窟

アルゼンチン南部、パタゴニア地方のピントゥラス川流域の渓谷や洞窟には、先史時代に描かれたとされる壁画が数多く残る。有名なのが、「**手の洞窟**」を意味するクエバ・デ・ラス・マノス。内部には、壁に手をつき顔料を吹きつけて描かれた壁画が800以上も確認されている。手形はほとんどが左手のものである。

サウジアラビア王国

ヒマーの文化地域

Ḥimā Cultural Area

文化遺産

登録年 2021年 登録基準 (iii)

サウジアラビア南西部の山岳地帯に位置するヒマーは、アラビア半島のキャラバンの古い交易ルートに位置しており、狩猟や動物、植物、生活の様子を描いた岩絵が数多く存在する。これらの絵は7,000年の歴史の中で描かれたもので、多くは元の状態をとどめている。また、プロパティとバッファゾーンには未採掘の考古学的資料も多く存在している。この地に残る**ビール・ヒマーの井戸**は3,000年以上の歴史がある。

フランス共和国

ヴェゼール渓谷の装飾洞窟と先史遺跡

Prehistoric Sites and Decorated Caves of the Vézère Valley

文化遺産

登録年 1979年 登録基準 (i)(iii)

フランス南西部のヴェゼール渓谷には、後期旧石器時代に**クロマニョン人**★が壁画を残した25の洞窟が点在している。有名なラスコーの洞窟には、野生の馬、バイソン、サイ、シカなど、およそ100点の動物壁画が確認されている。ラスコーの洞窟は、壁画の損傷を防ぐ目的から研究者以外は立ち入り禁止となっているが、ラスコーの壁画を忠実に再現したラスコーⅡが近くにつくられ、一般に公開されている。

クロマニョン人:旧石器時代の新人。1868年にフランスのクロマニョンでその人骨化石が発見された。

オーストラリア連邦

ウィランドラ湖地域

Willandra Lakes Region

複合遺産

登録年 1981年 登録基準 (iii)(viii)

▶ 旧人から新人への人類の歴史と更新世からの地球の歩みを伝える地域

オーストラリア大陸の南部に位置する『ウィランドラ湖地域』は砂漠地帯に広がる約2万年前に干上がった湖の跡地。**ホモ・サピエンス・サピエンス**(新人)の骨が発見された。この遺跡で出土した約2万6,000年前の女性の骨には、火葬された痕跡が見られ、当時の人類の風習を現在に伝える貴重な史料である。周囲にはアボリジニが残した岩面画も残る。また地質学的にも貴重な場所である。

インドネシア共和国

人類化石出土のサンギラン遺跡

Sangiran Early Man Site

文化遺産

登録年 1996年 登録基準 (iii)(vi)

ジャワ島中部のサンギラン遺跡は、**ジャワ原人**などの初期人類の化石が多数発掘された地域。19世紀末にオランダ人医師ユージン・デュボアがジャワ原人の化石を発見した。その後ドイツの人類学者ケーニヒスヴァルトが発掘に着手して以降、この地では全世界で発見された初期人類化石の半数にあたる約50体が出土している。また、サイやゾウの牙、水牛やシカの骨などの多数の化石も出土している。

エチオピア連邦民主共和国

オモ川下流域

Lower Valley of the Omo

文化遺産

登録年 1980年 登録基準 (iii)(iv)

エチオピア南西部に広がるオモ川下流域は、岩石層に大量の人類や動物の化石が出土した岩石層がある化石発掘地。**アウストラロピテクス**の他、現代人の直接の先祖とされるホモ・エレクトゥスの化石や、250万年前のものとされるホモ・ハビリスの石器類などが発見されている。これは、人類最古の手作業の証拠であり、先史時代の人類の暮らしを伝えている。

英国（グレートブリテン及び北アイルランド連合王国）

文化遺産

ストーンヘンジ、エイヴベリーの巨石遺跡と関連遺跡群

Stonehenge, Avebury and Associated Sites

登録年 1986年／2008年範囲変更　**登録基準** (i)(ii)(iii)

▶ いまだ謎の多い巨石遺跡

イングランド南部のソールズベリー平原に残るストーンヘンジと、そこから北へ約30kmに位置するエイヴベリーの巨石遺跡が、巨石文明時代の存在を証明する遺産として登録されている。

ストーンヘンジとは、巨石でつくられた環状列石で、ヘンジとは**メンヒル**★（直立石）に横石を積んでつないだ構造物を指す。ストーンヘンジは、太陽崇拝の祭祀と天文観測を行う場であったと考えられている。エイヴベリーは約1.3kmの外周に約100個のメンヒルが配置された**ヨーロッパ最大級の環状列石**である。

ストーンヘンジ

マルタ共和国

文化遺産

マルタの巨石神殿群

Megalithic Temples of Malta

登録年 1980年／1992年範囲拡大／2015年範囲変更　**登録基準** (iv)

▶ 貴重な先史時代の建造物

地中海に浮かぶマルタ島とゴゾ島には紀元前4000年から前3000年にかけて築かれた巨石神殿が残る。ゴゾ島の**ジュガンティーヤ**にある２つの神殿が世界最古の自立式石造建築として1980年に世界遺産登録され、1992年にマルタ島の**５つの神殿**が拡大登録された。マルタ島のハジャーイム、イムナイドラ、タルシーンの３神殿は、限られた資源と技術の中で生み出された卓越した建築であり、タハージュラとスコルバの複合神殿跡からは建築技術がいかに伝播発展していったかを見ることができる。神殿の形式や構成、またこの地で発見された遺物は、高度に組織化された社会の儀式の場としてこれらの神殿が重要な役割を果たしたことを示している。

ジュガンティーヤの神殿

メンヒル：ヨーロッパ西部に分布する巨石記念物。地上に垂直に立てられた巨石で、その多くは新石器時代から初期鉄器時代に属する。ブルトン語で、「長い石」を意味する。

[CHAPTER]

17

古代文明

メンフィスのピラミッド地帯にある三大ピラミッド

エジプト・アラブ共和国

Aa 英語で読んでみよう P.201 - 1

メンフィスのピラミッド地帯

Memphis and its Necropolis – the Pyramid Fields from Giza to Dahshur

文化遺産

登録年 1979年　登録基準 (i)(iii)(vi)

▶ 古代の王たちが築いた巨大建造物

メンフィスでは古代エジプト古王国時代（紀元前2650頃～前2120頃）に築かれた世界的にも有名なピラミッドを見ることができる。ギザからダハシュールに至る約30㎞の間に、ピラミッドを含むおよそ30の歴史的建造物が点在している。

古王国時代以前の王や貴族の墓は、日干しレンガなどでつくられた**マスタバ**と呼ばれる角形の墳墓であった。初めてピラミッドを建造させたのは古王国時代第３王朝のジェセル王である。これまでとは違う墓をつくるようジェセル王に命じられた宰相イムホテプは、「不滅の建材」である石を使って、10mの高さのマスタバを構築。そしてマスタバの四方を拡張し、上に石を積んで４層のピラミッドを建造した。さらにその後、4層のピラミッドを土台にして、高さ60mに及ぶ６層のピラミッドを完成させた。これ以後、歴代の王たちは自身の力の大きさを競い合うように、ピラミッドを建造していった。

第４王朝の**スネフェル王**は、屈折ピラミッドや赤のピラミッドなど、在位中に３つのピラミッドを建造したとされている。スネフェル王の屈折ピラミッドは上部の勾配が下部に比べて緩やかになっているのが特徴。赤のピラミッドは、石材の色が赤いことからその呼び名がついた。

スネフェル王の跡を継いだ**クフ王**の時代には、建造時の高さが150mという巨大なピラミッドがつくられた。これは現存するピラミッドのなかでも最大で、建造にあたって平均2.5tの石が約230万個も使われたといわれている。

クフ王のピラミッド建造には多くの人が従事し、その数は3万人とも10万人とも推測されている。しかしどのような方法でこれだけの石を積み上げげたのかはわかっておらず、世界七不思議のひとつにも数えられている。

クフ王のピラミッドの周辺からは労働従事者が寝泊まりする宿舎跡が発見されており、ピラミッドの建造は農閑期の人々に仕事を与える公共事業として行われていたとする説もある。

□ メンフィスのピラミッド地帯

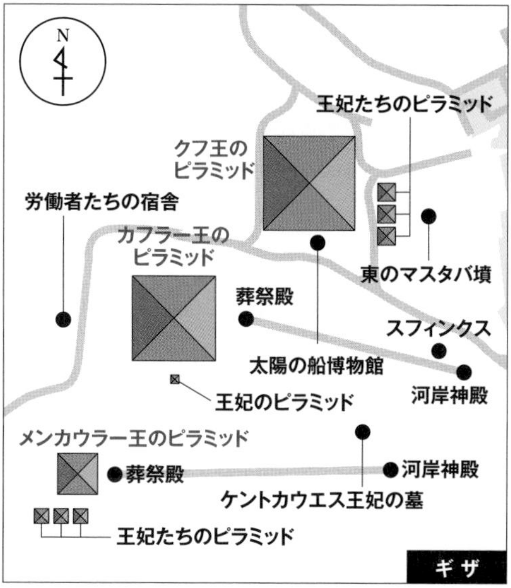

巨大な石が積み上げられたピラミッド

エジプト・アラブ共和国

古代都市テーベと墓地遺跡

Ancient Thebes with its Necropolis

文化遺産

登録年 1979年 登録基準 (i)(iii)(vi)

▶ ツタンカーメン王墓所などを含む新王国時代の遺跡

エジプトのナイル川中流域にあるルクソールは、かつてテーベと呼ばれ、エジプト中王国（紀元前2020〜前1793年頃）の第11王朝から新王国の第18王朝まで都が置かれた。第12王朝時代に築かれたアメン神を祀る**カルナク神殿**や都の廃墟、王族の墓所などが残っている。

ナイル川の東岸と西岸では役割が異なり、日が昇る東岸にはカルナク神殿やルクソール神殿があり、日が沈む西岸には**ネクロポリス**（死者の都）と呼ばれる墓地遺跡群が残されている。

西岸にあるハトシェプスト女王葬祭殿

トルコ共和国

ギョベクリ・テペ

Göbekli Tepe

文化遺産

登録年 2018年 登録基準 (i)(ii)(iv)

▶ 世界で最も古いと考えられる巨石構造物群

アナトリア半島の南東の小高い丘に位置するギョベクリ・テペは、楕円形や長方形をした巨石構造物群からなる考古遺跡である。これらは、**先土器新石器時代**★である紀元前9600年から前8200年頃に狩猟採集民によって築かれたもので、**葬送の儀式などに用いられていた**と考えられている。独特なT字型の柱にはライオンやウシなど野生動物などの絵が彫られており、この地で11,500年前頃に暮らした人々の生活や信仰をうかがい知ることができる。

T字型の柱が円形に並べられ中央にも2本立っていた

先土器新石器時代：旧石器時代を指すが、西アジアの考古学では新石器時代初頭を先土器新石器時代と呼ぶ。

ヒッタイトの首都ハットゥシャ

Hattusha: the Hittite Capital

文化遺産

登録年 1986年 登録基準 (i)(ii)(iii)(iv)

▶史上初めて鉄の文明を手にしたヒッタイト王国の首都

トルコ中央部、ボアズカレ地方の東西約1.3km、南北約2.1kmの範囲に広がるハットゥシャの遺跡は、アナトリア(小アジア)に君臨したヒッタイト王国の首都遺跡である。ヒッタイト王国は、紀元前17〜前13世紀と非常に長期間にわたって繁栄した。

この地を拠点とした騎馬民族のヒッタイト人は、優れた**製鉄技術**をもっており、その技術を独占した。彼らは鉄製の武器や機動力の高い軽戦車を駆使して周辺国を次々と滅ぼし、最盛期にはメソポタミアにまで領土を拡大した。

エジプトやバビロニアとともに古代オリエントの3大強国に数えられたが、紀元前12世紀頃に地中海から侵入してきた「海の民」と呼ばれる民族によってハットゥシャを破壊され、滅亡したと考えられている。滅亡した原因については他にも諸説あり、はっきりとはわかっていない。

二重の城壁に囲まれたハットゥシャの廃墟には、岩にレリーフが刻まれた**ヤズルカヤ神殿**をはじめ、スフィンクス門などの多くの門、城外に通じる地下道、貯蔵庫、王宮などの遺跡が残る。

また、ビュユックカレと呼ばれる大城塞からは、**楔形文字**が記された2万枚以上もの粘土板が20世紀初頭に出土している。ヒッタイトとエジプトが「カデシュの戦い」後に結んだ和平文書らしきものも含まれており、謎多きヒッタイト王国の実情を知るうえで貴重な手がかりとなっている。

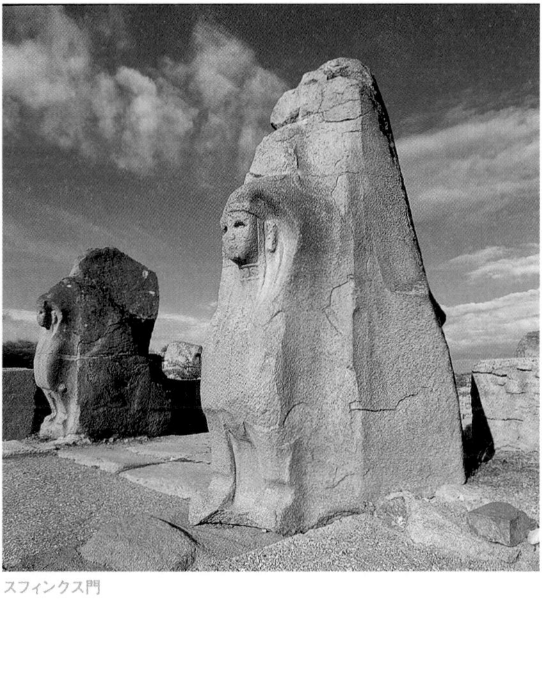
スフィンクス門

インド

文化遺産

ドーラヴィーラ:ハラッパーの都市

Dholavira: a Harappan City

登録年 2021年　登録基準 (iii)(iv)

▶ 保存状態の良いインダス文明の遺跡

古代都市ドーラヴィーラはハラッパー文明の南部の中心地で、グジャラート州のカディール島に位置している。南アジアでは非常に数少ない良く保存された都市遺跡である。ドーラヴィーラには紀元前3000～1500年頃から人々が居住していた。インダス文明最大の都市遺跡**モヘンジョ・ダーロ**に似た城塞と市街地で構成された構造をもつ。洗練された水供給システムがあり、雨期に増水した2つの川から水を利用していた。西側には**共同墓地**があり、6種類の慰霊碑が見られ、これらはハラッパー文明の独特な死生観を表している。

保存状態の良い都市遺跡

中華人民共和国

文化遺産

殷墟

Yin Xu

登録年 2006年　登録基準 (ii)(iii)(iv)(vi)

▶ 殷王朝の文明レベルを示す遺物が数多く出土

北京の南方、安陽(あんよう)市にある殷墟(いんきょ)は、中国最古の都市遺跡のひとつ。現在確認できる中国最古の王朝として知られる**殷王朝**後期にあたる紀元前1300年頃から前1046年頃まで都が置かれた。

遺跡からは、神託などの結果を**甲骨文字**で記した亀の腹甲など、古代中国における言語や信仰の発展を示す重要な遺物が数多く出土している。また妃の墓が、当時の王族の墳墓には珍しく完全な形で残っており、他にも皇族陵墓や宮殿の遺跡がいくつも発掘されている。

甲骨が採取された穴

危機遺産　イラク共和国

文化遺産

アッシュル（カラット・シェルカット）

Ashur (Qal'at Sherqat)

登録年 2003年／2003年危機遺産登録　**登録基準** (iii)(iv)

▶ アッシュル神信仰の拠点となったアッシリアの古都

イラクの**チグリス川**中流域のアッシュルは、現在のカラット・シェルカットに位置する。紀元前3000年頃から古代アッシリアの最初の首都となり、アッシュル神を祀る宗教的拠点として発展した。遺跡には**ジッグラト**（聖塔）や宮殿跡なども含まれるが、多くは現在も未発掘のままである。

遺跡付近にダムを建設する計画があり、浸水の危険性があるとして、世界遺産登録と同時に危機遺産にも登録。現在、ダムの建設は中断されている。

アッシュルの遺跡で見つかった楔形文字

イラン・イスラム共和国

文化遺産

ペルセポリス

Persepolis

登録年 1979年　**登録基準** (i)(iii)(vi)

▶ ダレイオス1世が築いたアケメネス朝ペルシアの都

イラン南部の『ペルセポリス』は、アケメネス朝ペルシアの最盛期にあたる紀元前6〜前5世紀にかけて築かれた都市。3代皇帝**ダレイオス1世**の命で創建されたこの都市は、宗教儀礼の場として用いられたが、紀元前330年にマケドニアのアレクサンドロス大王の侵攻によって破壊された。

ペルセポリスは石を20mほど積み上げた大基壇の上に築かれており、入口には緩やかな勾配の大階段と、「万国の門」の別名をもつ**クセルクセス門**がある。また、基壇上に「謁見の間（アパダナ）」がある。

大階段を登りきると現れるクセルクセス門

[CHAPTER]

18 アメリカ大陸の文明

テオティワカンの古代都市を南北に貫く「死者の大通り」

メキシコ合衆国

テオティワカンの古代都市

Pre-Hispanic City of Teotihuacan

文化遺産

登録年 1987年 登録基準 (i)(ii)(iii)(iv)(vi)

▶ 未だ謎の多いメソアメリカ最大の都市遺跡

メキシコ中部のアナワク高原に位置する『テオティワカンの古代都市』は、アメリカ大陸最大規模の都市遺跡である。この地域では、紀元前200年前後から周辺の小集落が統合されはじめ、4〜7世紀頃には人口15万人を超える大都市が形成されていたと考えられている。しかし、都市を築いた民族の詳細や、7世紀後半頃から急速に衰退した理由などについては、現在も不明である。

テオティワカンには、ラ・シウダデラ(城塞)と呼ばれる儀式場跡のほぼ中央に位置する**ケツァルコアトル**★の神殿をはじめ、**タルー・タブレロ式**★でつくられた600基のピラミッドや宮殿が整然と立ち並んでいたとされる。なかでも**太陽のピラミッド**は、底辺の幅が225m、高さは63mに達する最大の建造物。夏至の日には、このピラミッドの真向かいに太陽が沈むよう設計されていることから、極めて高度な天文知識をもつ民族によって築かれたと考える研究者もいる。この都市に見られる宗教や文化、芸術は、のちのメソアメリカ全域に多大な影響を与えた。

遺跡の発掘調査は1884年から行われているが、広大な都市部のほとんどは現在も地中に埋まっている状態で、全体の10分の1程度しか発掘されていない。

ケツァルコアトル:アステカ文明における創造と科学の神。羽のある蛇の姿をしている。マヤ文明では「ククルカン」と呼ばれた。
タルー・タブレロ式:タルーと呼ばれる傾斜壁とタブレロと呼ばれる垂直壁を交互に積み上げた建築様式。

ボリビア多民族国

ティワナク：ティワナク文化の宗教的・政治的中心地

Tiwanaku: Spiritual and Political Centre of the Tiwanaku Culture

文化遺産　登録年 2000年　登録基準 (iii)(iv)

▶ 12世紀に姿を消した詳細不明の都市遺跡

ボリビアの西部高地に位置する『ティワナク』は、インカ帝国以前の建造物が残る都市遺跡。6〜10世紀頃に最盛期を迎えたが、12世紀に文字を残さず滅んだため民族の詳細は不明である。アカパナと呼ばれる高さ18mのピラミッドや一枚岩でつくられた**太陽の門**など、巨大な石を使った建造物が多く、高度な石加工技術を有する民族だったと考えられている。

アメリカ合衆国

ポヴァティ・ポイントの記念碑的土塁群

Monumental Earthworks of Poverty Point

文化遺産　登録年 2014年　登録基準 (iii)

ルイジアナ州北部ミシシッピ川下流域には、紀元前1700年から前700年に**狩猟採集民族が居住や儀式の場として使用していた**遺跡が残る。遺跡は5つの土塁（マウンド）と、中央の広場から同心円状に配置される6つの扇形の隆起で構成される。遺跡の西側に位置するマウンドAは北米最大規模の土塁。この場所が定住に用いられたのか、一時的な儀式や交易の場として使用されたのかはまだわかっていない。

ペルー共和国

マチュ・ピチュ

Historic Sanctuary of Machu Picchu

複合遺産　登録年 1983年　登録基準 (i)(iii)(vii)(ix)

ペルー南部のアンデス山脈にある『マチュ・ピチュ』は、標高2,400mの尾根に15世紀半ばに築かれたインカ帝国時代の都市遺跡。マチュ・ピチュは計画的な都市設計が見られる他、灌漑施設が整えられ棚田では農業が行われていた。一枚岩の**インティワタナ**は太陽神への宗教儀式に用いられたと考えられている。またアンデスイワドリなどが生息する周囲の自然環境も評価され、複合遺産で登録された。

ティカル国立公園

Tikal National Park

複合遺産

登録年 1979年　登録基準 (i)(iii)(iv)(ix)(x)

▶ 複数の神殿が残るマヤ文明最大級の都市遺跡

グアテマラ北部の『ティカル国立公園』は、**マヤ文明★**最大の神殿都市遺跡。中心部は増改築が繰り返され、アクロポリスやピラミッド神殿群など、高い石造技術を誇る建造物が残る。また、周囲にはマヤ文字やレリーフが刻まれた石碑や祭壇も配置されている。

中央アクロポリスでは、4つの神殿が確認されており、1号神殿では、**ア・カカウ王**の墓や埋葬品が発見された。これらの貴重な遺跡は、周辺の森林や生態系とともに複合遺産として登録されている。

1号神殿とピラミッド群

コパンのマヤ遺跡

Maya Site of Copan

文化遺産

登録年 1980年／2021年範囲変更　登録基準 (iv)(vi)

▶ 交易によって繁栄したコパン王朝の遺跡

ホンジュラスの西端、コパン川流域の盆地にある『コパンのマヤ遺跡』は、5〜9世紀に栄えたコパン王朝の都市遺跡。この一帯は黒曜石や翡翠の産地で、コパンはその交易によって繁栄し、第13代**ワシャクラフン・ウバーフ・カウィル王**(18ウサギ王)が大きく発展させた。コパンの遺跡からは4,500を超える遺構が発見されているが、**他のマヤ遺跡と比べて石碑などに刻まれたマヤ文字の量が多い**。また、「祭壇Q」と名付けられた祭壇には歴代の王の肖像が刻まれている。

細かなレリーフの施された門

マヤ文明：マヤ諸語を話す住民が築いた文明。メキシコとグアテマラの太平洋岸高地で前1800年頃に発祥した。マヤ文明は多くの都市国家を生み、都市国家間の争いも頻繁に起こった。

メキシコ合衆国

パレンケの古代都市と国立公園

Pre-Hispanic City and National Park of Palenque

文化遺産

登録年 1987年 登録基準 (i)(ii)(iii)(iv)

▶ 考古学者の定説を覆したマヤ文明の遺跡

メキシコ南東部の盆地に残るパレンケの遺跡はマヤ文明の都市遺跡である。かつてメソアメリカのピラミッドは神殿であると考えられていたが、パレンケの遺跡からピラミッドの内部に王の墓が見つかったことで、その定説が覆された。

パレンケには約500ほどの建築物が残っているが、なかでも有名なのが「**碑文の神殿**」と呼ばれるピラミッドである。1949年に発見されたこの神殿では、パレンケ王家の歴史が記されたマヤ文字の碑文や**パカル王**の墓が見つかっている。

パカル王の墓があり、定説を覆した碑文の神殿

ペルー共和国

聖都カラル・スペ

Sacred City of Caral-Supe

文化遺産

登録年 2009年 登録基準 (ii)(iii)(iv)

▶ アメリカ大陸最古の文明の遺跡

スペ川の谷に位置するカラル・スペは、アメリカ大陸で最も古いとされる文明の遺跡である。紀元前3000年頃から前1800年頃までに築かれた石碑や円形広場など、社会生活の存在を示す遺構が残る。

18の都市遺跡のひとつカラルは、6つの巨大ピラミッドを含む複合建築物群である。この地で発見された**キープ**(アンデス地方特有の組み紐)から、カラルの発展とその文明の複雑さが明らかになった。ピラミッドや指導者の住居を含む都市計画や建造物の配置からも、**強力な宗教指導者がいた**文明だったことがわかる。

くぼ地にある円形広場

[CHAPTER]
19 東南アジアと南アジア

カトマンズの谷にあるネパール最大の仏塔（ストゥーパ）ボダナート

ネパール連邦民主共和国

カトマンズの谷
Kathmandu Valley

文化遺産

登録年 1979年／2006年範囲変更　**登録基準** (iii)(iv)(vi)

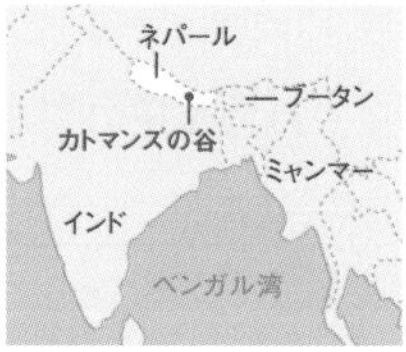

▶ 宗教文化が融合する聖地

ネパール中央部の『カトマンズの谷』には、直径20㎞強の範囲内に数多くの歴史的建築物が密集しており、「人よりも多くの神々が住む街」と称される。

14世紀、マッラ朝が支配したこの地では**ヒンドゥー教と仏教の融合**が進み、インドとチベットをつなぐ中継都市として発展。15世紀後半にマッラ朝はカトマンズ、パタン、バドガオンという3王国に分裂した。3国はそれぞれ栄華を競い合い、王宮や寺院、広場など芸術性の高い建築物が築かれていく。18世紀にグルカ王国により3王国が滅ぼされた後も、優れた建築物が建てられた。

かつて3王国があった地は、現在、それぞれ異なる特徴をもった古都として残っている。カトマンズの**ダルバール広場***には、タレジュ寺院やシヴァ・パールヴァティ寺院など多くの寺院が立ち並び、パタンは工芸が盛んなことから「**ラリトプル**（美の都）」の別名がつけられている。また「信者の街」を意味するバドガオンは、「55の窓」と呼ばれる木彫りの窓が並ぶ特徴的な宮殿があることで広く知られている。

近年の都市開発によって一時危機遺産に登録されたが、保存状態が改善されて2007年に脱した。2015年の大地震で被害を受け、修復が進められている。

ダルバール広場：カトマンズとパタン、バドガオンにそれぞれダルバール広場がある。

シーギリヤの古代都市

Ancient City of Sigiriya

文化遺産

登録年 1982年　登録基準 (ii)(iii)(iv)

▶ 岩山の頂に建設されたスリランカ芸術の都

スリランカ中部の「獅子の山」を意味する岩山、シーギリヤ・ロックの頂上には、5世紀に築かれた城塞跡が残されている。これを築いた**シンハラ王国**の**カッサパ1世**は、弟のモッガッラーナを追放し、王である父ダートゥセナを殺害して王位についた。カッサパ1世は、父が計画した未完のシーギリヤの城塞を完成させて自らの居城としたが、モッガッラーナとの争いに敗れて自害。城塞は一時寺院として使用されていたものの、13世紀頃に放棄され廃墟となった。

高さ約200mの岩山の頂上部には、宮殿や庭園、貯水池を備えた空中都市が築かれたが、今は城門の獅子の足先だけが残る。岩山の西壁のくぼみには、天女たちの姿を色彩豊かに描いた有名なフレスコ画「**シーギリヤ・レディー**」も見られる。岩肌にはかつての参拝客たちの「落書き」もある。これらはカッサパ1世の盛衰を表現した詩のようなもので、スリランカ最古の文学作品といわれている。

また、このふもとの市街地跡には、人工池を左右対称に配した「水の庭園」などの古代庭園跡も残り、当時の優れた造園技術をしのばせている。

足先だけが残る「獅子の門」

文化遺産

ラホール城とシャーラマール庭園

Fort and Shalamar Gardens in Lahore

登録年 1981年　登録基準 (i)(ii)(iii)

▶ 歴代のムガル皇帝が増築した城塞都市と庭園

パキスタン北東部のラホール城は、インドのアーグラ城と同じく、ムガル帝国3代**アクバル帝**★が建設に着手した城塞である。アクバルの跡を継いだ4代ジャハーンギール帝が寝所や庭園をつくり、以降も歴代の皇帝によって増改築が行われた。

5代シャー・ジャハーン帝は、赤砂岩の宮殿を白大理石に変更し、40本の円柱がある「40本柱の間(ディーワーニ・アーム)」や白大理石をふんだんに用いた「真珠のモスク(モティ・マスジド)」などを建造した。また、妃であるムムターズ・マハルのために私室「**シーシュ・マハル**」をつくり、贅を極めた鏡のモザイクで埋めつくした。シャー・ジャハーン帝はこの妃を深く愛し、戦地に赴く際も同行させたが、ムムターズ・マハルは戦地での出産がもとで命を落とし、その死を深く悼んだシャー・ジャハーン帝は、のちにアーグラに霊廟として『タージ・マハル』を建てた。

1673年には、6代アウラングゼーブ帝が「金曜のモスク(バードシャーヒ・モスク)」を建造。このモスクは6万人を収容する大規模なもので、場外には赤砂岩でつくられた壁と白大理石製のドームが配された。

一方のシャーラマール庭園は、シャー・ジャハーン帝の時代にラホール郊外に築かれた**ペルシア式泉水庭園**で、南から北にかけて段々に低くなる3つのテラスで構成され、噴水や水路、あずまやが巧みに配されている。外壁の劣化や道路拡張工事による給水設備保全の問題などから一時危機遺産リストに記載されていた。

ラホール城のアーラムギーリー門

アクバル帝：ムガル帝国3代皇帝。非イスラム教徒への人頭税を廃止するなどヒンドゥー教徒との和解に努めた。

文化遺産

ラジャスタンの丘陵城塞群

Hill Forts of Rajasthan

登録年 2013年 登録基準 (ii)(iii)

▶ ラージプート諸国の栄華を伝える6つの城塞

インド北西部ラジャスタン地方では8〜18世紀にかけて**ラージプート諸国**が栄え、群雄割拠の時代を象徴するように丘陵地帯に城塞が築かれた。その建築や装飾は、ヒンドゥー教のラージプート諸族の文化と、イスラム教のデリー＝スルタン朝やムガル帝国の文化が混ざり合う。世界遺産には、**チットルガル城塞**、クンバルガル城塞、アンベール城塞、ランタンボール城塞、ガーグロン城塞、ジャイサルメール城塞の6つの城塞が登録されている。

チットルガル城塞は、ムガル帝国や西方からの外敵に備え、13世紀に建てられた城を、メーワール国王**ラーナ・クンバ**が15世紀に改築したもの。ラーニー・パドミニ宮殿やヴィジャイ・スタンバ（勝利の塔）、キルティ・スタンバ（名誉の塔）などが残る。クンバルガル城塞は、ラーナ・クンバに仕えた作家で理論家でもあった建築家マンダンが設計したもので、単一のプロセスで建てられたため構造に一貫性がある。州都ジャイプールの北東11kmに位置するアンベール城は、アンベール国王マン・スィン1世が砦を改築し、その後100年以上かけて増改築が繰り返された。西側にあるジャイガル砦とは326mの長いトンネルで繋がっている。城内には豪華な装飾が見られ、鏡の間や幾何学庭園、美しいモザイクが施されたガネーシャ門などが残る。森林の砦であるサワイ・マドプールのランタンボール城塞、2つの川の合流地点に築かれ河川を利用した防御機能をもつガーグロン城塞、砂漠地帯に立つジャイサルメール城塞など、その土地の起伏や地形を巧みに利用し造成されている。

各城塞は、軍事的な要塞や宿営としての役割のほか、城壁内部には宮殿や市街、交易所、ジャイナ教やヒンドゥー教の寺院なども含まれ、学問や音楽、芸術といった高度な宮廷文化が花開いただけでなく、生産や流通、通商をおこなう商業の中心地であったことが分かる。

チットルガル城塞

[CHAPTER]

20

ヨーロッパの建築様式

ガール川にかかるポン・デュ・ガール(ローマの水道橋)

フランス共和国

ポン・デュ・ガール(ローマの水道橋)

Pont du Gard (Roman Aqueduct)

文化遺産

登録年 1985年／2007年範囲変更 登録基準 (i)(iii)(iv)

ギリシャ・ローマ建築(古典様式)

古代ギリシャで生まれローマで発展した様式で、後のヨーロッパの建築に大きな影響を与えた。古典様式とも呼ばれる。ギリシャ建築では、黄金比などを用いて神殿を中心に建物を美しく見せる工夫がなされた。ローマ建築は、高い土木技術を用いた**アーチ構造**やドーム天井が特徴で、公共建築物が多くつくられた。

フランス南部のガール川に架かる水道橋ポン・デュ・ガールは、ローマ帝国初代皇帝アウグストゥスの時代につくられたもので、古代ローマの高い技術力をよく表している。アウグストゥスの腹心である政治家**アグリッパ**が紀元前19年頃、アヴィニョン近郊の水源地ユゼスからネマウスス(ニーム)まで水を引くために約50㎞の水路を建設したとされる。ポン・デュ・ガールはその一部。

全長275mの橋は**3層のアーチ構造**になっており、川面からの高さは49mある。建材には白亜紀の石灰岩が使われており、別の場所で加工済みのものを持ち込んで組み立てられたと考えられている。高度な技術を用いて緻密に設計されており、水源地と供給地の高低差が約17mと少ないにもかかわらず、ポンプなしで1日に2万㎥の水を供給することができた。

イタリア共和国

文化遺産

ラヴェンナの初期キリスト教建造物群

Early Christian Monuments of Ravenna

登録年 1996年 登録基準 (i)(ii)(iii)(iv)

ビザンツ様式

アナトリア半島（現在のトルコ）を中心としたビザンツ帝国で栄えた様式で、6世紀頃に最盛期を迎えた。ローマ建築の様式と東方の文化が融合しており、バシリカなどの聖堂建築にドーム天井を組み合わせている点も特徴。内部は**モザイク**や大理石で装飾されている。後のイスラム建築にも影響を与えた。

フィレンツェの北東100kmほどにあるラヴェンナは、キリスト教をローマ帝国の国教としたテオドシウス帝の死後、西ローマ帝国皇帝ホノリウスが遷都し、5世紀には西ローマ帝国の首都として栄えた。しかし、その後はゲルマン王や東ゴート王の支配を受けた。6世紀にはビザンツ帝国における重要な拠点となり、なかでも**ユスティニアヌス帝**とその后テオドラはラヴェンナを重視したため、大きく繁栄した。

ラヴェンナには、聖堂や霊廟、洗礼堂など、5～6世紀に建造された初期キリスト教の建築物が数多く残されており、**サン・ヴィターレ聖堂**をはじめ、サン・タポリナーレ・イン・クラッセ聖堂、ガッラ・プラチディア霊廟、サン・タポリナーレ・ヌオーヴォ聖堂、テオドリック廟など、8つの建造物が世界遺産に登録されている。

サン・ヴィターレ聖堂は八角形の平面をもつ集中式の聖堂で、547年にユスティニアヌスによって建てられた。内部は曲線文様を多用した精密なモザイク装飾で彩られている。ラヴェンナの聖堂群は、色大理石や色ガラスを用いたひときわ目を引くモザイク装飾が特徴で、装飾の少ない質素な外観と対照的な内部の豪華なモザイク装飾からは、ビザンツ文化の強い影響がうかがえる。

モザイク美術の粋を集めた内陣をもつサン・ヴィターレ聖堂

フランス共和国

文化遺産

アルルのローマ遺跡とロマネスク建築

Arles, Roman and Romanesque Monuments

登録年 1981年 登録基準 (ii)(iv)

ロマネスク様式

ロマネスクとは「ローマ風」という意味で、ローマ建築のバシリカを発展させた様式。キリスト教の終末思想の広がった10世紀頃に栄えた。石造りの厚い壁や小さな窓、半円アーチ構造の天井などが特徴。キリスト教の教えを伝えるため扉の上の半円形のタンパンや柱頭などに、聖書の場面や登場人物などが彫られていることが多い。

フランス南部のプロヴァンス地方にあるアルルには、古代から中世の遺跡が数多く残されている。前46年にカエサルによってローマ植民都市となると、ローヌ川河口と内陸部をつなぐ商業的な拠点として発展した。また4世紀頃からは、初期キリスト教にとって重要な都市となった。世界遺産には**円形闘技場**やローマ劇場、コンスタンティヌスの大浴場、**サン・トロフィーム聖堂**などが登録されている。

紀元前90年頃に建てられた円形闘技場は、2万人を収容することができ、中世には内部に家屋や教会が設けられて要塞兼住居としても使用された。ローマ劇場は、ローマ衰退後には採石場となったが、「2人の未亡人」と呼ばれる2本の石柱や劇場の土台が残されている。4世紀につくられたコンスタンティヌスの大浴場には、湯の温度を調節する機能やサウナ部屋、床暖房装置などもあった。聖トロフィムスに捧げられたサン・トロフィーム聖堂は、11〜12世紀に改築されたフランスにおける代表的なロマネスク建築で、扉の上のタンパンには「最後の審判」の彫刻が残る。

古代ローマの凱旋門を模したとされるサン・トロフィーム聖堂の正面入口

ドイツ連邦共和国

ケルンの大聖堂

Cologne Cathedral

文化遺産

登録年 1996年／2008年範囲変更　登録基準 (i)(ii)(iv)

ゴシック様式

ゴシックとは「ゴート風」という意味で、建築技術の向上により可能になった軽やかで明るい様式。飛梁(とびばり)(外壁を補強するため屋外に設置される柱)が支えることで、高い天井と大きく色鮮やかなステンドグラスの入った窓が生み出された。建物自体も大きくなる傾向がある。**天井の高さと光りを追求しており**、建物そのものが「神は光りなり」というキリスト教の世界観を表している。

ドイツ西部にあるケルン大聖堂は、キリスト教建築としては最大規模のゴシック様式の傑作である。奥行き約144m、最大幅は約86mで、2本の尖塔の高さは約157mもある。

1248年に、建築家**ゲルハルト**がフランスのアミアン大聖堂を手本として建築を始め、ゲルハルトの没後も建築は進められたが、資金不足のために1560年に内陣だけ完成した状態で工事が中断されてしまった。その後1814年にダルムシュタットで西側正面のオリジナル図面が見つかり、300年近い中断を経て1842年に建築が再開された。こうして632年もの時間をかけて建設された大聖堂は、当初の計画通り純粋なゴシック様式で1880年に完成した。

聖堂内部は、内陣と周廊、祭室群で構成されており、入口周辺に見られる浮き彫りの装飾や、内陣に続く身廊の天井を支える**リブ・ヴォールト**、周廊のステンドグラスなどは、ゴシック様式の典型といえる。

ケルンの大聖堂(正式名 ザンクト・ペーター・ウント・マリア大聖堂)

周囲の景観の問題などから、2004年より2年間危機遺産リストに記載されていた。

イタリア共和国

フィレンツェの歴史地区

Historic Centre of Florence

文化遺産

登録年 1982年／2015年、2021年範囲変更 登録基準 (i)(ii)(iii)(iv)(vi)

ルネサンス様式

ルネサンスとは「再生」という意味で、古代ギリシャやローマなどを模範とした15～16世紀の様式。幾何学図形を基調としたバランスの取れた造形が特徴。

イタリア中部、トスカーナ地方のアルノ河畔に広がるフィレンツェは、14世紀末から17世紀にかけてルネサンスの中心となった商業都市。15世紀半ばに金融業で頭角をあらわしたコジモ・デ・メディチが市政を握ると、その後約300年間にわたって**メディチ家**★の下で繁栄した。

メディチ家が文化や芸術を積極的に庇護したことから、フィレンツェには多くの芸術家が集まり、ルネサンスが花開いた。サンタ・マリア・デル・フィオーレ大聖堂は、着工から140年かけて完成しているため、ゴシック様式とルネサンス様式が混在しているが、**ブルネッレスキ**★が設計した二重構造の円蓋（クーポラ）は、ルネサンス様式建築の代表とされる。また、メディチ家が収集したボッティチェリやレオナルド・ダ・ヴィンチなどの作品は、かつてトスカーナ大公国の行政庁舎であったウフィツィ美術館に収蔵されている。

ここからルネサンス様式が始まったと称されるサンタ・マリア・デル・フィオーレ大聖堂のクーポラ

メディチ家：フィレンツェを実質的に支配した大富豪。コジモの孫ロレンツォが芸術を庇護し、フィレンツェ・ルネサンスが開花した。
ブルネッレスキ：1377～1446 フィレンツェ出身の建築家。

ドイツ連邦共和国

文化遺産

バイロイトの辺境伯オペラハウス

Margravial Opera House Bayreuth

登録年 2012年 登録基準 (i)(iv)

バロック様式

大航海時代などに栄えた、過剰な装飾や凹凸の強調、絵画などによる内装を特徴とする様式。

1745年から1750年にかけて造られたバロック様式のオペラハウスの傑作であり、建設当時のまま現存する欧州唯一のバロック様式オペラハウスである。ブランデンブルク辺境伯フリードリヒの妃である**ヴィルヘルミーネ**が造らせたもので、イタリアの著名な劇場建築家ジュゼッペ・ガッリ・ビビエーネによって設計された。当時としては異例に大きい500名の収容数を誇り、19世紀の巨大公共劇場の先駆けとなった。現在のバイロイトはリヒャルト・ワーグナーの音楽祭でも知られている。

建設時のまま現存するオペラハウス

ドイツ連邦共和国

文化遺産

ヴィースの巡礼教会

Pilgrimage Church of Wies

登録年 1983年／2011年範囲変更 登録基準 (i)(iii)

ロココ様式

バロック様式の延長線上にある、淡い色彩なども用いた軽快で優美な室内装飾が特徴の様式。

ドイツ南部バイエルン州のヴィースの丘の上にある巡礼教会は、華麗な室内装飾をもつロココ様式の傑作とされる建造物。1738年に木彫りのキリスト像が涙を流す「ヴィースの奇跡」が起こると、キリスト像を納める礼拝堂が建てられた。その後、1745年に**ドミニクス・ツィンマーマン**★によって、この礼拝堂を元にした現在のロココ様式の教会に改築が始まり、1757年に完成した。

壁と天井の境目のないヴィースの巡礼教会

ストゥッコ装飾：金網を貼った上に化粧漆喰(ストゥッコ)を何度か塗り重ねた装飾。　**ドミニクス・ツィンマーマン**：1685～1766　ドイツの建築家。ストゥッコ装飾師でもある。兄は画家で、教会のフレスコ画を手がけた。

英国（グレートブリテン及び北アイルランド連合王国）

ウェストミンスター宮殿、ウェストミンスター・アビーとセント・マーガレット教会

Palace of Westminster and Westminster Abbey including Saint Margaret's Church

文化遺産

登録年 1987年／2008年範囲変更　登録基準 (i)(ii)(iv)

新古典主義様式／歴史主義様式

古典様式を再評価した新古典主義と、過去の建築様式を用いる歴史主義。

イギリスの政治の中心地であるロンドンのウェストミンスター地区にたつ歴史的建造物群。かつて王宮であったウェストミンスター宮殿は、1547年から国会議事堂として使用されるようになったが、1834年の大火で大部分が焼失し、歴史主義様式の**ゴシック・リバイバル**で再建された。ウェストミンスター・アビーは、歴代の王が戴冠式を行った修道院で、セント・マーガレット教会に隣接している。

ピューリタン革命の発端となったウェストミンスター宮殿

ベルギー王国

ストックレ邸

Stoclet House

文化遺産

登録年 2009年　登録基準 (i)(ii)

近現代建築

産業革命によって誕生した鉄やセラミックなどの新素材を用いた自由な造形。

ブリュッセルの高級住宅地にたつストックレ邸は、銀行家A.ストックレの依頼により、ウィーン分離派（ゼツェッション★）の中心メンバーであるヨーゼフ・ホフマンが**ゲザムトクンストヴェルク★**の方針に従い1911年に完成させた。ウィーン分離派特有の平面と直線を多用したこの邸宅と庭園は、アール・ヌーヴォーにおける革新的な変化をうちたて、その後のアール・デコとモダニズム建築が生まれるきっかけをつくった。

アール・デコの先駆けとされるストックレ邸

ゼツェッション：ドイツ語で「分離」を意味する。19世紀末のドイツ語圏における芸術革新運動。セセッションとも。
ゲザムトクンストヴェルク：総合芸術作品。建築、彫刻、絵画、そして装飾がひとつの作品として統合されること。

Aa 英語で読んでみよう 世界の世界遺産編

日本語訳は、世界遺産検定公式ホームページ(www.sekaken.jp)内、
公式教材「2級テキスト」のページに掲載してあります。

❶ Memphis and its Necropolis – the Pyramid Fields from Giza to Dahshur

| 日本語での説明 ⇄ P.180

The capital of the Old Kingdom of Egypt has some extraordinary funerary monuments, including rock tombs, ornate mastabas, temples and pyramids. This pyramid and its surrounding complex were designed by the architect Imhotep, and are generally considered to be **the world's oldest monumental structures** constructed of dressed masonry. The pyramids were built as tombs for successive pharaohs of the third dynasty★ between 2650 B.C. and 2120 B.C. in order to appeal their prestige. The Pyramid of Khufu at Giza is the largest Egyptian pyramid. It is the only one of the Seven Wonders of the Ancient World★ still in existence.

❷ Tikal National Park

| 日本語での説明 ⇄ P.188

Tikal National Park is one of the few World Heritage properties inscribed according to both natural and cultural criteria for its extraordinary biodiversity and archaeological importance. In the heart of the jungle of north Guatemala, surrounded by lush vegetation, Tikal, a major Pre-Columbian political, economic and military center, is **one of the most important archaeological complexes left by the Maya civilization**. It was inhabited from the 6th century B.C. to the 10th century A.D. The ceremonial center contains superb temples, palaces, pyramids, and public squares accessed by means of ramps★. Temple I, also known as the Temple of Ah Cacao★, is surmounted by a characteristic roof comb, a distinctive Mayan architectural feature.

❸ Ancient City of Sigiriya

| 日本語での説明 ⇄ P.191

The ruins of the capital built by the parricidal King Kassapa I (477–95) of Sinhalese monarchy lie on the steep slopes and at the summit of a granite peak standing some 180m high (the "Lion's Rock", which dominates the jungle from all sides). The main entrance is located in the northern side of the rock. It was designed in the form of a huge stone lion, whose feet have survived up to today but the upper parts of the body have been destroyed. The western wall of the rock was almost entirely covered by frescoes called "**Sigiriya lady**". 18 female frescoes have survived to this day and tell the level which the city's art reached.

---

third dynasty：エジプト第3王朝　**Seven Wonders of the Ancient World**：世界の七不思議
means of ramps：傾斜によって　**Ah Cacao**：682年にティカル王に即位したハサウ・チャン・カウィール1世の別名

CHAPTER 21

近現代建築

建設中のサグラダ・ファミリア贖罪聖堂

スペイン

Aa 英語で読んでみよう P.223 − 1

アントニ・ガウディの作品群

Works of Antoni Gaudí

文化遺産

登録年 1984年／2005年範囲拡大　登録基準 (i)(ii)(iv)

▶ モデルニスモを代表するガウディの建築物群

19世紀末から20世紀初頭にかけて**モデルニスモ***が開花したカタルーニャ地方の州都バルセロナには、「孤高の天才」と呼ばれた建築家、アントニ・ガウディ・イ・コルネが残した数多くの建造物が点在する。世界遺産には、カサ・ミラ、グエル公園、グエル邸、サグラダ・ファミリア贖罪聖堂の一部、カサ・ヴィセンス、カサ・バトリョ、コロニア・グエル聖堂の地下聖堂の7件が登録されている。

ガウディの建築物は、波のような曲線を描く独特のフォルムや、破砕タイルによる美しい細部の装飾が特徴である。これらの構造と装飾は機械的・画一的ではなく、有機的につながり建物全体を構成している。

ガウディは「美しい形は構造的に安定している」「**自然のなかにすべての教科書がある**」という哲学のもと、植物や生物の形から着想を得てデザインを生み出した。屋上にキノコのような煙突をもつカサ・ミラや、竜をイメージさせるカサ・バトリョ、またガウディの才能を見出し一番の後援者となった実業家グエルとともにつくり上げた、グエル公園にあるトカゲの噴水、グエル邸の竜の門など、至るところに自然賛美の精神があらわれている。

モデルニスモ：1900年前後に起こった新たな芸術・建築を目指す運動で、民族意識を高める運動とも結びついた。フランスではアール・ヌーヴォーと呼ばれた。

初期の頃に手がけたカサ・ヴィセンスはさまざまな色のバレンシアタイルとレンガを使用し、ガウディの作品でよく見られる柵やバルコニーの錬鉄使いが際立つ。内装や壁の装飾まで統一され、そのデザインは伝統的なムデハル様式やイスラム建築の影響を受けている。また未完のコロニア・グエル聖堂からは、柱やヴォールト天井の力強さに、モザイクとステンドグラスが加わることで優れた空間的効果を生み出す地下聖堂が登録されている。

なかでもガウディの集大成とされるのが、着工から130年を経た今も建設途中であるサグラダ・ファミリア贖罪聖堂である。1882年にゴシック・リバイバルで建築が始まった翌年、31歳でプロジェクトの建築主任に就任すると、1926年に亡くなるまでの40年以上を建築家として、また敬虔なカトリック教徒としてこの教会に心身を捧げた。ガウディは自身が生涯を終えた後も建設が続くことを意識し、後継者のためにさまざまな大きさの立体模型を多数開発した。1936年に始まった内戦中の工房の火災でそのほとんどが焼失してしまったが、戦後の入念な研究によって10,000もの破片が集められ、いくつかの模型が復元された。「聖家族」の意味をもつこの教会は、長さ90m、横幅45mの身廊に60mの翼廊をもつラテン十字形で、1905年に完成済みの「**誕生のファサード**」と地下聖堂のみが世界遺産に登録されている。「誕生のファサード」に施された天使の楽団の彫像は、日本人の主任彫刻家、外尾悦郎氏が制作の指揮をとり、2000年に完成させた。

多くの独創的な建造物を手がけてきたガウディは、晩年この教会の建築に没頭したが、73歳のとき不慮の事故で命を失った。カタルーニャや地中海地方の伝統文化からインスピレーションを受け、新しい建築技法や空間設計、独特の色使いと素材の活用を特徴とするガウディの作品は、建築の分野だけでなくあらゆる芸術分野に影響を与える、創造的傑作である。

バルセロナ市街を一望できるグエル公園

文化遺産

フランク・ロイド・ライトの20世紀の建築

The 20th-Century Architecture of Frank Lloyd Wright

登録年 2019年 登録基準 (ii)

▶ 世界の建築に影響を与えた建築理念

アメリカ国内だけでなくヨーロッパの近代建築運動にも大きな影響を与えたフランク・ロイド・ライトの建築作品のうち、アメリカ国内の６州にまたがる８資産がシリアル・ノミネーションで登録された。ライトが提唱した、建物を周囲の自然と調和させ均衡を保つ「**有機的建築**」という概念は、自然の造形や原理に基づいており、20世紀の近代建築の発展において極めて重要であった。

構成資産のうち、イリノイ州の「**ロビー邸**」では、低い傾斜屋根が水平に伸び、横長に並ぶ連続窓やルーフバルコニーといったプレイリー・スタイル（草原様式）が特徴で、イリノイ州の広大な大草原の風景を象徴している。ウィスコンシン州の「タリアセン」とアリゾナ州の「タリアセン・ウエスト」はライトの自邸かつ工房で、自然の中で弟子たちと共同生活をする建築学校でもあった。タリアセンは増改築を繰り返すことで実験や発表の場にもなった。ペンシルヴェニア州の「落水荘」は、カンチレバー（片持ち梁）とコンクリートスラブ（鉄筋コンクリート造の床）で補強され小さな滝の上にせり出すように建てられた3階建ての住宅で、依頼主の週末の静養所として森の中に建てられた。他にも巻貝のようならせん状の構造が特長であるニューヨークの「**グッゲンハイム美術館**」やイリノイ州シカゴ郊外の「ユニティー・テンプル（ユニテリアン教会）」などのように、ライトの設計は住居や仕事、教育、娯楽、礼拝といったそれぞれのニーズに適合するだけでなく、街中や郊外、森の中、砂漠地帯といった周囲の環境にも溶け込むように設計されていた。こうした機能面だけでなく建築への情緒的な要求にも対応したライトの建築は、同時代に活躍したフランスの建築家ル・コルビュジエ★の「機能主義」建築に対立するものでもあった。またライトはさまざまな文化や時代に触発される中で、日本の伝統的デザインにも影響を受けた。

個人の邸宅として建てられた「落水荘」

ル・コルビュジエ：P.050参照。

ベルギー王国

建築家ヴィクトール・オルタによる主な邸宅（ブリュッセル）

Major Town Houses of the Architect Victor Horta (Brussels)

文化遺産

登録年 2000年　登録基準 (i)(ii)(iv)

▶ アール・ヌーヴォーの先駆けとなった革新的な邸宅

ベルギーのブリュッセルには、19世紀末から20世紀にかけて建築家ヴィクトール・オルタによって建てられた邸宅が残る。そのうち4棟が世界遺産に登録されており、最も古い時期に建築されたタッセル邸には、当時の新素材であった鉄とガラスが大胆に使われている。

鉄を初めて住宅に多用したタッセル邸

石造りが主流の時代に、鉄やガラスを積極的に用いた構造や植物的な**曲線装飾**を取り入れたこれらの邸宅は、多くの建築家に衝撃を与え、**アール・ヌーヴォーの先駆け**となった。

チェコ共和国

ブルノのトゥーゲントハート邸

Tugendhat Villa in Brno

文化遺産

登録年 2001年　登録基準 (ii)(iv)

▶ 機能美と斬新な空間設計を追求した住宅

チェコ南東部の都市ブルノにあるトゥーゲントハート邸は、ドイツ人建築家**ミース・ファン・デル・ローエ**の設計によって1930年に完成した住宅。傾斜地に立つ2階建てで、上階には玄関や個室、下階にはリビングや食堂がある。また、庭に面する壁面は総ガラス張りになっており、部屋の間仕切りには大理石が用いられている。

高台に建つトゥーゲントハート邸

建設当時に流行していたモダニズムをベースに、**斬新な空間設計**、建築素材と機能美を追求して生み出された空間は、のちの住宅建築に多大な影響を与えた。

ドイツ連邦共和国

文化遺産

バウハウス関連遺産群:ヴァイマールとデッサウ、ベルナウ

Bauhaus and its Sites in Weimar, Dessau and Bernau

登録年 1996年/2017年範囲拡大　登録基準 (ii)(iv)(vi)

▶ モダニズム建築に大きな影響を与えた総合造形学校

ドイツ中部の都市ヴァイマールとデッサウ、ベルナウには、1919年に開設された総合造形学校バウハウスの校舎などが残る。バウハウスはドイツ語で「建築の家」を意味し、中世の建築職人たちの作業組合「バウヒュッテ(建築の小屋)」に由来する。

初代校長**ヴァルター・グロピウス***は、バウハウス開校の際に「**すべての造形活動の最終目標は完璧な建築にある**」と宣言。絵画、彫刻、手工業などの工房技術を建築芸術に結集することを目指した。教授陣に一流の芸術家を招聘(しょうへい)したが、ナチス・ドイツによって閉鎖に追い込まれた。

デッサウの校舎

ウルグアイ東方共和国

文化遺産

技術者エラディオ・ディエステの作品:アトランティーダの教会

The work of engineer Eladio Dieste: Church of Atlántida

登録年 2021年　登録基準 (iv)

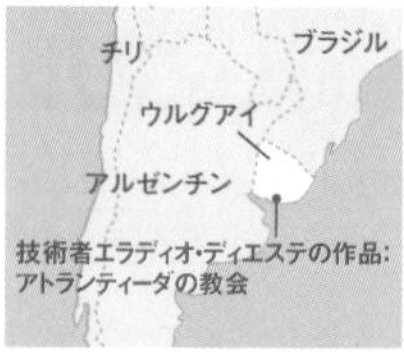

▶ ラテンアメリカで生まれた近代建築の傑作

ウルグアイの技術者エラディオ・ディエステが築いた「アトランティーダの教会」は首都モンテビデオから約45㎞の地点にある。1960年に完成したこの近代建築の教会は、レンガを使用した斬新なデザインが特徴的である。

レンガはエラディオ・ディエステが技術を駆使して作った**強化レンガ**で、これによって特殊な構造を成立させている。**建物の素材は地元産のもので、地元の人により伝統的な建築技術によって建てられた**。教会の右側には、透かし細工のレンガで作られた円筒形の鐘楼が立っており、地下には洗礼堂がある。

レンガを使った斬新なデザインの教会

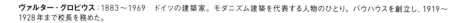

ヴァルター・グロピウス:1883～1969　ドイツの建築家。モダニズム建築を代表する人物のひとり。バウハウスを創立し、1919～1928年まで校長を務めた。

オランダ王国

ファン・ネレ工場

Van Nellefabriek

文化遺産

登録年 2014年　登録基準 (ii)(iv)

▶ 明るく快適な「理想の工場」

1920年代にロッテルダム北西に建てられたファン・ネレ工場は、「理想の工場」を標榜して設計された20世紀を代表する工業建築。鋼鉄と**ガラス製の巨大なカーテンウォール**は採光に優れ、暗くなりがちな工場の労働環境を明るく快適にした。快適な環境と効率的な生産・輸送を可能にするインフラによって、両大戦間期における**モダニズムと機能主義文化を象徴する工場**とされる。工場ではコーヒーや紅茶、タバコなどを熱帯地域から輸入し、生産加工と包装を行い、ヨーロッパ各国へと輸出していた。歴史的に経済大国であったオランダの長きに渡る商業・産業の伝統と発展を示している。

採光に優れるカーテン・ウォール

スウェーデン王国

スクーグスシルコゴーデンの森林墓地

Skogskyrkogården

文化遺産

登録年 1994年　登録基準 (ii)(iv)

▶ 自然と調和する森の共同墓地

スウェーデンの首都ストックホルム南部にある森の墓地スクーグスシルコゴーデンは、自然と建築の調和を追及した共同墓地である。1914年、ストックホルム市は地勢を活かした墓地建設の国際建築コンペを開催。亡くなった人が森に還るという北欧の森林文化に基づいたグンナル・アスプルンドとシーグルド・レーヴェレンツの案が勝利し、1917年に建設が始まった。1940年に「**森の火葬場**」や3つの礼拝堂が竣工し、松林を基調とした自然と建築とが調和する墓地が完成。**不規則な自然を取り入れる設計理念**は、20世紀の景観設計に影響をもたらした。

森林と建築が調和する墓地

ブラジリア

Brasilia

文化遺産

登録年 1987年　登録基準 (i)(iv)

▶ 未開の地に建設されたブラジルの新首都

ブラジリアは、リオ・デ・ジャネイロからの遷都を目的として1960年に完成した計画都市。ポルトガル植民地時代から、ブラジルでは大都市がある大西洋沿岸部と、北東部を含む内陸地域との人口的、経済的格差が問題となっていた。ジュセリーノ・クビチェック大統領はこの問題を解決すべく内陸部への遷都を計画した。

ル・コルビュジエに師事した建築家**オスカー・ニーマイヤー***が計画の中核を担い、彼は**ルシオ・コスタ***提案の、**上空から見ると飛行機形になる**パイロット・プランに沿って、斬新なデザインの主要建築物を設計した。

市の基軸部分にあたる「プラノ・ピロット(中心市街地)」には、飛行機形の中央部を東西に貫くモニュメンタル大通りに沿って、ブラジリアの重要な建造物が立ち並ぶ。機首の部分に当たる大通りの東端にある三権広場を囲むように、大統領府のプラナルト宮、最高裁判所、2つのドーム型の上下院をもつ国会といった行政機関があり、そこから西に向かって各省庁やブラジリア大聖堂(カテドラル・メトロポリターナ)、国立博物館などが並んでいる。胴体部分には緑地帯やスタジアムといった商業・文化施設が置かれるなど、用途に応じたエリア分けがなされている。両翼にあたる部分は正方形に区画され、住居やホテル、学校などが配されている。歩道と車道を分離させることで、生活者の安全性や快適性の向上を目指している。

ニーマイヤー建築の代表作であるブラジリア大聖堂は、天に伸びる16本の白い柱がキリストの被ったイバラの冠に見える独創的な外観と、青と緑のステンドグラスに彩られた内部空間をもつ半地下式の大聖堂。他にも国立図書館や、惑星のような半球体の国立博物館、アステカ文明のピラミッドを模した国立劇場なども手掛けた。50歳でブラジリアの設計を始め、2012年に104歳で亡くなった彼の葬儀は、自らが設計した大統領府にて国葬級の扱いで行われた。

国立博物館(手前)と大聖堂(奥)

オスカー・ニーマイヤー：1907～2012　ブラジルの建築家。国連本部ビルの設計にもたずさわった。　**ルシオ・コスタ**：1902～1998　フランスで生まれブラジルで活躍した建築家。

メキシコ合衆国

文化遺産

メキシコ国立自治大学(UNAM)の中央大学都市キャンパス

Central University City Campus of the *Universidad Nacional Autónoma de México* (UNAM)

登録年 2007年 登録基準 (i)(ii)(iv)

▶ メキシコ伝統文化を取り入れた現代建築と都市計画

メキシコ革命後の近代化運動を受け、マリオ・パニとエンリケ・デル・モラルの設計で中央大学都市キャンパスが1952年に建てられた。60名を超える建築家や芸術家の協力のもと、大学施設に加え博物館や映画館、スーパー、ラジオ局まで含む、都市機能をもった巨大キャンパスが完成した。デザインはメキシコの「**壁画運動★**」とも関係し、**J.オゴルマン★**やD.リベラ、A.シケイロスなどの著名な芸術家により、大学施設などにアステカなどの先住民文化や、メキシコの歴史をモチーフとしたメッセージ性の強い壁画が数多く描かれた。

メキシコ国立自治大学の講義棟

英国(グレートブリテン及び北アイルランド連合王国)

文化遺産

ジョドレルバンク天文台

Jodrell Bank Observatory

登録年 2019年 登録基準 (i)(ii)(iv)(vi)

▶ 電波天文学の技術革新をもたらした巨大望遠鏡

マンチェスター大学が所有するジョドレルバンク天文台は、電波の影響を受けにくいイギリス北西部の田園地帯に位置している。天文物理学者**バーナード・ラヴェル**が設置した直径76mのラヴェル望遠鏡は、当初はマークⅠ望遠鏡と呼ばれ世界最大であった。現在でも世界第3位の大きさを誇り、天体電波の観測や天文学の研究において**宇宙に対する理解の急激な進歩**をもたらした。現在でもイギリス国内の7つの望遠鏡を結んでひとつの電波望遠鏡とするe-MERLINの中核となっており、電波天文学の発展とビッグ・サイエンス推進の一役を担っている。

ラヴェル望遠鏡

壁画運動:1920～1930年代にメキシコ革命下で起こった絵画運動。革命の意義やメキシコ人としてのアイデンティティを民衆に伝えるために壁画を用いた。　**J.オゴルマン**:1905～1982　メキシコの画家で建築家。メキシコ国立自治大学の図書館の壁画を手がけた。

[CHAPTER]

22 十字軍と騎士団

8つの礼拝堂がある聖ヨハネ大聖堂のきらびやかな装飾

マルタ共和国

バレッタの市街

City of Valletta

文化遺産

登録年 1980年 登録基準 (i)(vi)

▶ 聖ヨハネ騎士団がマルタ島に築いた拠点

イタリアの南方、地中海に浮かぶマルタの首都バレッタは、16世紀にオスマン帝国にロドス島を追われた**聖ヨハネ騎士団***が新たに拠点とした地。街の名前は当時の聖ヨハネ騎士団団長**ジャン・パリソー・ド・ラ・バレッテ**にちなんでいる。

バレッタは、オスマン帝国の襲撃に備えイタリアの建築家フランチェスコ・ラパレッリ・ディ・コルトーナの基本設計により堅牢な城塞都市となった。キリスト教国からの多額の寄付が集まり、市街には碁盤の目状の街路が敷かれ、聖ヨハネ大聖堂、騎士団長の宮殿など、聖ヨハネ騎士団にかかわる建造物が次々に建てられた。ラパレッリの死後、助手のジェローラモ・カッサールによってつくられた聖ヨハネ大聖堂には、騎士の出身地の言語別に8つの礼拝堂がある。また、騎士団長の宮殿は、金襴織りのタペストリーで装飾されている。

聖ヨハネ騎士団はマルタに移ってから**マルタ騎士団**とも呼ばれ、1571年のレパントの海戦ではオスマン軍撃退に貢献した。その後、1798年にナポレオンの侵攻によりバレッタを追われた。現在、騎士団長の宮殿は大統領府と議会が置かれ、また武器庫は博物館として当時の様子を伝えている。

聖ヨハネ騎士団：第1回十字軍時代にエルサレムで創設された宗教騎士団。本拠地を移すに従ってロドス騎士団、マルタ騎士団と呼ばれた。3大宗教騎士団のひとつ。

危機遺産 シリア・アラブ共和国

クラック・デ・シュヴァリエと カラット・サラーフ・アッディーン

Crac des Chevaliers and Qal'at Salah El-Din

文化遺産

登録年 2006年／2013年危機遺産登録 登録基準 (ii)(iv)

▶ 十字軍遠征時代の攻防を物語る2つの要塞

シリア北西部にあるクラック・デ・シュヴァリエ、およびカラット・サラーフ・アッディーンは、11～13世紀の**十字軍遠征時代の代表的城塞建築**である。

クラック・デ・シュヴァリエは聖ヨハネ騎士団の本拠地が置かれた城。この地には「クルド人の城」と呼ばれる砦が存在したが、聖ヨハネ騎士団が占領後、内外2重の城壁をもつ集中型の要塞に改築した。カラット・サラーフ・アッディーンは12世紀に十字軍が所有した城塞だが、わずか2日でイスラムの英雄サラディンが陥落させたことから、「**サラディンの要塞**」を意味する現在の名前で呼ばれるようになった。

クラック・デ・シュヴァリエ

ギリシャ共和国

ロドス島の中世都市

Medieval City of Rhodes

文化遺産

登録年 1988年 登録基準 (ii)(iv)(v)

▶ 聖ヨハネ騎士団の館が残る要塞都市

エーゲ海に浮かぶ『ロドス島の中世都市』は、14世紀初頭、イスラム勢力に追われた聖ヨハネ騎士団が**キプロス島に代わる新たな本拠地**とした要塞都市。

街は全長4㎞の城壁で囲まれている。聖ヨハネ騎士団はフランスやイングランド、プロヴァンスなど7つの国々の貴族の子息で構成されていたため、ロドス島には騎士が用いる言語別に建てられた**7つの館**がある。この館の他にも、騎士団長の館などのゴシック建築や、モスクなどのイスラム建築も残る。

騎士団長の館

22

十字軍と騎士団

ポルトガル共和国

トマールのキリスト騎士団の修道院

Convent of Christ in Tomar

文化遺産

登録年 1983年　登録基準 (i)(vi)

▶ テンプル騎士団の歴史を物語る修道院

ポルトガル中央部サンタレンにあるトマールの修道院は、12世紀半ばにこの地を与えられた**テンプル騎士団**によって築かれた。初期ムデハル様式と、ゴシックやルネサンス、マヌエルなどの各様式が見事に融合しており、なかでもサンタ・バルバラ回廊の3つの大窓に施された豪華な彫刻は、マヌエル様式の傑作とされる。

キリスト騎士団の修道院

修道院はテンプル騎士団が解散した14世紀以降も**キリスト騎士団**に受け継がれ、エンリケ航海王子が団長に就任した15世紀に最盛期を迎えた。

イスラエル国

アッコの旧市街

Old City of Acre

文化遺産

登録年 2001年　登録基準 (ii)(iii)(v)

▶ 十字軍の遺構が地下に眠る城塞都市

イスラエルの北部にある『アッコの旧市街』は、**十字軍の遺構の上に建てられた城塞都市**である。12～13世紀にイスラム教徒とキリスト教徒がアッコを巡って争い、13世紀末にはエジプトのマムルーク朝の支配下に入った。その後、この街はほとんど廃墟になっていたが、**オスマン帝国**が18世紀半ばに復興した。

オスマン帝国時代の城壁で囲まれたアッコの旧市街

地下には十字軍の主力であった聖ヨハネ騎士団の集会所や教会、宿泊設備などが残り、中世十字軍都市の設計や建築に関する貴重な資料となっている。

ポーランド共和国

マルボルクのドイツ騎士修道会の城

Castle of the Teutonic Order in Malbork

文化遺産

登録年 1997年　登録基準 (ii)(iii)(iv)

▶ ドイツ騎士修道会の拠点となった城

ポーランド北部のマルボルクには**ドイツ騎士修道会**がバルト海沿岸征服の拠点として築いた修道院兼居城がある。**13世紀に建設されたゴシック様式の建築物**で、中世のレンガ造の城としては、ヨーロッパ最大である。

15世紀半ば、十三年戦争★最中のポーランド王国との対戦以降、騎士修道会は衰退し、城は放棄された。その後、第二次世界大戦におけるドイツ軍の爆撃で大部分が破壊されてしまったが、現在は修復され、博物館となっている。

マルボルク城

イタリア共和国

カステル・デル・モンテ

Castel del Monte

文化遺産

登録年 1996年　登録基準 (i)(ii)(iii)

▶ イスラム文化の影響を強く受けた八角形の城塞

イタリア南部のプーリア州にある『カステル・デル・モンテ』は、第5回十字軍を指揮した神聖ローマ帝国皇帝**フリードリヒ２世**が狩猟時の住居として1240年頃に建てた城塞である。

フリードリヒ2世自らが設計に参加したこの城塞は外観が特徴的で、**八角形**の壁が八角形の中庭を取り囲んでおり、壁の角に八角形の塔が8つ配されている。また、扉付近はローマ古典様式、壁の窓はゴシック様式と、複数の建築様式が取り入れられている。

雨水を溜めて各部屋に供給するようになっている

十三年戦争：ドイツ騎士修道会と、ポーランド王国を含むプロシア連合との戦争。

大航海時代とキリスト教の海外布教

海洋王国ポルトガルの栄華を伝えるジェロニモス修道院

ポルトガル共和国

Aa 英語で読んでみよう P.223 －2

文化遺産

リスボンのジェロニモス修道院とベレンの塔

Monastery of the Hieronymites and Tower of Belém in Lisbon

登録年 1983年／2008年範囲変更　登録基準 (iii)(vi)

▶ 大航海時代の栄華を今に伝える記念碑的建造物

イベリア半島の西端、リスボンにあるジェロニモス修道院とベレンの塔は、大航海時代の先陣を切った海洋王国ポルトガルの栄華を伝える記念碑的建造物である。ポルトガルでは13世紀後半から、リスボンを中心に海洋貿易が活発に行われていた。15世紀には**エンリケ航海王子**らによって航海技術の開発が推進され、外洋進出の基盤が築かれた。こうした努力は、15世紀末の**ヴァスコ・ダ・ガマ**によるインド航路開拓という形で結実。この成功によってポルトガルは東方貿易を掌握し、マヌエル1世の時代に黄金期を迎えた。

リスボンのベレン地区に立つジェロニモス修道院は、マヌエル1世がエンリケ航海王子とヴァスコ・ダ・ガマの功績をたたえるとともに、航海の安全を祈願して建てた。サンタ・マリア教会と、55m四方の回廊が中庭を囲む巨大な修道院から構成され、ポルトガル独自の芸術様式である**マヌエル様式***の装飾が随所に施されている。また、テージョ川河口に面して立つベレンの塔は、インド航路開拓を記念して建造され、港を守る監視塔や水牢として利用された。ベレンの塔は5階層の塔で、正式名をサン・ヴィセンテの塔といい、イスラム建築の影響もうかがえる。

マヌエル様式：船やロープ、貝殻やサンゴなど、海に関するモチーフで装飾されたポルトガル独自の様式で、マヌエル1世が好んだ。

メキシコ合衆国

グアナフアトの歴史地区と鉱山

Historic Town of Guanajuato and Adjacent Mines

文化遺産

登録年 1988年 登録基準 (i)(ii)(iv)(vi)

▶ 銀鉱山の発見で大発展を遂げた都市

メキシコ中央部に位置するグアナフアトでは、16世紀半ばに銀鉱山が見つかり、18世紀には全世界の25%を占めるほどの銀が産出された。街は発展を遂げ、バロック建築の傑作バレンシアナ教会堂や**フェリペ2世***から寄進された聖母像を祀るサンタ・マリア・デ・グアナフアト聖堂が建つ。

危機遺産 ボリビア多民族国

ポトシの市街

City of Potosí

文化遺産

登録年 1987年／2014年危機遺産登録 登録基準 (ii)(iv)(vi)

ボリビア南部のポトシは、アンデス山中の盆地、標高4,000mを超える高所に広がる都市である。1545年、スペイン人により世界最大級の銀鉱脈が発見され、「セロ・リコ(富の山)」と名付けられた。銀山を中心に世界有数の鉱山町がつくられ、アマルガム法を用いた銀の精錬で17世紀半ばに最盛期を迎えた。王立造幣局や、スペインのバロック様式と先住民の文化が融合した**メスティソ様式***の教会などが残る。

中華人民共和国

マカオの歴史地区

Historic Centre of Macao

文化遺産

登録年 2005年 登録基準 (ii)(iii)(iv)(vi)

中国南部沿岸に位置するマカオは、16世紀半ば頃から**ポルトガルのアジア貿易の拠点**となった港町で、林則徐や孫文など、中国史における重要人物との関わりも深い。この街は19世紀末に清から割譲されてポルトガル領となったが、1999年に中国に返還された。キリスト教布教の中心であった聖ポール大聖堂の建設には、弾圧を逃れてやってきた日本のキリシタン難民もかかわっていたとされる。

フェリペ2世：1527〜1598 スペイン絶対王政の最盛期を築いたスペイン王。 **メスティソ様式**：スペインから伝わったバロック建築の様式に、先住民の文化的要素を加えて生み出された独特の建築様式。

ペルー共和国

クスコの市街

City of Cuzco

文化遺産

登録年 1983年 登録基準 (iii)(iv)

▶ インカ帝国とキリスト教の文化が混在する街

ペルー中部のクスコは、インカ帝国の都が置かれた都市で、15世紀に皇帝**パチャクテク**のもと最盛期を迎えた。街の周辺は計画的に整備され、農耕地や職人の街などに区分けされていた。1533年にスペイン人のフランシスコ・ピサロが征服すると、インカが築いた強固な石の土台は残され、その上にバロック様式の教会や宮殿が建設された。

ドミニカ共和国

植民都市サント・ドミンゴ

Colonial City of Santo Domingo

文化遺産

登録年 1990年 登録基準 (ii)(iv)(vi)

ドミニカ共和国の首都サント・ドミンゴには、1492年にコロンブスが第1回の航海でこの地に到達したのち、スペイン植民地政策の最初の拠点が築かれた。中世の植民都市の面影漂う街には、ハリケーン対策のため**背の低い石造りの建物**が立ち並んでいる。ゴシック様式とルネサンス様式の特徴を兼ね備えるサンタ・マリア・ラ・メノール大聖堂などの貴重な歴史的建造物が現在も残っている。

フィリピン共和国

フィリピンのバロック様式の教会群

Baroque Churches of the Philippines

文化遺産

登録年 1993年／2013年範囲変更 登録基準 (ii)(iv)

フィリピンの各島に残るスペインの植民地時代のバロック様式の教会群は、台風や地震対策のため天井を低くとるなど、独自の工夫が見られる。フィリピンの風土に合わせた設計になっていることから「**地震のバロック**」と呼ばれる。フィリピンで最も古い聖堂であるマニラのサン・アグスティン聖堂をはじめ、4つの教会が世界遺産に登録されている。

アルゼンチン共和国及びブラジル連邦共和国

文化遺産

グアラニのイエズス会布教施設群:サン・イグナシオ・ミニ、サンタ・アナ、ヌエストラ・セニョーラ・デ・ロレト、サンタ・マリア・マヨール(アルゼンチン側)、サン・ミゲル・ダス・ミソンイス(ブラジル側)

Jesuit Missions of the Guaranis: San Ignacio Mini, Santa Ana, Nuestra Señora de Loreto and Santa Maria Mayor (Argentina), Ruins of Sao Miguel das Missoes (Brazil)

登録年 1983年/1984年範囲拡大 登録基準 (iv)

▶ イエズス会宣教師と先住民の共同生活施設

ブラジルとアルゼンチンの国境付近にあるグアラニのイエズス会布教施設群は、**イエズス会***の修道士たちがグアラニ人のキリスト教化のために築いたレドゥクシオンの遺構5ヵ所が登録されている。イエズス会の宣教師たちが先住民と共同生活を送りながらキリスト教化を行うレドゥクシオンでは、農業や畜産の指導や、教育なども行われていた。

アメリカ合衆国

文化遺産

サン・アントニオ・ミッションズ

San Antonio Missions

登録年 2015年 登録基準 (ii)

『サン・アントニオ・ミッションズ』は、テキサス州南部サン・アントニオ川沿いに建てられた5つのミッション施設と南に37km離れた牧場からなる。18世紀にフランシスコ会の修道士たちによって築かれた建築的・歴史的に重要な住居や教会、農園や灌漑システムが含まれる。先住民**コアウイルテカン族**の文化との融合が随所に見られ、教会の装飾には自然をモチーフとした先住民の意匠が盛り込まれている。

インド

文化遺産

ゴアの聖堂と修道院

Churches and Convents of Goa

登録年 1986年 登録基準 (ii)(iv)(vi)

インド南西部にあるゴア(現在のオールド・ゴア)は、アジアにおけるキリスト教布教の拠点として栄えた港町。20世紀までポルトガル領だったこの地には、マヌエル様式の聖堂や修道院といった壮麗なキリスト教建築が数多く残る。宣教師**フランシスコ・ザビエル**の遺体が安置されているボン・ジェズス・バシリカをはじめ、10余りの建造物が世界遺産に登録されている。

イエズス会:16世紀にイグナティウス・ロヨラを中心に設立されたカトリックの修道会。スペインの対外進出を機に熱心に海外布教を行った。日本にキリスト教を伝えたフランシスコ・ザビエルも会士である。

[CHAPTER]

24

商業・交易・貿易

三角屋根の木造建築が立ち並ぶブリッゲン地区

ノルウェー王国

ベルゲンのブリッゲン地区

Bryggen

文化遺産

登録年 1979年 登録基準 (iii)

▶ 商人や職人が移り住んだノルウェーの港湾都市

スカンジナビア半島の南西沿岸部のベルゲンは、13世紀にハンザ同盟の拠点が置かれていた港湾都市。**在外ハンザ商人**★の居留地となったブリッゲン地区は**干鱈**（ひだら）の取り引きにより発展した。次第に商人だけでなく職人もこの地に移り住むようになり、ノルウェー最大の港湾都市になった。

この地区はたび重なる火災の被害を受けてきたが、その度に当初の図面を元に再建されてきた。海に面した三角屋根のカラフルな木造家屋の街並は、最後の大火である1955年の火災後に再建されたもの。ブリッゲン地区の住居は入口の狭い木造家屋で、火災の被害を抑えるために中庭が設けられている。

また、1761年に建てられたハンザ同盟の会議場「**ショートスチューエネ**」は、他の建築物同様に火災に遭っているが、粗石づくりの共同金庫に保管されていた書類や議事録は被害を受けなかった。2つの塔を備えた聖母マリア聖堂は12世紀に建てられたもので、1776年までベルゲン在住のドイツ人のための聖堂だった。

この他、ハンザ商人の倉庫兼住居だったハンザ博物館には、ハンザ同盟時代の船や家具が展示されている。

在外ハンザ商人：ドイツ国外の4つの重要な商業地域に居住地区を設け商取引をしたドイツ人。ロシアのノヴゴロド、イングランドのロンドン、フランドルのブリュージュ、ノルウェーのベルゲンの4都市に商館を設けた。

ブリュッセルのグラン・プラス

La Grand-Place, Brussels

文化遺産

登録年 1998年 登録基準 (ii)(iv)

▶ ヴィクトル・ユゴーが称えた「世界一豪華な広場」

ブリュッセルはケルンとフランドル地方を結ぶ交通の要衝として12世紀頃から発展した。13～14世紀にはギルド★も出現し、街の中心にある大広場グラン・プラスの周辺にはさまざまな職人や商人の**ギルドハウス**が立ち並んだ。

フラワーカーペット(花の絨毯)の祭り

1695年、ルイ14世の命を受けてフランス軍が侵攻。ブリュッセルは、激しい砲撃で多くの建造物を焼失したが、**ギルドの人々の努力によって、街はわずか4年で再建**。新たなギルドハウスはそれまでの木造ではなく、バロック様式などを取り入れた石造りへと変更された。

中華人民共和国

泉州：宋・元時代の中国における世界的な商業の中心地

Quanzhou: Emporium of the World in Song-Yuan China

文化遺産

登録年 2021年 登録基準 (iv)

▶ 中国で最初期のイスラム文化を伝える遺産

中国の南東の沿岸部に位置するシリアル・ノミネーション・サイトである。泉州は宋代と元代(10～14世紀)における海上交易の中心地として発展した。

構成資産には中国最初期のイスラム建造物の一つである、11世紀に築かれた「**清真寺**」などの宗教施設や、イスラム教墓地などが含まれる。行政施設、商業・防衛上重要だった石造りの波止場、陶磁器や製品の生産場、都市の交通網の要素、古代の橋や塔、碑文など、幅広い考古学的遺物も見られる。泉州はアラビア語圏では「**ザイトゥーン**」として知られ、10～14世紀の西欧の文献にも登場する。

中国最初期のイスラム建造物「清真寺」

ギルド：11～12世紀頃からヨーロッパ諸都市の商工業者間で結成された職業別組合。

サウジアラビア王国

ジッダの歴史地区：メッカの入口

Historic Jeddah, the Gate to Makkah

文化遺産

登録年 2014年 登録基準 (ii)(iv)(vi)

▶ 紅海建築を今に伝えるメッカ巡礼の玄関口

7世紀に第3代正統カリフ*の**ウスマーン・イブン・アッファーン**がメッカへの公式な貿易港として定めて以来、ジッダはメッカ巡礼（**ハッジ**）における海の玄関口としての役割を果たした。世界各地から訪れるムスリムたちによる文化交流が促進され都市は大いに繁栄。モスクや広場などが残るジッダの歴史地区には、19世紀後半に富裕商人によって建てられた木製出窓つきの建物や紅海のサンゴを用いた家などがある。サウジアラビア外にはわずかしか残されておらず、かつて紅海の両岸に一般的だった建築的伝統を今に伝える。諸建築には高温多湿なこの地に適した通気性を重視した設計がとられている。

伝統的な木製出窓つきの建物

バーレーン王国

ペルシア湾の真珠産業関連遺産：島嶼経済の証拠

Pearling, Testimony of an Island Economy

文化遺産

登録年 2012年 登録基準 (iii)

▶ 1,000年以上の繁栄を築いた真珠産業を今に伝える

ペルシア湾一帯は古来より真珠の産地として名高く、とりわけバーレーン近海では2世紀から真珠産業が栄えた。ムハラク市内にある17の建造物の他、沖合にある3つの**真珠貝養殖床**、海岸線沿いの真珠商人の住居や店舗、倉庫やモスクなどの建造物、ムハラク島の南端に位置する**カラット・ブ・マヒール要塞**などが世界遺産に登録されている。

1930年代に日本で真珠養殖の方法が確立されると、1,000年以上変わらぬ真珠採取法を続けていたバーレーンの真珠産業は廃れた。本遺産は急速に失われたペルシア湾地域の真珠産業の文化的伝統を今に伝える最後の証拠である。

真珠商人シャディの住居とモスク

正統カリフ：イスラム教の開祖ムハンマド以降、ウマイヤ朝成立までのイスラム教共同体を率いた4代のカリフ（指導者）のこと。

イタリア共和国

ヴェネツィアとその潟

Venice and its Lagoon

文化遺産　登録年 1987年　登録基準 (i)(ii)(iii)(iv)(v)(vi)

▶ 東方貿易で栄華を極めた水の都

イタリア北東部、アドリア海の最深部に位置するヴェネツィアは、潟に点在する118の島々からなる水上都市。9世紀に建設された、キリスト教の聖人聖マルコの聖遺物を祀る**サン・マルコ大聖堂**や、後にヴェネツィア共和国総督の邸宅へ改築されたドゥカーレ宮殿など、多くの歴史的建造物が残る。現在、地下水や天然ガスの採取が原因と考えられる地盤沈下が問題となっている。

ブルキナファソ

ロロペニの遺跡群

Ruins of Loropéni

文化遺産　登録年 2009年　登録基準 (iii)

西アフリカのブルキナファソ初の世界遺産である『ロロペニの遺跡群』は、かつて**サハラ砂漠の黄金貿易を支えた都市**の遺構である。ロロペニでは金の抽出と精錬が盛んで、14～17世紀に最盛期を迎えたが、その後この地はうち捨てられ、多くの建造物が土に埋もれた。崩れた石壁の残る10の砦が遺産範囲に登録されているが、現在も多くの遺構が未発掘のままである。

フィジー共和国

レブカ歴史的港湾都市

Levuka Historical Port Town

文化遺産　登録年 2013年　登録基準 (ii)(iv)

オバラウ島の港町レブカには、オセアニアとヨーロッパの文化が融合したコロニアル様式*の建造物が立ち並び、独特の都市景観が広がっている。1874年にフィジーがイギリスの保護領となると、レブカは最初の首都となった。しかし、わずか8年後にスバへ遷都したため、ココヤシ保管庫や港湾施設、商業・宗教施設、住居といった建造物が往時の面影をとどめたまま今残されている。

コロニアル様式：植民地に建てられる西欧式建築を指し、しばしばその土地の建築様式と融合している。

ヨルダン・ハシェミット王国

隊商都市ペトラ

Petra

文化遺産

登録年 1985年 登録基準 (i)(iii)(iv)

▶ 岩から削り出された隊商都市

ヨルダン南部の岩山が連なる渓谷に位置するペトラは、紀元前4世紀ごろからこの地に定住した**ナバテア(ナバタイ)人***が築いた隊商都市の遺跡である。死海と紅海の間に位置し、アラビアの香料や中国の絹、インドの香辛料の貿易中継地として栄えた。王家の墳墓と考えられる**アル・カズネ**に代表される岩を削り出した壮観な建築様式をもち、ダムや水路といった水利システムを完備するなど高い都市機能をうかがわせる。ヘレニズムやローマの影響を受けた建築も残るが、19世紀に発見されたこの遺跡はいまだ大部分が未発掘とされる。

「宝物庫」という名のアル・カズネ

文化的景観　イラン・イスラム共和国

バムとその文化的景観

Bam and its Cultural Landscape

文化遺産

登録年 2004年／2007年範囲拡大 登録基準 (ii)(iii)(iv)(v)

▶ 7〜11世紀にかけて栄えた交易ルートの要所

イラン南部のバムは、紀元前からの長い歴史をもつ砂漠のオアシス都市。7〜11世紀頃に繁栄した街は、**アルゲ・バム**(バム城塞)を約2kmの城壁が囲む三重構造をもつ要塞都市だったが、18世紀に廃墟となった。

2003年の大地震で街は大きな被害を受け危機遺産に緊急登録されたが、修復保全計画が認められ2013年に脱した。

地震では、9世紀に築かれたアルゲ・バムも街と共に崩れた

ナバテア(ナバタイ)人：北アラビアを起源とする遊牧民。羊の放牧や馬を使った貿易を行っていた。

英語で読んでみよう 世界の世界遺産編

日本語訳は、世界遺産検定公式ホームページ(www.sekaken.jp)内、
公式教材「2級テキスト」のページに掲載してあります。

① Works of Antoni Gaudí

日本語での説明 ⇄ P.202

Seven properties built by the architect Antoni Gaudí (1852–1926) in or near Barcelona testify to **Gaudí's exceptional creative contribution to the development of architecture and building technology** in the late 19th and early 20th centuries. These monuments represent an eclectic, as well as a very personal, style which was given free rein★ in the design of gardens, sculpture and all decorative arts, as well as architecture. Three sites, Parque Güell, Palacio Güell, and Casa Mila, were listed as World Heritage in 1984, and four sites were added in 2005: Casa Vicens, Casa Batlló, the Crypt★ in Colonia Güell, and Gaudí's work on the Nativity façade and Crypt of La Sagrada Familia.

② Monastery of the Hieronymites and Tower of Belém in Lisbon

日本語での説明 ⇄ P.214

The Monastery of the Hieronymites and the Tower of Belém are located on the shore of the Tagus River at the entrance to the port of Lisbon. The Monastery was commissioned by King D. Manuel I and donated to the monks of Saint Hieronymus so that they would pray for the King, and **pay spiritual assistance to seafarers in quest for the new world**. Its very rich ornamentation derives from the exuberance★ typical of Manueline art★. Not far from the monastery, Francisco de Arruda constructed the Tower of Belém around 1514, also known as the Tower of St Vincent, patron of the city of Lisbon, which commemorated the expedition of Vasco da Gama and also served to defend the port of Lisbon.

③ La Grand-Place, Brussels

日本語での説明 ⇄ P.219

La Grand-Place in Brussels, the earliest written reference to which dates back to the 12th century, features buildings emblematic of municipal and ducal powers, and the old houses of corporations. The Grand-Place testifies in particular to **the success of Brussels, mercantile city of northern Europe** that, at the height of its prosperity, rose from★ the terrible bombardment inflicted by the troops of Louis XIV in 1695. Destroyed in three days, the heart of the medieval city underwent a rebuilding campaign conducted under the supervision of the City Magistrate and guilds. The buildings around the Place were rebuilt in stone in the Gothic and Baroque styles.

---

free rein：束縛のない自由　**Crypt**：クリプト。地下聖堂　**exuberance**：繁栄　**Manueline art**：マヌエル様式芸術
rise from：〜から復興する

[CHAPTER]
25
混ざり合う文化
(文化交流)

グラン・ディルにそびえる大聖堂(中央)

フランス共和国

文化遺産

ストラスブール:グラン・ディルからヌースタットのヨーロッパの都市景観

Strasbourg, Grande-île and *Neustadt*

登録年 1988年/2017年範囲拡大　**登録基準** (ii)(iv)

▶ 交通の要衝として発展した仏独文化が融合する街

フランス東部**アルザス**★地方の中心都市ストラスブールは、ライン川を挟んでドイツと国境を接する。旧市街はイル川の中州にあり、グラン・ディル(大きな島)と呼ばれる。この都市の歴史は、紀元前12年頃に古代ローマ軍が築いた駐屯地にさかのぼる。ドイツ語で「**街道の街**」を意味するその名の通り、ストラスブールは多くの人と物が行き交う交通の要衝として発展した。

中世末頃からはドイツ人文主義の中心地となり、文化面でも重要な役割を果たした。その後フランスとドイツの間でこの地をめぐる領有争いが激化。17～20世紀の間に何度も帰属を変えたが、それがかえってストラスブールに仏独の文化が融合する自由な気風と独立精神を育む結果となった。

旧市街には赤砂岩を用いたゴシック建築の大聖堂をはじめ、歴史的建造物が残る。また、プティット・フランス地区には、コロンバージュ(ハーフティンバー)と呼ばれる柱や梁を外壁に露出させたアルザス伝統の木組みの家々が並んでいる。そのいっぽうで、20世紀後半には**欧州議会**★が置かれるなどEUの中枢としても機能し、ヨーロッパ統合を象徴する都市という新たな顔も見せている。

アルザス:フランス北東部の地域。ドイツとの国境に位置する。独仏間で何度も領有が行き来した。　**欧州議会**:欧州連合(EU)の議会組織。ストラスブールでは毎月1回議会が開かれる。

スペイン

セビーリャの大聖堂、アルカサル、インディアス古文書館

Cathedral, Alcázar and Archivo de Indias in Seville

文化遺産

登録年 1987年／2010年範囲変更　登録基準 (i)(ii)(iii)(vi)

▶ ヨーロッパとイスラムの融合が見られる建造物

スペイン南西部セビーリャには、**ヨーロッパとイスラムが融合した**建造物が立ち並ぶ。8～12世紀にイスラム勢力が支配したこの地を13世紀にキリスト教徒がレコンキスタ(国土回復運動)で奪還。そのため街並や建造物はイスラム式とヨーロッパ式が混在し、アラビア語で宮殿を意味するアルカサルは幾度の改築の結果、イスラム、ムデハル、ゴシック、ルネサンスの4つの様式が混在する宮殿となった。スペイン最大の大聖堂はモスクを改装したもので、ミナレットを転用した**ヒラルダの塔**と呼ばれる鐘楼が残る。

スペイン王の宮殿となったアルカサル

スペイン

グラナダのアルハンブラ宮殿、ヘネラリーフェ離宮、アルバイシン地区

Alhambra, Generalife and Albayzín, Granada

文化遺産

登録年 1984年／1994年範囲拡大　登録基準 (i)(iii)(iv)

▶ イスラム王朝最後の砦となった幻想的な宮殿

グラナダにあるアルハンブラ宮殿、ヘネラリーフェ離宮、アルバイシン地区は、イベリア半島最後のイスラム王朝である**ナスル朝**(グラナダ王国)時代に築かれた。

1238年にムハンマド1世が着工したアルハンブラ宮殿はイスラム建築の最高峰と称され、イスラム文化の特徴である**アラベスク模様**で飾られた幻想的な空間が広がる。宮殿は創建以来何度も増改築され、宮殿の中心には、王のプライベートな空間である「ライオン宮」と、王が公務を行う「コマーレス宮殿」がある。

コマーレス宮殿にあるアラヤネスの中庭

文化遺産

カザン・クレムリンの歴史的関連建造物群

Historic and Architectural Complex of the Kazan Kremlin

登録年 2000年　登録基準 (ii)(iii)(iv)

▶ タタール人の歴史を偲ばせる城塞都市建築

ロシア連邦西部、沿ヴォルガ連邦管区のタタールスタン共和国の首都カザンには、**イスラムとロシア正教の影響を受けた歴史的建築物**が立ち並ぶ。

10世紀ごろヴォルガ・ボルガル人が城塞を築き交易都市として繁栄したこの地は、13世紀にモンゴルが侵攻するとタタール人によるジョチ・ウルス(キプチャク・ハン国)、ついでカザンを首都とするカザン・ハン国が統治するようになった。この厳しい時代は「タタールのくびき」と呼ばれる。城塞にはクル・シャリフ・モスクに代表されるイスラム建築が建てられたが、1552年にイワン雷帝がカザンを征服しロシア帝国に併合されると、モスクは破壊されロシア正教化が進められた。

16世紀以降、カザンにヴォルガ地方の司教座が置かれると、城塞内にはキリスト教建築に加え公邸や行政施設、軍事施設が建てられカザン・クレムリンが形成された。1562年に完成した**ブラゴヴェシェンスキー大聖堂**はカザンに特有の砂岩づくりの大聖堂で、現存するクレムリン最古の建築とされる。クレムリン中最も高い6層58mの**シュユンベキ塔**には、イタリア建築の影響も指摘されている。カザン・クレムリンの世界遺産登録に尽力したタタールスタン共和国初代大統領のミンチメル・シャイミーエフが主導となり、2005年にはクル・シャリフ・モスクがクレムリンの城塞内に再建された。4つのミナレットをもつヨーロッパ最大規模のモスクは、カザンのタタール時代を今に蘇らせている。

2005年に再建されたクル・シャリフ・モスク

文化的景観　イラン・イスラム共和国

ペルシア庭園

The Persian Garden

文化遺産

登録年 2011年　登録基準 (i)(ii)(iii)(iv)(vi)

▶ユートピアを具現化した9つの庭園

イランの国内各州に点在する9つの庭園の様式は、アケメネス朝ペルシアの初代皇帝**キュロス2世**（大キュロス）の時代にルーツをもち、ゾロアスター教の「空」「大地」「水」「植物」の役割をもつ区画に四分割された特徴的な設計をもつ。

また「エデンの園」の概念を具現化したものともされており、敷地内部を幾何学的に分割した四分庭園（**チャハル・バーグ**）様式の設計は、後世の西アジア諸国、およびインドやスペインの庭園芸術にも影響を与えた。

エラム庭園

インド

チャトラパティ・シヴァージー・ターミナス駅（旧名ヴィクトリア・ターミナス）

Chhatrapati Shivaji Terminus (formerly Victoria Terminus)

文化遺産

登録年 2004年　登録基準 (ii)(iv)

▶インドの伝統と英国の新様式が融合した傑作建築

インド西部ムンバイ（ボンベイ）にあるチャトラパティ・シヴァージー・ターミナス駅は、インドの伝統的な様式を取り込んだ、英国ヴィクトリア朝の**ゴシック・リバイバル様式**の傑作建築。英国人建築家F・W・スティーヴンスにより1878年から10年以上をかけて完成し、ゴシック建築の都市ムンバイの象徴となった。石づくりのドームや小塔、平面プランにはインドの伝統的な宮殿建築の要素が見られ、**英国とインドの文化の融合**を示している。インド亜大陸における最初のターミナル駅であり、今日まで続く金融・商業の一大都市ムンバイの経済活動を支え続けている。

駅舎の外観

[CHAPTER]

26

近代国家

優美なたたずまいを見せるドロットニングホルムの王宮

スウェーデン王国

ドロットニングホルムの王領地

Royal Domain of Drottningholm

文化遺産

登録年　1991年／2019年範囲変更　登録基準　(iv)

▶「北欧のヴェルサイユ」と呼ばれる壮麗な宮殿

スウェーデンの首都ストックホルム近郊、メーラレン湖上のローヴェン島にある『ドロットニングホルムの王領地』は、その優美なたたずまいから「北欧のヴェルサイユ」とも呼ばれる宮殿と建造物群である。「王妃の小島」を意味する名の通り、この地の建造物や庭園は、16～18世紀に生きた**3人の王妃**と深いかかわりをもつ。

王宮の前身は、国王ヨハン3世が王妃カタリーナ・ヤーゲロニカのために築いた夏の離宮である。この離宮は1661年の火災で焼失したが、国王カール10世の王妃であるヘドヴィーク・エレオノーラの命によって翌年より大規模な再建が始まった。およそ20年の歳月をかけたこの再建工事により、離宮はヴェルサイユ宮殿に匹敵する**フランス・バロック様式**の宮殿へと生まれ変わった。

さらに、18世紀後半の王妃**ロヴィーサ・ウルリカ**による改築では内装がロココ様式に統一された他、庭園に中国風の小宮殿や宮廷劇場も建造され、スウェーデンの新しい文化の潮流を象徴する現在の姿が完成した。宮殿はその後、王妃ウルリカの息子であるグスタフ3世に引き継がれ、1982年以降はスウェーデン王家の居城となっている。現在は宮殿の一部が一般公開されている。

フランス共和国

ヴェルサイユ宮殿と庭園

Palace and Park of Versailles

文化遺産

登録年 1979年／2007年範囲変更 登録基準 (i)(ii)(vi)

▶ フランス・バロック様式の最高傑作

パリの南西約20kmにあるヴェルサイユ宮殿は、1661年に「太陽王」**ルイ14世**の命によって建設された王宮。贅の限りを尽くして築かれた宮殿や庭園は、**フランス・バロック様式の最高傑作**とたたえられる。その壮麗な姿はヨーロッパ諸国の王族たちの羨望を集め、各地にヴェルサイユ宮殿を模した宮殿が建設された。

全長約73m、幅約10mの鏡の間には、17の窓に対面する壁に17の鏡が埋め込まれている。幾何学模様を特徴とする庭園は、フランス式庭園の代表作である。

庭園にあるネプチューンの像

ドイツ連邦共和国

Aa 英語で読んでみよう P.243 -①

ポツダムとベルリンの宮殿と庭園

Palaces and Parks of Potsdam and Berlin

文化遺産

登録年 1990年／1992、1999年範囲拡大 登録基準 (i)(ii)(iv)

▶ ドイツ・ロココ様式を代表する宮殿

ドイツ北東部のポツダムとベルリンには、歴代のプロイセン王によって建造された数多くの宮殿と庭園が残されている。なかでも18世紀半ばに**フリードリヒ2世**によって建造されたサンスーシ宮殿は、外観は質素で規模も小さいながら、その豪華な室内装飾はドイツ・ロココ様式の代表例とされている。宮殿の周囲にはサンスーシ庭園が広がる。丘の斜面を使った6段のひな壇状になっており、フランス式庭園の特徴をもつ。

サンスーシ宮殿の北東には、ポツダム会談で有名な**ツェツィーリエンホーフ宮殿**がある。

「憂いなし」を意味するサンスーシ宮殿

シェーンブルン宮殿と庭園

Palace and Gardens of Schönbrunn

文化遺産

登録年 1996年　登録基準 (ⅰ)(ⅳ)

▶ 総合芸術作品とも称される壮麗な宮殿

ウィーンにあるシェーンブルン宮殿は、ハプスブルク家の女帝**マリア・テレジア**が大規模な増改築を行い居城とした宮殿である。17世紀末に、神聖ローマ帝国皇帝レオポルト1世の命を受けた建築家**フィッシャー・フォン・エアラッハ**が造営した夏の離宮を前身とする。マリア・テレジア・イエローと呼ばれる黄色に統一された重厚なバロック様式の外観と、優美なロココ様式の内装が特徴であり、1814年にはナポレオン戦争後の国際秩序について話し合う**ウィーン会議**が開催された。

宮殿の総部屋数は1,400以上で、そのなかでも最も豪華とされる部屋が「百万の間」。この部屋の壁には中米の紫檀(したん)が用いられており、金箔の額に入ったペルシアの細密画が飾られている。幼少のモーツァルトが御前演奏をした際に使われた「鏡の間」や、ナポレオン1世が滞在した「ナポレオン室」、南国趣味の絵画が飾られ、「庭園の間」の別名をもつ「ベルグルの間」なども有名である。

また、広大な庭園には、1757年のフリードリヒ2世との戦いでの勝利を記念して建てられたグロリエッテ（戦勝記念堂）の他、世界最古の動物園、ガラス建築の植物園などが並んでいる。

マリア・テレジア・イエローに統一されたシェーンブルン宮殿とウィーンの街並

スペイン

マドリードのエル・エスコリアール修道院と王立施設
Monastery and Site of the Escurial, Madrid

文化遺産

登録年 1984年　登録基準 (i)(ii)(vi)

▶ スペイン絶頂期を象徴する王家の修道院

スペインの首都マドリード郊外に位置するエル・エスコリアール修道院は、「太陽の沈まぬ大帝国」と称されたスペインの最盛期を象徴する建造物である。

1557年、聖ラウレンティウス（ロレンソ）が殉教したとされる日にフランスに勝利したスペイン国王**フェリペ2世**は、聖人の加護に感謝して、父カルロス1世の霊廟も兼ねた修道院の建設を開始した。王宮、霊廟、神学校、図書館なども併設された**王立の複合施設**として、装飾を排した外観をもつエレーラ様式で完成した。内部は美しいフレスコ画で装飾されている。

エル・エスコリアール修道院

ロシア連邦

サンクト・ペテルブルクの歴史地区と関連建造物群
Historic Centre of Saint Petersburg and Related Groups of Monuments

文化遺産

登録年 1990年／2013年範囲変更　登録基準 (i)(ii)(iv)(vi)

▶ バロック建築と新古典主義建築の融合

モスクワの北西650㎞にあるサンクト・ペテルブルクは、18世紀にロマノフ朝の**ピョートル大帝**が築いたペトロパヴロフスク要塞を起源とする。ロシア帝国の首都となったサンクト・ペテルブルクには宮殿や教会などの建造物が建設されロシアの近代化を進めた。ペトロパヴロフスク要塞の内部には、ドメニコ・トレッツィーニ設計のペトロパヴロフスキー聖堂をはじめ監獄、造幣局などがつくられた。

18世紀に建てられた冬の離宮は、現在**エルミタージュ美術館**になっている。

エカチェリーナ2世が夏を過ごしたエカチェリーナ宮殿

[CHAPTER]
27 産業遺産

リューカンにあるノシュク・ハイドロ社のソーハイム発電所

ノルウェー王国

リューカン・ノトッデンの産業遺産
Rjukan-Notodden Industrial Heritage Site

文化遺産

登録年 2015年 登録基準 (ii)(iv)

▶ 豊かな自然が生み出した合成肥料産業の一大拠点

ノルウェー南部に位置するリューカンとノトッデンは、20世紀初頭に合成肥料の製造産業で発展した山間の産業都市である。山岳や滝、渓谷といった豊かな自然の中に水力発電所や工場、交通インフラを含む産業遺産が溶け込んだ独特の景観を呈している。

20世紀の始め、人口が増大した西洋世界では農業生産の需要が増大した。**空気から窒素を固定する合成肥料***の製造方法を確立した**ノシュク・ハイドロ社**は、製造過程で必要となる膨大な電力を得るための水力発電所も建造した。最初はノトッデンに、次いでリューカンに工場や発電所が造られ、豊富な水量を誇るノルウェー山間部の水力発電所は合成肥料の製造を大いに促進した。当時ヨーロッパで最大だった**スウェルグフォス水力発電所**やダムに加え、肥料運搬のための鉄道網やフェリー航路、そして労働者が暮らす企業都市が整備され、今日見ることのできる産業景観が形成された。豊かな自然環境に囲まれ、施設群の多くがよい状態で保存されており、合成肥料産業の生産から輸出までの全体をうかがい知ることができる。

ノシュク・ハイドロ社は現在、世界で屈指のアルミニウム生産企業であり、その水力技術部門はノトッデンで稼動を続けている。

空気から窒素を固定する合成肥料：空気中に存在する窒素分子を窒素化合物に変え、合成肥料としたもの。

イタリア共和国

文化遺産

イヴレーア：20世紀の産業都市

Ivrea, industrial city of the 20th century

登録年 2018年／2021年範囲変更 登録基準 (iv)

▶ イタリアの近代化の歴史を伝える企業都市

イタリア北西部のピエモンテ州にあるイヴレーアは、タイプライターや機械式計算機、オフィス・コンピューターなどの製造・販売で世界的に有名な**オリベッティ**社の企業都市として発展した。1930年代から1960年代を中心にイタリアを代表する都市プランナーや建築家によってデザインされた巨大な工場や、行政・社会サービス施設群、住居などで構成され、工業製品と建築の現代的な関係を示している。

英国（グレートブリテン及び北アイルランド連合王国）

文化遺産

ダーウェント峡谷の工場群

Derwent Valley Mills

登録年 2001年 登録基準 (ii)(iv)

英国中部、ダーウェント川に沿って広がるダーウェント峡谷は、産業革命初期に建てられた18～19世紀の紡績工場が点在する地域である。現在、ダーウェント峡谷には18世紀に**リチャード・アークライト**が開発した水力紡績機を世界で初めて導入した工場をはじめ、工場制機械工業時代の幕開けを告げた工場群が残る。工場周辺には労働者のための住宅や施設が築かれ、工業都市のモデルとなった。

スウェーデン王国

文化遺産

ヴァールベリのグリメトン無線局

Grimeton Radio Station, Varberg

登録年 2004年 登録基準 (ii)(iv)

スウェーデン南部の『ヴァールベリのグリメトン無線局』は、1920年代の無線通信時代初期を象徴する遺産。この時代のものとしては、唯一現存する送信局とされる。建設当時は**大西洋無線通信**★の黎明期にあたり、この施設からは北アメリカに向けて長波が発信され、移民した同胞に祖国の情報を伝えた。無線送信局としては1990年代にその役割を終えたが、施設は現在も稼働できる状態で保存されている。

大西洋無線通信：1901年にイタリアのグリエルモ・マルコリーニがイギリス-カナダ間を結ぶ初の大西洋横断無線通信を成功させた。

英国（グレートブリテン及び北アイルランド連合王国）

フォース鉄道橋

The Forth Bridge

文化遺産

登録年 2015年　登録基準 (i)(iv)

▶ 世界一の長さを誇ったカンチレバー橋

スコットランド東部のフォース川河口にかかるフォース鉄道橋は、世界で最も初期に造られた**トラス式カンチレバー橋**の傑作である。541mの支間（スパン）は1890年の建造時、世界で最も長く、2016年現在でも**世界２位★の長さ**を誇る。建造は当時の新素材であった鋼鉄を54,000トン用いた大規模なもので、この時期に採用された革新的な技術を示している。鉄道が主要な長距離移動方法として定着していくなか、その後の橋梁設計や建築に大きな影響を与えた。現在もファイフとエディンバラを結ぶ鉄道が走る赤い橋は、簡素ながら力強い産業遺産としての造形美を保っている。

建設には日本人の渡邊嘉一が監督係として参加した

フランス共和国

コルドゥアン灯台

Cordouan Lighthouse

文化遺産

登録年 2021年　登録基準 (i)(iv)

▶「海のヴェルサイユ宮殿」の名をもつ壮麗な灯台

フランスの大西洋沿岸、ジロンド川河口に建つ灯台。航海の発展期における、灯台建設の技術を現代に伝えている。**ルイ・ドゥ・フォワ**が設計し16世紀末から17世紀初頭にかけて築かれた。その後18世紀末に技術者ジョゼフ・トゥレールによって改築された。ピラスター（付柱（つけばしら））や円柱、軒持送り（モディリオン）、ガーゴイルなどで華やかに装飾されている。建築形態は、古代様式やルネッサンス期の**マニエリスム**、またフランスの技術者養成機関である土木技術学校の独特の建築様式の影響を受けている。

白い石灰石のブロックで築かれた灯台

世界２位：カンチレバー橋の支間の長さ１位はカナダのケベック橋（549m）、３位は大阪の港大橋（510m）。

27　産業遺産

フランス共和国

サラン・レ・バン大製塩所からアルケ・スナン王立製塩所までの天日塩生産所

From the Great Saltworks of Salins-les-Bains to the Royal Saltworks of Arc-et-Senans, the Production of Open-pan Salt

文化遺産

登録年 1982年／2009年範囲拡大 登録基準 (i)(ii)(iv)

▶ クロード・ニコラ・ルドゥーが目指した工業都市の理想形

アルケ・スナン王立製塩所は、ルイ16世治世下の1775年、**クロード・ニコラ・ルドゥー**により設計・建築が開始された。ルドゥーは円形に建造物を配置することで労働組織の効率化を目指した。半円形の状態で未完成のままとなったが、理想的工業都市実現への大きな試みだった。近くのサラン・レ・バン製塩所の歴史は中世以前に遡るが、本格的な製塩所は同じくルドゥーにより建造された。

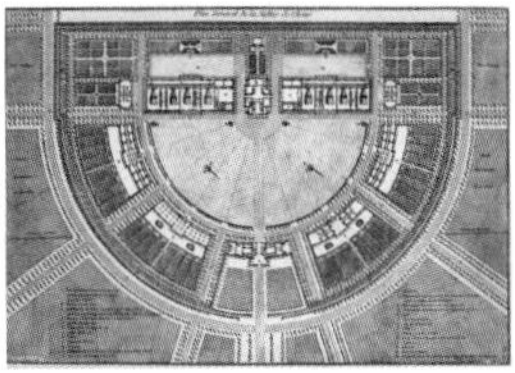

中華人民共和国

京杭大運河

The Grand Canal

文化遺産

登録年 2014年／2016年範囲変更 登録基準 (i)(iii)(iv)(vi)

北京から浙江省まで中国東部を縦断する京杭大運河は、紀元前5世紀から各地で作られてきた小運河を、後7世紀の**隋**の時代に連結したもの。分断していた南北が結ばれ、穀物や米の流通が国家の食糧事情を向上させ、大運河は以後の王朝の内陸物流の要となった。13世紀には中国の主要5河川が結ばれ、国家の経済・文化交流に重要な役割を果たした。運河の大部分は現在も利用されている。

ドイツ連邦共和国

エッセンのツォルフェライン炭鉱業遺産群

Zollverein Coal Mine Industrial Complex in Essen

文化遺産

登録年 2001年 登録基準 (ii)(iii)

ドイツ西部のツォルフェライン炭鉱業遺産群は、ルール工業地帯の中核都市エッセン市にある19～20世紀の炭鉱跡である。この炭鉱は、**ドイツ関税同盟**(ツォルフェライン)の名の下にこの一帯の炭鉱群が合併したもので、当時ドイツ最大の産出量を誇った。なかでも1932年に稼働した第12炭坑のボイラー棟は、バウハウスの影響を受けたモダニズム建築の一例としても知られている。

[CHAPTER]

28

未来への教訓

オーストラリアの囚人収容所遺跡群を構成するポート・アーサーの刑務所

負の遺産 ＼ オーストラリア連邦

オーストラリアの囚人収容所遺跡群

Australian Convict Sites

文化遺産

登録年 2010年　登録基準 (iv)(vi)

▶ 大英帝国が築いた囚人収容施設

『オーストラリアの囚人収容所遺跡群』は、大英帝国が18～19世紀につくった1,000以上の囚人遺跡の一部が登録されている。

これらの囚人遺跡の多くは、シドニー近郊やタスマニア、ノーフォーク島とフリーマントルの近くに点在しており、ニュー・サウス・ウェールズの初代総督公邸、ダーリントン保護観察所、フリーマントル刑務所、現在は博物館になっているハイド・パーク・バラックスなど、**合計11の施設**が世界遺産に登録されている。

当時、大英帝国はオーストラリア大陸において、刑場をともなった植民地を拡大させており、**先住民であるアボリジニは居住地を追われる**こととなった。囚人は主に犯罪者や政治犯などで、1787年から1868年の間に、女性や子供を含む約16万6,000人もの人が植民地への流刑となった。それぞれの施設は、懲罰としての収監と、植民地開拓のための労働を通しての更生という2種類の観点から、固有の役割を与えられていた。

こうした囚人収容所遺跡群は、西欧諸国による大規模な囚人流刑と、**囚人の労働力を利用した植民地拡大政策**の大きな証拠であり、負の遺産のひとつと考えられる。

Aa 英語で読んでみよう P.243 -2

文化遺産

モスタル旧市街の石橋と周辺

Old Bridge Area of the Old City of Mostar

登録年 2005年 登録基準 (vi)

▶ 内戦の傷跡と民族和解を伝える橋

ボスニア・ヘルツェゴビナ南部にあるモスタルは、オスマン帝国時代の15世紀につくられた街である。ネレトヴァ川の東岸にはオスマン帝国時代から続くムスリム(イスラム教徒)地区があり、西岸には19世紀のオーストリア＝ハンガリー帝国時代に整備されたクロアチア人(カトリック信者)地区がある。この両岸をつなぐ「**スターリ・モスト(古い橋)**」は、民族紛争により1993年に崩落した。1995年に紛争が終了すると、ユネスコの協力などを得て2004年に再建され、**民族和解の象徴**となっている。

修復されたモスタルの石橋スターリ・モスト

文化遺産

アウシュヴィッツ・ビルケナウ:ナチス・ドイツの強制絶滅収容所(1940-1945)

Auschwitz Birkenau German Nazi Concentration and Extermination Camp (1940-1945)

登録年 1979年 登録基準 (vi)

▶ ホロコーストの悲劇を記憶する「負の遺産」

ポーランド南部のオシフィエンチム(ドイツ名アウシュヴィッツ)は、**ナチス・ドイツ**による未曾有の**ホロコースト**(大量殺戮〈さつりく〉)が行われた悲劇の地である。

アウシュヴィッツ強制収容所が建設されたのは、第二次世界大戦中の1940年。2年後の1942年には、隣のビルケナウに第2収容所も完成し、ヨーロッパ中から人々が送り込まれた。その多くはユダヤ人だった。ホロコーストの実態は生存者たちの証言によって戦後明らかにされ、世界中に大きな衝撃を与えた。

アウシュヴィッツ第2強制収容所(ビルケナウ)

負の遺産 マーシャル諸島共和国

ビキニ環礁-核実験場となった海

Bikini Atoll Nuclear Test Site

文化遺産

登録年 2010年 登録基準 (iv)(vi)

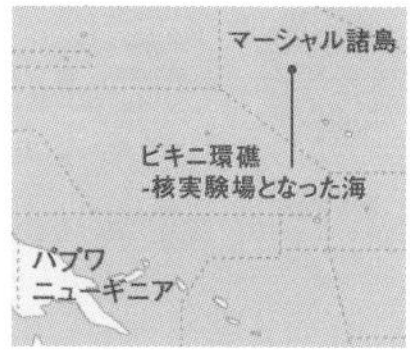

▶ 23回の核実験が行われた美しい海

マーシャル諸島初の世界遺産。第二次世界大戦直後の1946年から1958年にかけて、アメリカはビキニ環礁を含むこの地域で67回の核実験を実行した。

ビキニ環礁の底には核実験で沈没した船が眠っており、水爆「ブラボー」による直径約2㎞の**ブラボー・クレーター**も残る。日本のマグロ漁船、**第五福竜丸**もその水爆実験で被曝した。アメリカによる核実験の破壊力の累積は広島に投下された原爆の約7,000倍に及び、ビキニ環礁の自然環境や住民、生態系に甚大なダメージを与えた。

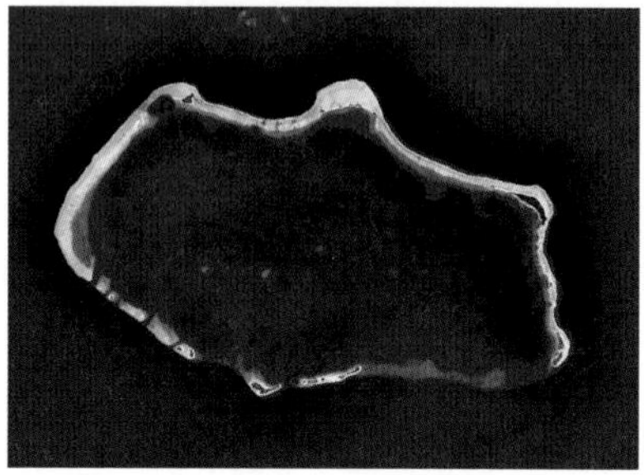
上空から見たビキニ環礁

文化的景観 危機遺産 負の遺産 アフガニスタン・イスラム共和国

バーミヤン渓谷の文化的景観と古代遺跡群

Cultural Landscape and Archaeological Remains of the Bamiyan Valley

文化遺産

登録年 2003年／2003年危機遺産登録 登録基準 (i)(ii)(iii)(iv)(vi)

▶ 破壊されたガンダーラ美術の傑作

アフガニスタン北東部のバーミヤン渓谷には、1～13世紀頃に築かれた、およそ1,000もの石窟遺跡が点在している。西アジアや中央アジア、インドを結ぶ要所に位置し、交易の中継地として栄えた。2体の巨大な磨崖仏をはじめとする石像や壁画からは、初期の**ガンダーラ美術**の変遷の様子が伺える。

2001年、**タリバン政権**に磨崖仏が爆破され、石窟内の壁画も8割が消失。2003年、世界遺産に緊急登録され、同時に危機遺産リストにも記載された。

高さ55mあった西の大仏跡

危機遺産 | 負の遺産 | イラク共和国

円形都市ハトラ

Hatra

文化遺産

登録年 1985年／2015年危機遺産登録　登録基準 (ii)(iii)(iv)(vi)

▶ 危機に直面する古の城塞都市

イラク北部に位置する『円形都市ハトラ』は、紀元前２世紀から後２世紀に西アジアに栄えた**パルティア王国**の軍事都市。砂漠と草原という立地環境に、都市を囲む直径２kmの二重の円形城壁を備えたハトラは、宿敵ローマ軍の侵略に対する国防の要であった。多くの隊商都市を抱えるパルティア王国には東西の文化が流れ込んでおり、ハトラの神殿群の建築様式にはヘレニズムやローマ、アジア的な装飾の意匠が見られる。

2014年頃からこの一帯を占拠していた過激派組織**IS（イスラム国）**は、2015年３月にこの遺跡を破壊。同年、不安定な政情も鑑み危機遺産リストに記載された。

2017年にISから解放された

負の遺産 | ガンビア共和国

クンタ・キンテ島と関連遺跡群

Kunta Kinteh Island and Related Sites

文化遺産

登録年 2003年　登録基準 (iii)(vi)

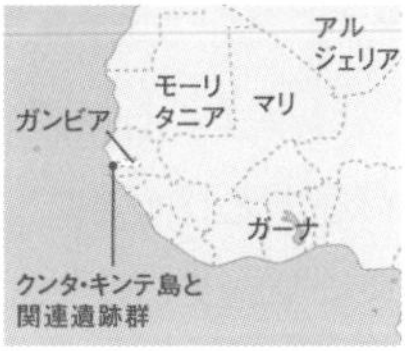

▶ ガンビア川の河口にある奴隷貿易の拠点

クンタ・キンテ島は、ガンビア共和国の西部、ガンビア川の河口にある。この島は**ゴレ島と並ぶ奴隷貿易の重要拠点**であり、一帯は奴隷の供給地とされていた。作家**アレックス・ヘイリー**は、この地で捕らえられ奴隷となった先祖クンタ・キンテを主人公に『ルーツ』を著した。

島には、ヨーロッパ各国が15～20世紀に築いた要塞や、奴隷の詰所などの他、バレン要塞や、ポルトガル人が交易のために建てた建造物群サン・ドミンゴの廃墟、礼拝堂などが残っている。

クンタ・キンテ島の要塞跡

[CHAPTER]

29 地球の歴史

鉱物学者ドロミウの名を由来とするドロミテ山塊

イタリア共和国

ドロミテ山塊

The Dolomites

自然遺産

登録年 2009年　登録基準 (vii)(viii)

▶ 歴史を物語る化石が眠る独特な自然美

アルプス山脈の北部にある『ドロミテ山塊』は、標高3,000m以上の山が18峰も存在する山岳群である。一帯の面積は約1,400㎢にも及び、ペルモ・ヌボラウ、マルモラーダ、パーレ・ディ・サンマルティーノなど、9つの構成資産からなる。

1790年にフランスの鉱物学者**ドロミウ**が現在のドロミテ山塊付近で発見した岩石が、彼の名前をとって「ドロミア(**ドロマイト**)」と命名された。そこから19世紀半ばに山々がドロマイトのアルプスを意味する「アルピ・ドロミティケ」と呼ばれるようになり、後に現在の「ドロミティ(英語でドロミテ)」となった。ドロマイト(苦灰石〔くかいせき〕)は炭酸マグネシウムを多く含んだ脆い石灰岩でできているため、ドロミテ山塊は尖塔のように突き出た尖峰をいくつももつ。そうした地質に加え地滑りなどによってできた垂直に切り立った断崖や狭くて深い谷、神秘的な色をたたえる湖などは、美しい山の景観を生み出している。また氷河地形やカルスト地形も見られる。

また、この地域は**化石の産地**でもあり、中生代のサンゴによってつくられた炭酸塩を含む地層がよく保存されている。一帯では、約2億5,200万〜2億100万年前の三畳紀の海洋生物の化石が見られる。

Aa 英語で読んでみよう P.243 -3

カナイマ国立公園

Canaima National Park

自然遺産

登録年 1994年　登録基準 (vii)(viii)(ix)(x)

▶「最後の秘境」と称される国立公園

ベネズエラ南東部の『カナイマ国立公園』は、熱帯雨林と草原に覆われるギアナ高地の中心に位置し、国立公園の65%をいくつもの巨大な**テーブルマウンテン**(卓状台地)が占めている。

人類未踏の地が多く残り、世界最後の秘境とも呼ばれるこの一帯は、かつて5大陸が誕生したプレート変動の際、変動軸上に位置していたため、ほとんど影響を受けなかったと考えられている。先住民からは「テプイ(神の家)」と呼ばれるテーブルマウンテンは、およそ17億年前の**先カンブリア時代**★の岩盤が、長年の風雨によって削られ、硬い部分だけが台形上に残存したものである。

アウヤンテプイ山には、世界最大の落差979mを誇る**アンヘルの滝**★(エンジェルフォール)がある。標高2,500m以上もある垂直の崖によって隔絶され、0度まで気温が下がることもある頂上部は雲に覆われている。周辺では、食虫植物ヘリアンフォラや地衣類、泳ぐことのできないカエルの仲間オリオフリネラなど、独特の動植物相が見られる。また、イギリスの作家コナン・ドイルは、公園内の最高峰(2,810m)のロライマ山をモデルに、SF小説『失われた世界』を書いた。

公園内には多数のテーブルマウンテンが存在する

先カンブリア時代:カンブリア紀以前の地質時代。地殻が形成されたのち、5億4,100万年以前までを指す。　**アンヘルの滝**:ギアナ高地にある世界最大の落差をもつ滝。水は途中でしぶきとなるため滝壺はない。アメリカの探検家ジミー・エンジェルが発見した。

英国（グレートブリテン及び北アイルランド連合王国）

自然遺産

ジャイアンツ・コーズウェイとその海岸

Giant's Causeway and Causeway Coast

登録年 1986年／2016年範囲変更 登録基準 (vii)(viii)

▶「巨人の石道」の名をもつ壮大な景観

アイルランド島北端の海岸線には、「ジャイアンツ・コーズウェイ（巨人の石道）」と呼ばれる**正六角形の石柱**が8kmもつづく奇観が残る。大量のマグマが冷える過程でできた自然現象で、地球生成の歴史を知る上で貴重な遺産である。この地の名称は巨人伝説に因んでおり、なかには「貴婦人の扇」のように形に因んだ名前をもつ岩もある。

スウェーデン王国及びフィンランド共和国

自然遺産

ヘーガ・クステン／クヴァルケン群島

High Coast / Kvarken Archipelago

登録年 2000年／2006年範囲拡大 登録基準 (viii)

スウェーデン東部のボスニア湾沿岸のヘーガ・クステンと、対岸のフィンランド西部のクヴァルケン群島には、9,600年前の**氷河期末期から隆起をつづける高層海岸**が存在する。氷河期に氷床の重みで沈んでいた地殻が、氷河期が終わったことで解氷し、反発して盛り上がる現象が起こっている。これはアイソスタシー★が成立していないためで、隆起は1年間に平均8～10㎜の速度で進み、現在もつづいている。

南アフリカ共和国

自然遺産

バーバートン・マコンジュワ山脈

Barberton Makhonjwa Mountains

登録年 2018年 登録基準 (viii)

バーバートン・マコンジュワ山脈群は、南アフリカの北東、スワジランドに隣接する地域にあり、世界最古の地質構造のひとつ**バーバートン・グリーンストーン・ベルト**の約4割を含んでいる。また、36億～32億5,000万年前にできた火山岩と堆積岩の連なりがよく保存されており、地表の変化や隕石の衝突、火山活動、大陸形成の過程、初期の地球環境など、地球の歴史を伝える情報が残されている。

アイソスタシー：流動性のあるマントルの上で、地殻の重みと地殻に働く浮力がつりあって地形を作り上げているとする説。地殻均衡。

Aa 英語で読んでみよう 世界の世界遺産編

日本語訳は、世界遺産検定公式ホームページ(www.sekaken.jp)内、
公式教材「2級テキスト」のページに掲載してあります。

❶ Palaces and Parks of Potsdam and Berlin

日本語での説明 ⇄ P.229

With 500 hectares of parks and 150 buildings constructed between 1730 and 1916, Potsdam's complex of palaces and parks forms an artistic whole, whose eclectic nature reinforces its sense of uniqueness. It extends into the district of Berlin-Zehlendorf with the palaces and parks lining the banks of the River Havel and Lake Glienicke. The Sans-Souci Palace, built under Frederick II between 1745 and 1747, is **an outstanding example of German Rococo style** construction while the Sans-Souci Park is influenced by French formal garden. Cecilienhof Palace, the historical place where Potsdam Declaration★ announced, is located in the northeast of the Sans-Souci Palace.

❷ Old Bridge Area of the Old City of Mostar

日本語での説明 ⇄ P.237

The historic town of Mostar, spanning a deep valley of the Neretva River, developed in the 15th and 16th centuries as an Ottoman★ frontier town and during the Austro-Hungarian period in the 19th and 20th centuries. Mostar has long been known for its old Turkish houses and Old Bridge, Stari Most, after which it is named. In the 1990s conflict, however, most of the historic town and the Old Bridge, designed by the renowned★ architect Sinan★, were destroyed. The Old Bridge was recently rebuilt and **many of the edifices in the Old Town have been restored or rebuilt with the contribution of an international scientific committee established by UNESCO**.

❸ Canaima National Park

日本語での説明 ⇄ P.241

Canaima National Park is spread over 3 million hectares in southeastern Venezuela along the border between Guyana and Brazil. **Roughly 65% of the park is covered by table mountain(tepui) formations** which date from the Precambrian age★, around 1.7 billion years ago. The tepuis constitute a unique ecosystem with life forms such as Oreophrynella, a small frog which lives only around tepuis, and the carnivorous plant Heliamphora. Tepuis also attract geological interest. The sheer cliffs and waterfalls form a spectacular landscape including world's highest uninterrupted waterfall, Angel Falls, with a height of 979m.

Potsdam Declaration：ポツダム宣言　**Ottoman**：オスマン帝国の　**renowned**：名高い　**Sinan**：スィナン。オスマン帝国の建築家。宗教建築から橋梁、要塞まで多岐に渡る建造物を手がけた　**Precambrian age**：先カンブリア紀

[CHAPTER]

30

カルスト地形

湖底にゆらめく流木や石の姿が見える九寨溝の湖

中華人民共和国

Aa 英語で読んでみよう P.259 -1

九寨溝:歴史的・景観的重要地区

Jiuzhaigou Valley Scenic and Historic Interest Area

自然遺産

登録年 1992年　登録基準 (vii)

▶ カルスト台地が浸食されてできた3つの渓谷

中国、四川省北部の九寨溝(きゅうさいこう)は、岷山(びんざん)山脈の**カルスト台地***が浸食されてできた3つの渓谷に大小100あまりの湖沼や滝が点在する景勝地である。九寨溝の名は、この地にチベット族の村落「寨」が9つあったことに由来する。棚田状に連なる湖は透明度が高く、湖底に腐らず残る流木や石の姿がはっきりと映し出されている。また湖水は石灰岩の成分を多く含んでいるため、日光を受けると青やオレンジに反射し、まるで神話や童話の世界のような幻想的な景観を生み出している。なかでも美しいとされる**五花海**(ごかかい)は、「九寨溝の一絶(世界唯一の絶景)」とも評される。

山深いこの一帯には**ジャイアントパンダ***やキンシコウなど、絶滅危惧種を含む多様な動植物が見られ、熊猫海(パンダの湖)と名付けられた湖沼もある。1997年にはユネスコの生物圏保存地域に指定された。

九寨溝は、1970年代に森林伐採の作業者によって偶然に発見され注目を集めた。2003年には空港が開港し、チベット族たちが宿泊施設を設けるなどして、中国で最も人気の高い観光地のひとつとなったが、年々増加する観光客による環境への影響を懸念する声もある。

カルスト台地:雨水や地下水の浸食によって石灰岩が溶けたことで形成された台地型の地形。　**ジャイアントパンダ**:中国の四川省や陝西省などの限られた地域にのみ生息する、雑食性の大型哺乳類。

クロアチア共和国

自然遺産

プリトヴィツェ湖群国立公園

Plitvice Lakes National Park

登録年 1979年／2000年範囲拡大　登録基準 (vii)(viii)(ix)

▶階段状の湖とそれをつなぐ無数の滝が織りなす景観

クロアチアの首都ザグレブの南約100kmに位置する『プリトヴィツェ湖群国立公園』は、プリトヴィツェ川に沿って点在する湖と滝からなり、数千年の歳月をかけてつくられた。総面積約295㎢の公園内には、エメラルドグリーンの水をたたえる大小16の湖が92の滝でつながる幻想的な風景が広がっている。

川の水は**炭酸カルシウム**★の濃度が高く、川底の傾斜が急な場所では沈殿した炭酸カルシウムが**石灰華**（石灰質の堆積物）となっている。これが水をせき止め、長い歳月をかけていくつもの湖を形成した。これらの湖を包むように広がる森林地帯には、ヒグマやオオカミなどの哺乳類の他、126種の鳥類が生息している。

1990年代、クロアチアがユーゴスラヴィアから分離独立を目指したことで勃発した**クロアチア紛争**★で、この地域も紛争地になったため一時危機遺産となったが、戦後クロアチア政府が地雷を撤去し保全措置をとったため、1997年にリストから脱した。現在は環境保護のため、公園内への一般車両の進入は禁じられている。

16の湖からなるプリトヴィツェ湖群国立公園

炭酸カルシウム：カルシウムの炭酸塩で、大理石やチョークの主成分でもある。　**クロアチア紛争**：クロアチア領内にセルビア人地区があることから、セルビアとの戦闘は1995年までつづいた。

ベトナム社会主義共和国

ハ・ロン湾

Ha Long Bay

自然遺産

登録年 1994年／2000年範囲拡大 登録基準 (vii)(viii)

▶「龍が降り立った場所」という伝説が残る景勝地

ベトナム北東部にある『ハ・ロン湾』には、**石灰岩台地の風化**によってできた、奇妙な形をした1,600もの島が点在する。これらの島々はほとんどが無人島で、フランソワリーフモンキーやファイールルトンなどの数少ない繁殖地となっている。近年は、石炭採掘による水質悪化や観光客の増加による生態系の破壊が問題となっている。

スロベニア共和国

シュコツィアンの洞窟群

Škocjan Caves

自然遺産

登録年 1986年 登録基準 (vii)(viii)

スロベニア南西部**クラス地方**に位置する『シュコツィアンの洞窟群』は、長さ6㎞、幅200mという世界最大規模の地下渓谷をもつ鍾乳洞である。アドリア海につながる地下のレーカ川の流れによって生まれた大規模な地下渓谷や、「ルドルフ大聖堂」の別名がある石灰段丘、「大広間」と呼ばれる巨大な石筍(せきじゅん)★が連なる空間がある。また、クラス地方は石灰岩地域を意味する「カルスト」の語源となった土地である。

キューバ共和国

グランマ号上陸記念国立公園

Desembarco del Granma National Park

自然遺産

登録年 1999年 登録基準 (vii)(viii)

キューバ南西のシエラ・マエストラ山脈西側にある『グランマ号上陸記念国立公園』は、水深180mから標高360mにおよぶ世界最大規模の**石灰岩の海岸段丘**が完全な形で残る地形学上貴重な場所で、マナティなど固有種の動植物も多く存在する。公園内には、メキシコに亡命していたキューバ革命の主導者フィデル・カストロやチェ・ゲバラが、革命のために秘かにヨットのグランマ号で上陸した岬もある。

石筍：石灰分を含む水が鍾乳石からしたたり落ち、水分が蒸発してできたタケノコ状のもの。

氷河地形

氷河が削った氷食谷とハーフドーム

アメリカ合衆国

自然遺産

ヨセミテ国立公園

Yosemite National Park

登録年 1984年 登録基準 (vii)(viii)

▶ 氷河地形や多様な動植物相が見られる国立公園

アメリカ西部カリフォルニア州にある『ヨセミテ国立公園』は、氷河によって形成されたダイナミックな景観が特徴の自然公園である。この地域では、およそ70万～1万年前にかけて活発な氷河活動がつづき、そのため氷食谷や**モレーン**★、氷河湖などの独特な地形ができたと考えられている。氷食谷とは、氷河の膨大な圧力によって、花こう岩の岩盤が削られてできた渓谷部のこと。この地の花こう岩は堅く風化しにくいために、氷河時代と変わらぬ風景が残されている。なかでも、ドーム型の岩山を半分に切り取ったような姿の**ハーフドーム**をはじめ、特徴的な岩山の姿は、氷河の浸食の激しさを物語っている。

この地域の総面積の約95％は、「**ウィルダネス**」と呼ばれる手つかずの自然が広がっている。一帯には「ビッグツリー」の別名で知られる世界最大の樹木ジャイアントセコイアが茂っており、哺乳類約80種、国鳥ハクトウワシなどの鳥類250種が生息している。このような豊かな自然を残すヨセミテは、アメリカ自然保護運動の聖地ともなっている。しかし、観光名所となったことで、オオカミやグリズリー、ビッグホーンが公園から姿を消すなど、弊害も出ている。

モレーン：氷河が谷などと接触しながら流れる際、削りだされた岩石や土砂が堆積してつくられた地形。

デンマーク王国

自然遺産

イルリサット・アイスフィヨルド

Ilulissat Icefjord

登録年 2004年　登録基準 (vii)(viii)

▶ 最後の氷期に生まれた氷河とフィヨルド

デンマーク領の**グリーンランド**★西部にある『イルリサット・アイスフィヨルド』は、およそ1万年前までつづいた最終氷期に形成された**セルメク・クジャレク氷河**とフィヨルド★が広がる地域。過去250年間にわたって調査対象となり、気候変動や氷河の研究において重要な役割を果たしている。

セルメク・クジャレク氷河では、年間でおよそ35㎦に及ぶ氷が海に流れ出しており、南極大陸に次ぐ流出量である。また世界で最も動きの速い氷河としても知られており、その流速は1日約19mにも達する。

セルメク・クジャレク氷河

ニュージーランド

Aa 英語で読んでみよう P.259 －②

自然遺産

テ・ワヒポウナム

Te Wahipounamu - South West New Zealand

登録年 1990年　登録基準 (vii)(viii)(ix)(x)

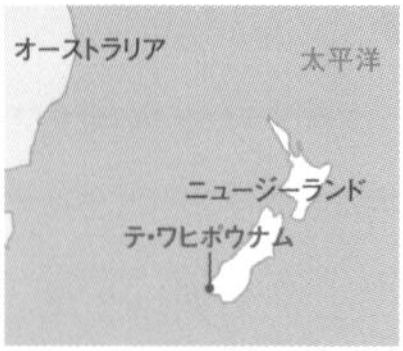

▶ 氷河と地殻変動によってつくられた美しい景観

ニュージーランド南島の南西にある『テ・ワヒポウナム』は、4つの国立公園と周辺の地域からなり、**氷河作用と地殻変動による景観**が広がっている。この地域では、サザン・アルプスから流れ出た氷河によって谷が削られた場所に海水が入り込み、ミルフォード・サウンドなどのフィヨルドが形成された。インド・オーストラリアプレートと太平洋プレートの衝突による隆起で形成された一帯は、鳥類の外敵が少なく、飛べない鳥タカヘや、国鳥である**キウイ**などの固有種の生息地となっている。

タスマン海に面したミルフォード・サウンド

グリーンランド：北大西洋に浮かぶデンマーク領の島。島としては世界最大の217万5,600㎢の面積を誇る。　**フィヨルド**：氷河の浸食によって形成されたU字谷に海水が侵入してできる、細長く入り組んだ湾。

スウェーデン王国

サーメ人地域

Laponian Area

複合遺産

登録年 1996年 登録基準 (iii)(v)(vii)(viii)(ix)

▶ 5,000年の歴史をもつサーメ人文化が息づく場所

北極圏、**ラップランド**の『サーメ人地域』は、氷河がつくり上げた独特の自然景観と、およそ5,000年前からこの地に暮らすサーメ人の生活文化が息づいた複合遺産。この地域は、氷河時代後期まで氷に覆われていたため、大地が浸食され独特の景観美を生み出した。

現在、多くのサーメ人は定住しているが、一部の人々は**トナカイの放牧**を主業とする、昔ながらの移牧生活を営んでいる。この地域は居住する人間が少ないため、希少な野生動物の生息地にもなっている。

スノーツリー

アルゼンチン共和国

ロス・グラシアレス国立公園

Los Glaciares National Park

自然遺産

登録年 1981年 登録基準 (vii)(viii)

▶ 深い青に輝く大氷河

アルゼンチン南部パタゴニアの『ロス・グラシアレス国立公園』は、世界で3番目の規模を誇る氷河地帯であり、周囲の**フィッツロイ山**や草原と共に登録された。

大型氷河47、小型氷河200以上が存在するなかで、最も大きいものが約600㎢の面積をもつ**ウプサラ氷河**、もっとも動きが活発なのがペリト・モレノ氷河である。一般的な氷河の移動速度は年間に数mだが、ペリト・モレノ氷河は600～800mも移動する。これは冬の気温が比較的高いことが関係している。

崩落するペリト・モレノ氷河

CHAPTER 32

湖・湿地帯

パンタナルはポルトガル語で「湿地」の意味

ブラジル連邦共和国

パンタナル自然保護区

Pantanal Conservation Area

自然遺産

登録年 2000年 登録基準 (vii)(ix)(x)

▶ 世界最大の淡水湿地にある自然保護区

ブラジルとボリビア、パラグアイの３つの国にまたがるパンタナル湿原は、世界最大の淡水湿地であり、そのなかのブラジル部分が『パンタナル自然保護区』として世界遺産登録されている。ブラジルの中西部に位置し、４つの保護区から構成され、総面積は1,878㎢以上に及ぶが、これは**世界最大の淡水湿地であるパンタナル湿原**のごく一部に過ぎない。

主要河川であるクイアバ川とパラグアイ川の源流があり、雨期の氾濫と浸水によって養分が行きわたるため大地は肥沃である。その肥沃な大地が、**水鳥の繁殖地**となっている。コウノトリ類やトキ類といった約650種の鳥類が生息。また、300～400種の魚類、約80種の哺乳類、約50種の爬虫類が確認されており、コンゴウインコやオオカワウソ、オオアリクイなど絶滅危惧種の生息域になっている。

10月から４月までが雨期にあたり、この期間、川は多くの場所で氾濫し、大地は浸水する。雨期の終わりになると、少しずつ水はひきはじめ、**一時に多くの小さな湖ができる**。この傑出した景観が『パンタナル自然保護区』に独特な美しさを与えており、巨大なスイレンなどの豊かで多様な植物がより一層美しさを引き立てている。

危機遺産　アメリカ合衆国

エヴァーグレーズ国立公園

Everglades National Park

自然遺産

登録年　1979年／2010年危機遺産登録　登録基準　(viii)(ix)(x)

▶ マングローブが群生する全米最大の湿原

アメリカ南東部、フロリダ半島南端の『エヴァーグレーズ国立公園』は、**全米最大の湿原地域**からなる自然遺産である。湿原の上流部には、**ハンモック**と呼ばれる水面からの高さが数cmほどの大小の島々にマホガニーなどの常緑高木や熱帯植物が生い茂った森がある。また湿原下流の海岸地帯にはマングローブ★が広がり、ワニや鳥類の格好の生息地となっている。公園全体では、固有種を含む1,000種以上の植物と、800種以上の動物、400種以上の鳥類などが確認されている。

しかし周辺の都市化が進んだ1930年代以降、生活用水の供給地となった湿原では、地下水位の低下や水質汚染が進んだ。1993年には危機遺産に登録され、この期間に魚類80％、鳥類90％が減少したとされる。その後、湿原回復の措置がとられ2007年に危機遺産リストを脱したが、2010年に再び危機遺産登録された。

セネガル共和国

ジュジ国立鳥類保護区

Djoudj National Bird Sanctuary

自然遺産

登録年　1981年　登録基準　(vii)(x)

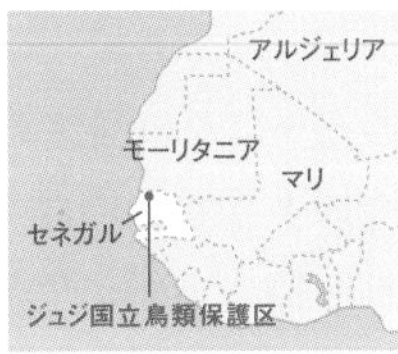

▶ 300万羽の渡り鳥が飛来する野鳥の休息地

セネガル川河口の野鳥の聖域となっている『ジュジ国立鳥類保護区』には、地中海とサハラ砂漠から300万羽の渡り鳥が飛来する。オオフラミンゴ、**モモイロペリカン**、ガン、カモなど多種多様な鳥の休息地となっている他、絶滅の危機に瀕しているアフリカマナティも生息している。

湿地帯は、ラムサール条約にも登録されている。水位と水質の低下による環境悪化から危機遺産となったが、その後状況が改善。2006年に危機遺産リストを脱している。

モモイロペリカン

マングローブ：熱帯や亜熱帯の海水の浸入する河口付近の植物によって形成される、常緑低木・高木の一群。

ボツワナ共和国

オカバンゴ・デルタ

Okavango Delta

自然遺産

登録年 2014年 登録基準 (vii)(ix)(x)

▶ アフリカ最大の内陸デルタ

ボツワナ北部カラハリ砂漠の中に位置する『オカバンゴ・デルタ』は、**アフリカ大陸最大の内陸デルタ地帯**である。デルタ地帯が乾季の時、オカバンゴ川源流は雨季で定期的な氾濫が起こり、溢れた水が数ヶ月をかけて砂漠に浸透していく。この水の動きに伴いアフリカゾウやバッファローなどの野生動物も水を求め大移動する。生物と気候との相互関係を示す好例である。

ルーマニア

ドナウ・デルタ

Danube Delta

自然遺産

登録年 1991年 登録基準 (vii)(x)

ルーマニア南東部の『ドナウ・デルタ』は、ドナウ川が黒海へ注ぎ込む河口に広がる**ヨーロッパ最大の湿地帯**である。8ヵ国を経由して流れるドナウ川がその終点の地で1万1,000年もの時間をかけてつくり出した三角州には、45種の淡水魚、約300種の鳥類が生息し、手つかずの自然が残る野生生物の宝庫となっている。特にモモイロペリカンやハイイロペリカンの繁殖地として重要である。

中華人民共和国

中国の黄海・渤海湾沿岸の渡り鳥保護区（第1段階）

Migratory Bird Sanctuaries along the Coast of Yellow Sea-Bohai Gulf of China (Phase I)

自然遺産

登録年 2019年 登録基準 (x)

中国東部に位置する、黄海と渤海（ぼっかい）の潮間帯*となる西太平洋岸最大の干潟。餌となる魚類や甲殻類が豊富なため、東アジアからオーストラリア地域にいたる渡り鳥の飛行ルートの重要な中継地である。タンチョウヅルは全個体数の約50〜80%がここで越冬し、換羽、繁殖する。ヒガシシナアジサシや**ヘラシギ**といった絶滅危惧種の保護のため、全16エリアのうち緊急度の高い2エリアがまず登録された。

潮間帯：満潮と干潮の潮の干満差を示す地帯で、1日の間で海中にも陸地にもなる。

CHAPTER

33

森林・熱帯雨林

太古の環境が現在も残り、聖山としても信仰を集めるスリランカ中央高地

スリランカ民主社会主義共和国

スリランカ中央高地

Central Highlands of Sri Lanka

自然遺産

登録年 2010年 登録基準 (ix)(x)

▶ 太古の自然が残る山地雨林

インドの南東に浮かぶ島国、スリランカにある『スリランカ中央高地』は、セイロン島の中央部、海抜2,500mの場所にある山岳森林帯である。**ホートン・プレインズ国立公園**、ナックルズ森林保護区、ピーク・ウィルダネス保護区という原始の環境が残る３つの山岳森林帯から構成され、**世界的にも稀少な山地雨林**が広がる。スリランカに固有の脊椎動物の半分以上、被子植物の半分がこれらの雲霧林や、付随する草原帯に見られる。

スリランカ中央高地の森には、特有の形態的進化を遂げた霊長類の**ニシカオムラサキラングール**など多種多様な生き物が暮らしている。ホートンプレインズホソロリス、スリランカヒョウといった絶滅危惧種や固有種も生息しており、生物の多様性がよく観察できるホットスポットである。

ピーク・ウィルダネス保護区には、アダムス・ピークと呼ばれる聖山がある。ここはヒンドゥー教徒とイスラム教徒、キリスト教徒、仏教徒共通の聖山になっているため、当初はそうした信仰の価値を含めた複合遺産としての登録を目指していたが、世界遺産委員会では自然遺産の価値のみが評価された。

オーストラリアのゴンドワナ雨林

Gondwana Rainforests of Australia

自然遺産

登録年 1986年／1994年範囲拡大　登録基準 (viii)(ix)(x)

▶ ゴンドワナ大陸の自然が残る太古の森

オーストラリア東海岸、ニュー・サウス・ウェールズ州やクイーンズランド州に広がる雨林群は、太古に存在したといわれる**ゴンドワナ大陸の動植物相**を伝える貴重な自然遺産である。

世界遺産に登録された当初は別の名称だったが、1994年に登録範囲が拡大された際、「オーストラリアの中東部の多雨林」となり、2007年に現在の名称『オーストラリアのゴンドワナ雨林』となった。ゴンドワナは、かつて存在したといわれる巨大大陸の名称で、この大陸の分裂によって、現在の南アメリカ・アフリカ・オーストラリア・南極・インドなどの大陸が誕生したとされている。

この地域には、火山活動で生まれた山岳地域や海岸の近くに国立公園や保護区が複数あり、豊富な降水量によってつくられた雨林が点在。総面積約3,700㎢にも及ぶ**世界最大級の多雨林帯**には、大分水嶺や急斜面が広がり、ゴンドワナ大陸の活動の歴史がわかる。太古の姿を留める森林地帯にはゴンドワナ大陸の代表的な被子植物である**ナンキョクブナ**などの植物が生い茂り、コアラやカンガルー、パルマヤブワラビーなど希少な哺乳類が生息している。さらに、バリントン・トップス国立公園では、絶滅したと思われていたクチニセマウスも見つかった。

この多雨林帯は、ヨーロッパ人入植者による森林伐採によって、すでに森林面積の約4分の3が失われてしまっていた。そこで環境保全のために世界遺産登録されることになった。厳しい状態にあった多雨林帯だが、世界遺産への登録が抑止力となり、多くの鳥類や希少動物たちの姿を見られるようになった。

世界最古のシダ類などが生い茂る豊かな自然

危機遺産　マダガスカル共和国

アツィナナナの熱帯雨林

Rainforests of the Atsinanana

自然遺産

登録年　2007年／2010年危機遺産登録　登録基準　(ix)(x)

▶ キツネザルなど絶滅危惧種の生息地

マダガスカル島の東部に広がる『アツィナナナの熱帯雨林』は、6つの国立公園を含んだ森林地帯。1万種以上の固有の植物が確認され、**キツネザル**など霊長類も多く生息している。マダガスカル島は、今からおよそ8,000万～6,000万年前の地殻変動によって、大陸から切り離された。孤立した島内では動植物が独自の進化を遂げ、生物多様性が育まれたが、密猟などの影響で、2010年に危機遺産リストに記載された。

アメリカ合衆国

レッドウッド国立・州立公園群

Redwood National and State Parks

自然遺産

登録年　1980年　登録基準　(vii)(ix)

カリフォルニア州北西部の太平洋岸沿いに広がる『レッドウッド国立・州立公園群』は、総面積の3分の1をレッドウッド（セコイア）の森が占める森林地帯である。19世紀のゴールドラッシュで訪れた人々が、この時期に始まったサンフランシスコの都市建築に従事するようになると、建材としてレッドウッドが乱伐されたため、1918年に「**レッドウッド保護連盟**」が結成され、森を購入して保護する活動が行われた。

文化的景観　カナダ

ピマチオウィン・アキ

Pimachiowin Aki

複合遺産

登録年　2018年　登録基準　(iii)(vi)(ix)

カナダ先住民の言葉で「生命を与える大地」を意味するピマチオウィン・アキは、川や湖、湿地、亜寒帯の森林からなる景観。この地ではアニシナアベ族の4つの共同体が伝統的な狩猟採集生活を送ってきており、彼らの**文化と自然との調和が評価**された。登録に際しては、アニシナアベ族から文化と自然を別々に評価することに対する異議が出され、文化と自然の共生を評価する議論が進められた。

[CHAPTER]
34

草原

約2万5,000頭の動物が暮らすンゴロンゴロ自然保護区

タンザニア連合共和国

Aa 英語で読んでみよう P.259 -③

ンゴロンゴロ自然保護区

Ngorongoro Conservation Area

複合遺産

登録年 1979年／2010年範囲拡大　登録基準 (iv)(vii)(viii)(ix)(x)

▶巨大なクレーターを中心とした動物の楽園

タンザニア北部にある『ンゴロンゴロ自然保護区』は、火山の噴火によって誕生した直径十数kmの**クレーター**を中心に広がる動物の楽園である。「世界の動物園」とも称され、絶滅危惧種を含めた約2万5,000頭の動物が生息する。

気候は温暖で、ときおり激しい雨も降るなど、植物が育ちやすい環境で、外輪山に囲まれたクレーターの底には沼地、アカシアの森、サバナがあり、さまざまな動物が生息できる多様な環境を有している。動物の多くは、人間に対して恐れる様子を見せないため、動物の生態の観察や調査に適した場所とされている。

この地域は、もとは『セレンゲティ国立公園』の一部だったが、**マサイ族**の狩猟・放牧権保護のため1959年に分離し、自然保護区となった。現在、マサイ族はクレーターの外で放牧を行いながら、密猟者の監視も行い、周辺に生息する動物と共存している。

20世紀初頭にクレーター内の**オルドゥヴァイ渓谷**で人類の化石が発見されたのに続き、20世紀半ばにはアウストラロピテクス・ボイセイの化石や石器などが発見された。そのため、オルドゥヴァイ渓谷は人類の進化の過程を示す証拠であるとの価値が2010年の世界遺産委員会で認められ、複合遺産になった。

自然遺産

W-アルリ-ペンジャーリ国立公園群

W-Arly-Pendjari Complex

登録年 1996年／2017年範囲拡大　登録基準 (ix)(x)

▶ 多様な自然環境をほこる哺乳類の楽園

ニジェールとベナン、ブルキナファソに広がる**W地域公園**と、ベナンのペンジャーリ国立公園、ブルキナファソのアルリ国立公園、そしてベナンとブルキナファソの4つの狩猟エリアで構成される。これは、1996年にニジェールの世界遺産として登録された「W国立公園」を拡大したもので、**スーダン・サヘル・サバナ**★の主要な地域をカバーしている。

W地域公園の名称は公園内を流れるニジェール川が**W型に湾曲**していることに由来する。大小の川や池といった水辺環境に加え、草原地帯や低木雑木林、拠水林★などの陸上環境を併せもち、多様な景観を見せる。こうした豊かな自然環境のため、多くの動植物が確認されている。哺乳類では、絶滅危惧種を含むリカオンやチーター、セーブルアンテロープ、アフリカゾウ、マナティ、コリンガゼルなどが生息している。

一度公園内から姿を消したと見られた大型哺乳類が再び確認されるなど、豊かな自然環境に支えられた多様な生態系が維持されている一方、地元住民により綿栽培のための土壌確保を目的とした掘削が行われており、複数の民族がそれぞれに行っているため共通の禁止措置が適用できないことなどが問題となっている。

上空から見ると「W」の形に見えるニジェール川

スーダン・サヘル・サバナ：サハラ砂漠の南の端に広がる半乾燥草原地域。　**拠水林**：湿地の外部から湿地に流れる川の両側にできる林。

中華人民共和国

青海フフシル(可可西里)

Qinghai Hoh Xil

自然遺産

登録年 2017年　登録基準 (vii)(x)

▶ 世界最大で最高度の高原

青海フフシルは、青海チベット高原の北東端にある世界最大で最高度の高原である。高山山脈と草原からなる広大な地域は、標高4,500m以上の高地にあり、一年を通して平均気温が0度を下回っている。こうした地理や気候は独自の生物多様性を生み出してきた。3分の1以上の植物種と全ての草食哺乳類はこの草原の固有種であり、絶滅の恐れのある**チベットカモシカ**(チルー)の生息域でもある。

危機遺産　コンゴ民主共和国

ガランバ国立公園

Garamba National Park

自然遺産

登録年 1980年／1996年危機遺産登録　登録基準 (vii)(x)

コンゴ民主共和国の北東部、南スーダンとの国境付近に位置するガランバ国立公園には大型哺乳類が多く生息する。この地に生息する**キタシロサイ**は、角を漢方薬にするため乱獲され個体数が激減した。そのため、1984年に危機遺産リストに記載され密猟者の排除が行われた。一度は排除に成功し危機を脱したが1996年からは再び危機遺産となり、現在、キタシロサイは野生種絶滅の危機に瀕している。

カザフスタン共和国

サリアルカ:北部カザフスタンの草原と湖群

Saryarka - Steppe and Lakes of Northern Kazakhstan

自然遺産

登録年 2008年　登録基準 (ix)(x)

カザフスタン北部のサリアルカは、多くの湖沼と湿原、ステップ(草原)などが広がるふたつの自然保護区からなる。ソデグロヅル、ハイイロペリカン、キガシラウミワシなど絶滅危惧種を含む水鳥たちの楽園で、アフリカやヨーロッパ、南アジアの渡り鳥がシベリアに向かう際の中継地となっている。大きな鼻が特徴のウシ科の**サイガ**は、近年密猟により絶滅の危機に瀕している。

Aa 英語で読んでみよう 世界の世界遺産編

日本語訳は、世界遺産検定公式ホームページ(www.sekaken.jp)内、
公式教材「2級テキスト」のページに掲載してあります。

1 Jiuzhaigou Valley Scenic and Historic Interest Area

日本語での説明 ⇄ P.244

Stretching over 72,000 hectares in the northern part of Sichuan Province★, the jagged Jiuzhaigou valley reaches a height of more than 4,800m in the Minshan★ mountains, thus comprising a series of diverse forest ecosystems. Its superb view is particularly interesting for their series of narrow conic★ karst land forms. It makes **a spectacular landscape of crystal clear, strange-colored blue, green and purplish pools, lakes, and waterfalls**. Some 140 bird species also inhabit the valley, as well as a number of endangered plant and animal species, including the giant panda, the golden snub-nosed monkey and the Sichuan takin★.

2 Te Wahipounamu - South West New Zealand

日本語での説明 ⇄ P.248

Situated in southwest New Zealand, the landscape in this park has been shaped by successive glaciations into fjords, rocky coasts, towering cliffs, lakes and waterfalls. The great Alpine Fault★ divides the region and marks the contact zone of the Indo-Australian and Pacific continental plates making it **one of only three segments of the world's major plate boundaries on land**. Two-thirds of the park is covered with southern beech and podocarps★, some of which are over 800 years old. The kea, the only alpine parrot in the world, lives in the park, as do the rare and endangered takahe, a large flightless bird, and New Zealand's national bird kiwi.

3 Ngorongoro Conservation Area

日本語での説明 ⇄ P.256

The site spans vast expanses of highland plains, savanna, savanna woodlands and forests. Established in 1959 as a multiple land use area, with wildlife coexisting with semi-nomadic Maasai pastoralists★ practicing traditional livestock grazing, it includes **the spectacular Ngorongoro Crater, the world's largest caldera**. The property has global importance for biodiversity conservation due to the presence of globally threatened species like wildebeest, zebra, and gazelles. Extensive archaeological research has also yielded a long sequence of evidence of human evolution. It includes fossilized footprints, associated with the development of human bipedalism★, and a sequence of diverse, evolving hominin species within Olduvai gorge, which range from Australopithecus to Homo sapiens.

Sichuan Province:四川省　**Minshan**:岷山。中国西南部の山脈　**conic**:円錐の　**Sichuan takin**:スーチョワンターキン。ウシ科の偶蹄類　**Alpine Fault**:アルパイン断層　**podocarp**:マキ　**pastoralist**:牧畜家　**bipedalism**:二足歩行

繰り返す噴火によるマグマが海に流れ込むハワイ火山国立公園

アメリカ合衆国

ハワイ火山国立公園

Hawaii Volcanoes National Park

自然遺産

登録年 1987年　登録基準 (viii)

▶ 現在も生成過程にある活火山を有する島

ハワイ島南東部の『ハワイ火山国立公園』は、**マウナ・ロア山**と**キラウエア山**のふたつの火山を擁する自然遺産である。世界でも有数の火山帯であるこの地域には、内部が空洞になった溶岩のトンネル、サーストン・ラーヴァ・チューブをはじめ、固まった溶岩でできた荒野や、飛び地のように残された森など、火山地帯特有の景観が広がっている。また、熱帯雨林や砂漠、高山帯のツンドラなど、多彩な自然環境が存在しており、ハワイ固有の動植物も見ることができる。

標高4,170mのマウナ・ロア山は、体積が世界最大級の活火山である。海中に隠れたすそ野の部分を加えると、その高さはおよそ1万m。以前は年1回の頻度で噴火を繰り返していたが、1984年の噴火を最後に小康状態がつづいている。

一方、マウナ・ロア山の東に位置する標高1,250mのキラウエア山は、世界で最も活発な活火山として知られ、先住民からは気まぐれな火の女神ペレが住む神聖な場所として親しまれてきた。過去30年間に50回以上の噴火が観測されている。ハワイの火山は**溶岩の粘性が低く、小さな爆発を繰り返す**のが特徴である。そのため噴火予測は比較的容易で、付近では研究・調査が活発に行われている。

イタリア共和国

エオーリエ諸島

Isole Eolie (Aeolian Islands)

自然遺産

登録年 2000年　登録基準 (viii)

▶ 火山の代名詞ともいえる火山島群

イタリア南部、ティレニア海にある**ヴルカーノ島**や**ストロンボリ島**など7つの島と5つの小島からなる火山島群が登録されている。エオーリエ諸島の火山が活動を始めたのは100万年前とされる。現在も活発な火山活動が続き、一部の火山ではたびたび小規模な噴火が起きている。

これらの島は18世紀から火山学者の研究対象となり、単発で大規模な噴火を起こすヴルカーノ島と、周期的にマグマを吹き出すストロンボリ島の名前は、それぞれ「ヴルカーノ式」「ストロンボリ式」として、噴火の種類をあらわす専門用語として定着している。

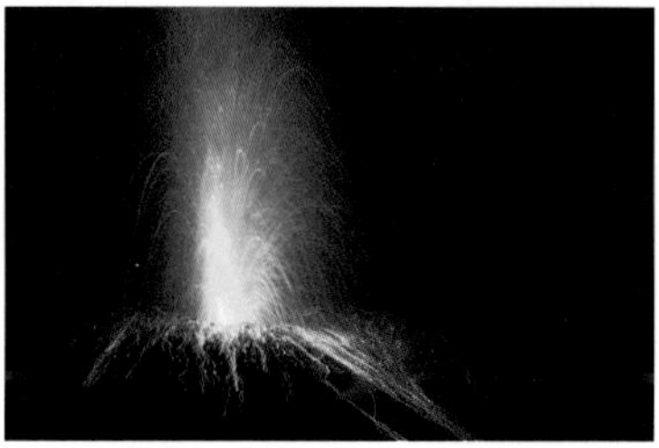

ストロンボリ島の噴火

アイスランド共和国

Aa 英語で読んでみよう P.275 −1

スルツェイ火山島

Surtsey

自然遺産

登録年 2008年　登録基準 (ix)

▶ 20世紀後半に突如誕生した「自然の研究所」

アイスランド本島の南岸から32kmの海上に位置する『スルツェイ火山島』は、1963年と1967年に起こった**海底噴火**★で突如誕生した島で、北欧神話に登場する**火の神スルト**★にちなみ名付けられた。誕生以来、研究者以外の上陸が禁じられ、新たに島が形成されていく過程は地球の歴史解明のため詳細に記録された。

動植物が外から漂着し、徐々に定着していく様子も観測され、生物学的進化の過程がわかる「自然の研究所」となっている。

1963年の噴火の様子

海底噴火：海底にある火山の噴火。噴出された溶岩、岩石、灰が堆積して、新島を形成することもある。　**火の神スルト**：北欧神話に登場する神。同じく神話に登場する灼熱の国ムスペルヘイムの入口を守る炎の巨人。

ロシア連邦

カムチャツカ火山群

Volcanoes of Kamchatka

自然遺産

登録年 1996年／2001年範囲拡大　登録基準 (vii)(viii)(ix)(x)

▶ 300以上の火山が存在する「火山の博物館」

ユーラシア大陸東端にあるカムチャツカ半島には、300以上の火山が存在する。**玄武岩マグマ**を繰り返し強く噴き上げるストロンボリ式や、割れ目から溶岩が流出するハワイ式など、6つの火山が世界遺産登録されている。活火山でありながら、3,000mを超える山には氷河や氷帽も観察できる独特の気候条件のもと、ヘラジカ、ヒグマ、カラマツ、モミなどの動植物も見られる。**ユーラシア大陸から孤立している**ため人の手による環境破壊の心配が少なく、現在も独自の生態系が守られている。

美しい成層火山のオパラ火山

大韓民国

済州火山島と溶岩洞窟群

Jeju Volcanic Island and Lava Tubes

自然遺産

登録年 2007年／2018年範囲変更　登録基準 (vii)(viii)

▶ 火山活動が生んだ壮大な景観美

済州島(チェジュ)は漢拏山(ハルラサン)の噴火によってできた島で、火山活動によってつくられた景観美が特徴の漢拏山自然保護区と、**城山日出峰**(ソンサンイルチュルボン)、拒文岳(コムンオルム)溶岩洞窟群という3つの地域が世界遺産登録されている。

漢拏山自然保護区は、韓国の最高峰、標高1,950mの漢拏山を中心とした地域。城山日出峰は海底噴火で生まれた地形で、海面に盛り上がった要塞のような景観をもつ。拒文岳溶岩洞窟群は約30万～10万年前の噴火で生まれ、**世界で最も長く複雑な溶岩洞窟**といわれる。

城山日出峰

[CHAPTER]

36 化石出土地帯

さまざまな化石が発掘されているドーセット海岸

英国（グレートブリテン及び北アイルランド連合王国）

ドーセット及び東デヴォン海岸

Dorset and East Devon Coast

自然遺産

登録年 2001年　登録基準 (viii)

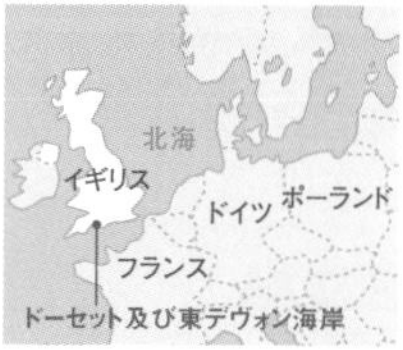

▶ 魚竜イクチオサウルスの化石が発見された海岸

イングランド南西部のデヴォン州とドーセット州にある『ドーセット及び東デヴォン海岸』は、イギリス海峡に面した化石の産地である。

ここには、約2億5,200万年前の三畳紀から、ジュラ紀、白亜紀まで**約1億8,500万年にわたる中生代の地層**が存在し、幅広い年代にまたがった多数の化石が発掘されている。特に古生物学者**メアリー・アニング**による中生代ジュラ紀の魚竜**イクチオサウルス**の化石発見は有名。

アンモナイトや三葉虫をはじめ、ジュラ紀のものと推測される樹木などの植物、魚類や爬虫類、哺乳類などの化石が発掘された他、恐竜の足跡なども見られ、古生物学や古気候学の研究において非常に重要な資料となっている。古生代のデヴォン紀の名称は東デヴォン海岸に由来する。

世界遺産に登録されたエクスマスのオルコーム・ロックスからスタッドランド湾のオールドハリー・ロックスに至る約155kmの地域には絶壁や海浜といった風景が広がっており、地質学、地形学の分野でも特筆に値する。18世紀から今日に至るまで300年以上研究されており、地球の歴史を複合的に示す自然遺産である。

中華人民共和国

澄江の化石出土地域

Chengjiang Fossil Site

自然遺産

登録年 2012年　登録基準 (viii)

▶ カンブリア紀の生態系を伝える多様な化石

雲南省にある『澄江の化石出土地域』からは、約5億3,000万年前の**カンブリア紀初期**の海洋生物の化石が完全な形で多数出土している。現在までに確認されている生物の種類は、少なくとも16門196種に及ぶ。藻類やバクテリアだけでなく、複雑な消化器をもつ節足動物**ナラオイア**（三葉虫の一種とされる）といった無脊椎動物をはじめ、最古の脊椎動物の一種であるミロクンミンギアの化石も発見されている。

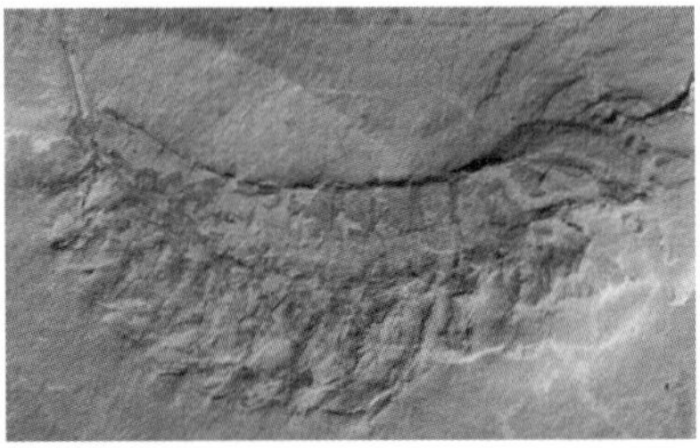
澄江でのみ出土するレアンコイリア・イレケブロサの化石

周辺ではかつてリン鉱石が採掘されていたが、2008年までにすべての採掘場は閉鎖され、中国政府が保護している。

カナダ

ダイナソール州立公園

Dinosaur Provincial Park

自然遺産

登録年 1979年　登録基準 (vii)(viii)

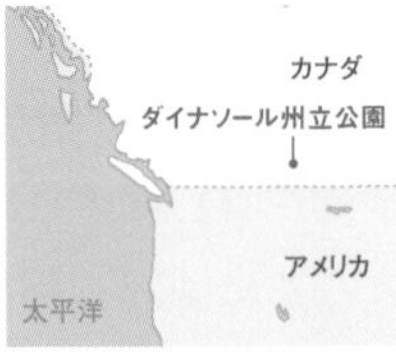

▶ 恐竜の化石が地球上で最も多く発見された地

カナダ南西部、カナディアン・ロッキーの南東にある『ダイナソール（恐竜）州立公園』は、「バッドランド（悪地）」と呼ばれる乾燥した原野が広がる自然公園である。樹木の生えない荒涼とした公園内には**中生代白亜紀**★の地層があり、考古学者のジョセフ・バール・ティレルが1884年に肉食恐竜アルバートサウルスの頭蓋骨を発見した。公園ではその後も発掘が繰り返され、**ティラノサウルス**★やトリケラトプス、ドロマエオサウルスなど、10科44種の化石が発見されている。

乾燥した原野が広がる

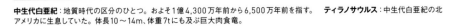

中生代白亜紀：地質時代の区分のひとつ。およそ1億4,300万年前から6,500万年前を指す。　**ティラノサウルス**：中生代白亜紀の北アメリカに生息していた。体長10～14m、体重7tにも及ぶ巨大肉食竜。

エジプト・アラブ共和国

ワディ・アル・ヒタン(鯨の谷)

Wadi Al-Hitan (Whale Valley)

自然遺産

登録年 2005年 登録基準 (viii)

▶ クジラの祖先バシロサウルスの化石の発掘場所

エジプト北西部の『ワディ・アル・ヒタン』は、約4,000万年前に生息したクジラの祖先である**バシロサウルス**の化石の発掘地として有名。現在この一帯は砂漠だが、かつては浅い海が広がっていた。ワディ・アル・ヒタンで出土した化石は、陸生哺乳類が水中生活へと適応する過程を知る上で重要な研究材料になっている。

また、バシロサウルスの他にも、マングローブなどの植物の化石が発見されており、この地は**新生代古第三紀**の化石の宝庫となっている。

荒涼とした景観が続く

デンマーク王国

ステウンスの崖壁

Stevns Klint

自然遺産

登録年 2014年 登録基準 (viii)

▶ 大絶滅を引き起こした隕石が生んだ崖壁

首都コペンハーゲンのあるシェラン島南東部の海岸沿いには、白亜紀の地層をもつステウンスの崖壁が15㎞に渡り続いている。約6,500万年前にメキシコのユカタン半島沖に衝突した**チクシュルーブ隕石**は、恐竜を始め地上の50%の生物を絶滅に追いやったと考えられているが、この衝突時に生じた灰が遠くステウンスに堆積して今日の崖壁となった。チクシュルーブ隕石のクレーターが海中にあるのと対照的に、ステウンスでは**地上に地層が露出**しており観察が容易で、白亜紀前後の地質研究において重要な役割を果たしてきた。

白い崖壁に地層が露出している

[CHAPTER]

37

固有の生態系

ケープ植物区保護地域群の切り立った断崖と海

南アフリカ共和国

Aa 英語で読んでみよう P.275 - 2

ケープ植物区保護地域群

Cape Floral Region Protected Areas

自然遺産

登録年 2004年／2015年範囲拡大　登録基準 (ix)(x)

▶ アフリカ大陸の2割の植物種が集まるホットスポット

ケープ半島はアフリカ大陸の南端に位置し、1497年にヴァスコ・ダ・ガマが喜望峰を経由してインド航路を開拓したことで知られる。『ケープ植物区保護地域群』は、南アフリカ南部ケープ地方のクランウィリアムからポートエリザベスまで、100～200㎞の幅で帯状に広がる地域である。13の保護区★からなり、多くの固有植物が自生する保護地域群である。そこで見られる灌木植生地域を**フィンボス**と呼ぶ。細い針状の葉をもつことに由来するフィンボスは、ケープ植物区の面積の約半分を占める。

植物区保護地域群の面積はアフリカ大陸全体から見れば0.5％以下の面積に過ぎないが、アフリカ大陸の植物のうち約20％にあたる約9,000種が確認されており、そのうちの69％が固有種という**植物のホットスポット**★となっている。

この地域は地中海性気候で、夏季は空気が乾燥して山火事が起こりやすい。頻発する山火事に豊かな生態系の存続が危ぶまれているが、この地の植物には環境によって育まれた特有の性質がある。フィンボスの植物はこのような環境に適応し、高温のもとで初めて発芽したり種子の散布を行ったりする。つまり、**山火事を織り込んだ植物相**になっており、非常に珍しい特性だといえる。

13の保護区：2015年の範囲拡大で、8つの保護区から13の保護区に拡大された。　**ホットスポット**：高い生物多様性を示しながら、その存在が危ぶまれている地域のこと。

ガボン共和国

イヴィンド国立公園

Ivindo National Park

自然遺産

登録年 2021年 登録基準 (ix)(x)

▶「地球の片肺」ともいわれるガボンに広がる手つかずの熱帯雨林

ガボン北部の赤道地帯に位置する約2,988㎢の広大な自然が広がる国立公園である。手つかずの熱帯雨林の中を走る黒い水をたたえた川は、急流や滝をつくり美しい景観を形成している。

©WCS

この国立公園には絶滅が危惧されているアフリカクチナガワニや**マルミミゾウ**も生息している。魚類の多くは未分類であり、まだ調査が行われていないエリアも多い。

ロシア連邦

ウランゲリ島保護区の自然生態系

Natural System of Wrangel Island Reserve

自然遺産

登録年 2004年 登録基準 (ix)(x)

北極圏にありながら氷河期に凍結せず独自の生態系が保たれたウランゲリ島とヘラルド島、その周辺海域からなる。23種の固有の植物が確認されており、**ホッキョクグマの生息密度は世界一高い**。また絶滅の危機に瀕している約100種もの渡り鳥がやってくる他、メキシコの『エル・ビスカイノ鯨保護区★』から回遊してくるコククジラの餌場にもなっている。

セーシェル共和国

メ渓谷自然保護区

Vallée de Mai Nature Reserve

自然遺産

登録年 1983年 登録基準 (vii)(viii)(ix)(x)

セーシェル諸島北東部のプラスリン島にあるメ渓谷の森は、最初の所有者が5月に土地の権利を得たため、仏語で「5月の谷」を意味する名が付いた。先史時代からのヤシ林が保たれており、「生きた博物館」とも呼ばれる。保護区内には、直径が約50㎝、重さが約20㎏にもなる世界最大の実をつける**フタゴヤシ**が多く見られ、樹齢800年を超えるものもある。保護区内には希少な動植物が多く生息する。

エル・ビスカイノ鯨保護区：P.271参照。

37

固有の生態系

ナミビア共和国

ナミブ砂漠

Namib Sand Sea

自然遺産

登録年 2013年 登録基準 (vii)(viii)(ix)(x)

▶ 世界唯一の海岸砂漠

ナミビアの大西洋側に位置し、川や海流、風によって数千kmの距離を運ばれてきた砂塵によって形成されている。砂の平原や海岸線の平地、岩山、砂海にできる島、干潟、一時的にあらわれる川など、多様な景観美が見られる。ナミブ砂漠では、**霧が貴重な水資源**となっている。降水量は少ないが、海から流れ込む霧の恩恵を受けて、さまざまな固有種が生息し、独特の生態系をつくり出している。

モーリタニア・イスラム共和国

バン・ダルガン国立公園

Banc d'Arguin National Park

自然遺産

登録年 1989年 登録基準 (ix)(x)

モーリタニア北西部、大西洋沿岸に広がる『バン・ダルガン国立公園』は、200kmにもわたる岩礁地帯で、沖合い60kmまで遠浅の海が広がっている。暖流と寒流の境目に位置し、多種の魚類や絶滅危惧種である**チチュウカイモンクアザラシ**やアオウミガメといった海洋生物が生息。冬には、広大な沼地が欧州からやってくる200万羽の渡り鳥の餌場となり、鳥類の多様性も特徴となっている。

フィリピン共和国

ハミギタン山岳地域野生動物保護区

Mount Hamiguitan Range Wildlife Sanctuary

自然遺産

登録年 2014年 登録基準 (x)

フィリピンのミンダナオ島、**東ミンダナオ生物多様性回廊**の南東部にあるプジャダ半島の南北にひろがる野生動物保護区。標高75mの熱帯雨林から1,637mの低木林まで、土壌や気候の変化に応じて多様な動植物が息づき、絶滅危惧種や固有種の多さで知られる。両生類の75%、爬虫類の84%がミンダナオ島の固有種であり、ウツボカズラの一種を含む8種の動植物はハミギタン山のみに生息する固有種である。

[CHAPTER]

38

海洋生態系

微生物の集合体であるストロマトライトが見られるシャーク湾

オーストラリア連邦

シャーク湾

Shark Bay, Western Australia

自然遺産

登録年 1991年　登録基準 (vii)(viii)(ix)(x)

▶ ザトウクジラやジュゴンが生息する海草藻場

オーストラリア西岸の陸地と2万2,000㎢にわたる海域が登録範囲となっている『シャーク湾』は、美しい景観が広がる自然保護区。200ｍもの高さがある豪壮な断崖が見られるいっぽうで、足元には白いビーチが広がっている。この白いビーチは、無数の貝殻が積もってできたもので、「シェル・ビーチ」と呼ばれている。

この自然保護区は世界有数の**ジュゴン**の生息地とされ、ジンベイザメや絶滅の危機にあるザトウクジラなどが生息している。他にもミサゴやアジサシなどの鳥類230種、マンタなどの魚類323種が生息する。

また、このあたりには低木類やアカシアの群生も見られる。**世界最大の海草藻場**(かいそうもば)としても知られ、世界各地で化石が発見されている**ストロマトライト**が現生する。ストロマトライトとは、藍藻(らんそう)類をはじめとする微生物がドーム状に成長したものを指す。太古の地球に酸素を供給してきた微生物の集合体で、光合成を開始したのは30億年前とされている。日中、光合成をした藍藻類は、夜になると泥粒などの堆積物を粘液で固定し、ゆっくりとドーム状になっていく。シャーク湾は、ストロマトライトが今も形成をつづける希少な場所でもある。

ベリーズ

ベリーズ・バリア・リーフ自然保護区

Belize Barrier Reef Reserve System

自然遺産

登録年 1996年 登録基準 (vii)(ix)(x)

▶ ブルー・ホールで有名な北半球最大のサンゴ礁

カリブ海に広がるベリーズ・バリア・リーフは、**北半球最大のサンゴ礁**であり、多様な形態のサンゴが見られる。「海の怪物の寝床」と呼ばれるブルー・ホールが存在し、アメリカマナティやウミガメ、アメリカワニなども生息している。開発による環境悪化を受け危機遺産に登録されたが、遺産範囲内での石油開発を禁止するなどの対応が評価されリストを脱した。

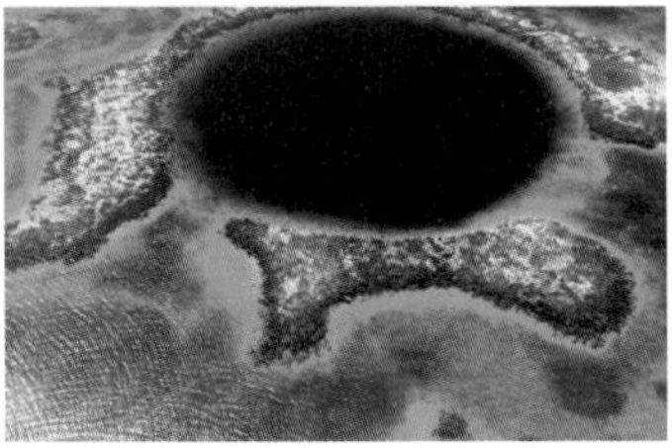

オーストラリア連邦

Aa 英語で読んでみよう P.275 -③

グレート・バリア・リーフ

Great Barrier Reef

自然遺産

登録年 1981年 登録基準 (vii)(viii)(ix)(x) ▶

オーストラリア北東に位置する、400種ものサンゴが生息する全長2,000㎞にも及ぶ世界最大のサンゴ礁。サンゴはポリプ★と呼ばれる構造をもつ生物で、分裂しながら大きな群体へと成長してサンゴ礁を形成する。このサンゴ礁がつくる複雑な海底地形は、海洋生物にとって格好の生息地となっており、1,400種の魚類、4,000種の軟体動物が見られる。現在、**気候変動や港湾開発などへの対策**が求められている。

セーシェル共和国

アルダブラ環礁

Aldabra Atoll

自然遺産

登録年 1982年 登録基準 (vii)(ix)(x)

アフリカ大陸の沖合640㎞にある『アルダブラ環礁』は、サンゴ礁が隆起してできた大小4つの島からなり、絶海の孤島に生息する独特の動植物が見られる。世界最大のリクガメである**アルダブラゾウガメ**が15万頭生息する他、絶滅危惧種であるタイマイなどさまざまな動物が確認されている。珍しい植物も多く、ダーウィンが当時の政府に保護を進言したことでも知られる。

ポリプ：刺胞動物の形態の一種。

メキシコ合衆国

エル・ビスカイノ鯨保護区

Whale Sanctuary of El Vizcaino

自然遺産

登録年 1993年 登録基準 (x)

▶ 世界の半数のコククジラが誕生する繁殖地

メキシコ北西部、**バハ・カリフォルニア半島**★の中央に位置する太平洋沿岸の海域と、内陸の砂漠や高原地帯からなる広大な野生動物保護区。オホ・デ・リエブレとサン・イグナシオのふたつの潟は、世界最大のコククジラの繁殖地である。ここで生まれたコククジラは、世界上の全頭数の約半数にも上ると考えられている。周辺海域にはカリフォルニアアシカやシロナガスクジラなども訪れる。

コスタリカ共和国

ココス島国立公園

Cocos Island National Park

自然遺産

登録年 1997年／2002年範囲拡大 登録基準 (ix)(x)

中米コスタリカの南西550km、太平洋上に位置する『ココス島国立公園』は、ココス島★とその周辺の海域からなる。絶海の孤島であるココス島は、北赤道反流の影響もあり、豊富な雨に恵まれた熱帯雨林に覆われている。また、豊かな海洋生態系を誇り、シュモクザメやマンタなどの多様な魚類がみられるため、世界中のダイバーにとって憧れの地になっているが、**入島は厳しく制限**されている。

コロンビア共和国

マルペロ動植物保護区

Malpelo Fauna and Flora Sanctuary

自然遺産

登録年 2006年 登録基準 (vii)(ix)

コロンビアの沖合約500kmの太平洋上に浮かぶマルペロ島とその周辺海域は、**巨大な禁漁区**となっており、魚類や甲殻類などの海洋生物の楽園である。この海域では、多くの海流と海底火山の影響によって複雑な生態系が生まれ、特にシュモクザメやシロワニなどサメ類の宝庫となっている。陸地でも、4万羽以上というナスカカツオドリの大規模な群れが見られるなど、豊かな生態系が残っている。

バハ・カリフォルニア半島：メキシコ西部の地域バハ・カリフォルニアの大半を占める半島。　**ココス島**：コスタリカの公用語であるスペイン語ではココ島。

[CHAPTER]

39

絶滅危惧種

ヴィルンガ国立公園に生息しているマウンテンゴリラ

危機遺産　コンゴ民主共和国

ヴィルンガ国立公園

Virunga National Park

自然遺産

登録年　1979年／1994年危機遺産登録　登録基準　(vii)(viii)(x)

▶ マウンテンゴリラやカバの貴重な生息地

コンゴ民主共和国★の北東部、赤道直下の熱帯雨林に広がる『ヴィルンガ国立公園』は、**コンゴ民主共和国最古の国立公園**である。

この公園は、**マウンテンゴリラ**の保護を目的として1925年に設立された。エドワード湖と、ヴィルンガ火山群を擁する総面積7,900㎢の公園内は、多様な生態系を誇り、特にマウンテンゴリラやヒガシローランドゴリラなど22種の霊長類にとって貴重な生息域となっている。世界でも貴重な、親を失ったゴリラの保護施設を備えており、ゴリラ保護における中心的な役割を果たしている。また、公園の中央に位置するエドワード湖の湖畔には、かつて2万頭ものカバが生息していた。

これら希少な野生動物の生息地として守られてきたヴィルンガ国立公園だったが、近年では隣国の**ルワンダ内戦**★で発生した大量の難民の流入により環境が悪化したことに加え、横行する密猟によって多くのゴリラやカバが殺害され個体数が減少し、生態系に深刻なダメージが及んでいる。そのためヴィルンガ国立公園は、1994年に危機遺産リストに記載された。近年、油田が発見されたことで、油田開発による環境破壊などが懸念されている。

コンゴ民主共和国：アフリカ中部の国(旧名ザイール)。内戦などによる政情不安がつづいており、4件の世界遺産が危機遺産である。
ルワンダ内戦：1990年に勃発した内戦。ツチ族とフツ族の対立で泥沼化し、100万人近い人々が虐殺された。

インドネシア共和国

コモド国立公園

Komodo National Park

自然遺産

登録年 1991年 登録基準 (vii)(x)

▶ 世界最大のトカゲが生息する島

インドネシア共和国の南東部にある『コモド国立公園』は、コモド島やフロレス島といった**小スンダ列島**の島々からなる、**コモドオオトカゲ**(コモドドラゴン)の生息地である。コモドオオトカゲは世界最大のトカゲといわれており、体長は2～3m、体重は100kgを超えることもある。皮を目的に乱獲されたことで生息数が激減してしまい、現在は絶滅危惧種に指定されている。

世界最大のトカゲといわれるコモドオオトカゲ

またコモド国立公園は海洋生物の保護区でもあり、白砂のビーチ周辺の海では美しいサンゴ礁を見ることができる。

中華人民共和国

四川省のジャイアントパンダ保護区群

Sichuan Giant Panda Sanctuaries - Wolong, Mt Siguniang and Jiajin Mountains

自然遺産

登録年 2006年 登録基準 (x) ▶

▶ 世界のジャイアントパンダの30%以上が生息

中国四川省の7つの自然保護区と9つの風景保存区がジャイアントパンダ保護区群として自然遺産に登録されている。中国の「国宝」ともされるジャイアントパンダだが、森林伐採や密猟の影響で野生パンダの頭数が大幅に減少し、現在はIUCNのレッドリストに絶滅危惧種(危急種)として記載されている。

ジャイアントパンダ

この保護区には、全頭数の30%にあたる約500頭のジャイアントパンダの他、**レッサーパンダ**★、ユキヒョウ、**ウンピョウ**★などの絶滅危惧種が生息。また植生も豊かで、1,000属以上5,000～6,000種の植物も見られる。

レッサーパンダ：ネコ目レッサーパンダ科の哺乳類。中国南部からネパール、ミャンマーの森林に生息する。体長は50～60㎝。
ウンピョウ：東南アジアの森林に分布するネコ科の哺乳類。体長は0.6～1m。

イエメン共和国

ソコトラ諸島

Socotra Archipelago

自然遺産

登録年 2008年 登録基準 (x)

▶ インド洋に浮かぶ固有種の宝庫

インド洋の北西部、アラビア半島と「**アフリカの角**★」の中間に浮かぶ『ソコトラ諸島』は、4つの島とふたつの岩の小島からなる。狭い海岸平野や石灰岩の高原、山脈など変化に富んだ地形には、特異な景観が広がっている。

かつて大陸移動の際にゴンドワナ大陸から分離して以来、外界と隔絶された島々は、動植物の多様性と固有種の割合の高さが際立っている。ソコトラ固有の樹木**リュウケツジュ**★(**竜血樹**)は、樹脂が赤く、薬品や染料として古来より重宝された。近年は島の乾燥化が進み、固有種の半数が絶滅の危機にあるとされる。

リュウケツジュ(竜血樹)

危機遺産 ホンジュラス共和国

リオ・プラタノ生物圏保存地域

Río Plátano Biosphere Reserve

自然遺産

登録年 1982年／2011年危機遺産登録 登録基準 (vii)(viii)(ix)(x)

▶ 約380種の鳥類が生息する熱帯雨林帯

ホンジュラスの**プラタノ川**流域の密林地帯にある『リオ・プラタノ生物圏保存地域』には、**コンゴウインコ**やベアードバクなどの絶滅危惧種の他、約380種もの鳥類が生息する。沿岸地帯に広がる湿地帯にはマングローブやココヤシが繁茂しており、河口付近には絶滅危惧種になっているアメリカマナティが生息している。

熱帯雨林の伐採や密猟により1996年に危機遺産に登録され、2007年に脱したが、治安の悪化などを理由に2011年から再びリスト入りしている。

コンゴウインコ

アフリカの角：アフリカの東端、ソマリアの全域を含む半島。ソマリアは乾燥化が進んでいる。 **リュウケツジュ**：リュウゼツラン科ドラセナ属に属する常緑高木。ソコトラ固有種の学名はドラセナ・シナバリ。

Aa 英語で読んでみよう 世界の世界遺産編

日本語訳は、世界遺産検定公式ホームページ(www.sekaken.jp)内、
公式教材「2級テキスト」のページに掲載してあります。

❶ Surtsey

日本語での説明 ⇄ P.261

Surtsey, a volcanic island approximately 32km from the south coast of Iceland, is **a new island formed by volcanic eruptions** that took place from 1963 to 1967. It is all the more outstanding for having been protected since its birth, providing the world with a pristine natural laboratory. Since they began studying the island in 1964, scientists have observed the arrival of seeds carried by ocean currents, the appearance of molds, bacteria and fungi★, followed in 1965 by the first vascular plant, of which there were 10 species by the end of the first decade. By 2004, they numbered 60 together with 75 bryophytes★, 71 lichens★ and 24 fungi.

❷ Cape Floral Region Protected Areas

日本語での説明 ⇄ P.266

Inscribed on the World Heritage List in 2004, the property is located at the southwestern extremity of South Africa. It is recognized as **one of the world's "hottest hotspots" for its diversity of endemic and threatened plants**, and contains outstanding examples of significant ongoing ecological, biological and evolutionary processes. This extraordinary assemblage of plant life and its associated fauna is represented by a series of 13 protected area clusters covering an area of more than 1 million hectares. These protected areas also conserve the outstanding ecological, biological and evolutionary processes associated with the beautiful and distinctive Fynbos vegetation, unique to the Cape Floral Region.

❸ Great Barrier Reef

日本語での説明 ⇄ P.270

The Great Barrier Reef is a site of remarkable variety and beauty on the northeast coast of Australia. It contains **the world's largest collection of coral reefs**, with 400 types of coral, 1,500 species of fish and 4,000 types of mollusc★ and some 240 species of birds. It also holds a great diversity of sponges, anemones★, marine worms, crustaceans★, and other species. This diversity, especially the endemic species, means the Great Barrier Reef is of enormous scientific and intrinsic importance, and it also contains a significant number of threatened species such as the dugong ("sea cow") and the large green turtle.

fungi:菌類　**bryophyte**:コケ類　**lichen**:地衣類　**mollusc**:軟体動物　**anemone**:イソギンチャク類
crustacean:甲殻類

索引

ア

カ

最新情報など

毎年開催される世界遺産委員会の結果や日本から推薦される遺産などの最新情報、書籍の訂正情報などは、世界遺産検定公式ホームページ（www.sekaken.jp）内、公式教材「２級テキスト」のページに掲載してあります。

カバー写真

Adobe Stock（jvano）

写真協力 （各50音順）

青木千絵美、石本東生、イタリア政府観光局（Fototeca ENIT）、大木卓也、韓国観光公社、小泉澄夫、島根県教育委員会、島根県教育庁、斜里町観光協会、スカンジナビア政府観光局、スペイン政府観光局、高橋亜希子、中尊寺、東京都、富井義夫、富岡市、トルコ大使館、林幹根スタジオ、ハワイ州観光局、藤井寺市教育委員会、本田陽子、毎日新聞社、三澤和子、宮澤 光、山中直子、ルーマニア政府観光局、CUHRIG、Dwergenpaartje、Adobe Stock（___11___、ange、Belikova Oksana、CCat82、Dennis、kasto、Marc、marchello74、Matyas Rehak、Nilkishore、sunday_morning、Sylvain TANGUY）、fotolia（50u15pec7a70r、Aneta Ribarska、Anibal Trejo、ArTo、Brad Pict、christopher waters、Claudio Colombo、Ellen Ebenau、Freshwater Seas、giumas、gnohz、GoLo、javarman、jerome DELAHAYE、Julien Leblay、MasterLu、Muskox、piccaya、Ponchy、popphiphat、redseashop、renatehenkel、Rick Henzel、Sam D'Cruz、serengeti130、siro46、snaptitude、tracingtea、Ugurhan Betin、V.P.、Vladimir Liverts、Vladimirs Koskins、wirojsid、Yvann K）、iStock（agshotime、alantobey、aleskramer、amiralio、Aneb、ArTo、Avatar_023 、BackyardProduction、bernotto、Bierchen、brytta、CampPhoto、coddy、Contax66、david eric、DavorLovincic、dinosmichail、duncan1890、EduLeite、edurivero、efilippou、Ellen Ebenau、elxeneize、endlesstrip、Enjoylife2、evenfh、f28production、FernandoPodolski、filipw、Fingerszz、Fonrimso、FrankvandenBergh、Gannet77、Gim42、GoLo、grauy、gudak、guenterguni、Gunter Fischer、hairballusa、HR-Rahmani、hugy、iEverest、IHervas、interlight、Ivan Bastien、JasonKSLeung、JeremyRichards、jerome DELAHAYE、JohnCarnemolla、jopelka、JuhaHuiskonen、Julien Leblay、keiichihiki、khyim、kolgt、Konstik、Leonid Andronov、lmarquez、Lomingen 、Lucag、manx_in_the_world、Maximilian_Clarke、Maxlevoyou、mg81、molka、muratart、Murphy_Shewchuk、Nisangha、nstanev、OtmarW、oversnap、Photon-Photos、plavicena、puchan、QQQQcon、rchphoto、rclassenlayouts、Richinpit、rmnunes、Robert Churchill、Roberto A Sanchez、Sam D'Cruz、sborisov、scaliger、scottespie、sculpies、Simon Dannhauer、simongurney、Spondylolithesis、SpontaneousPictures、Squiddly、sshepard、suc、swisshippo、takpix、trabeler1116、Ugurhan Betin、V.P.、vlad_karavaev、ValeryEgorov、viledevil、vitalytitov、wirojsid、WitR、wxin、Xavier Allard、zanskar、Zinni-Online、zyxeos30）、Guelpa Foundation、ichiro、lau4779、Nev1、OPT - JP Remy、Robberechts-Région de Bruxelles-Capitale、SpontaneousPictures、Switzerland Tourism、Visit Brasil

くわしく学ぶ
世界遺産300
世界遺産検定2級公式テキスト

2023年3月19日　5版第1刷発行

監修
NPO法人 世界遺産アカデミー

著作者
世界遺産検定事務局

編集
大澤 暁
宮澤 光

編集協力
寺田永治（株式会社シェルパ）
二見咲穂

発行者
愛知和男（NPO法人 世界遺産アカデミー会長）

発行所
NPO法人 世界遺産アカデミー／世界遺産検定事務局
〒100-0003
東京都千代田区一ツ橋1-1-1　パレスサイドビル
TEL:03-6267-4158（業務・編集）
電子メール：sekaken@wha.or.jp

発売元
株式会社 マイナビ出版
〒101-0003
東京都千代田区一ツ橋2-6-3　一ツ橋ビル2F
TEL:0480-38-6872（注文専用ダイヤル）
TEL:03-3556-2731（販売）
URL：https://book.mynavi.jp

アートディレクション
原 大輔（SLOW.inc）

装丁・デザイン
金岡直樹（SLOW.inc）

DTP
富 宗治（株式会社シェルパ）

印刷・製本
奥村印刷株式会社

ISBN978-4-8399-8269-0